［軽装版］
解析入門 I

[軽装版]
解析入門 I

An Introduction to Calculus

小平邦彦 著

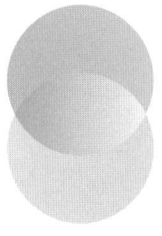

岩波書店

装幀　道吉　剛

目　　次

まえがき ……………………………………………………… 1

第1章　実　　数

§1.1　序　　節 ……………………………………………… 3
§1.2　実　　数 ……………………………………………… 9
§1.3　実数の加法, 減法 …………………………………… 17
§1.4　数列の極限；実数の乗法, 除法 …………………… 22
§1.5　実数の性質 …………………………………………… 36
§1.6　平面上の点集合 ……………………………………… 53

第2章　関　　数

§2.1　関　　数 ……………………………………………… 75
§2.2　連続関数 ……………………………………………… 80
§2.3　指数関数, 対数関数 ………………………………… 89
§2.4　三角関数 ……………………………………………… 95

第3章　微　分　法

§3.1　微分係数, 導関数 ……………………………………107
§3.2　微分の方法 ……………………………………………111
§3.3　導関数の性質 …………………………………………119
§3.4　高次微分法 ……………………………………………127

第4章　積　分　法

§4.1　定　積　分 ……………………………………………153
§4.2　原始関数, 不定積分 …………………………………161
§4.3　広　義　積　分 ………………………………………175
§4.4　積分変数の変換 ………………………………………191

第5章　無限級数

§5.1　絶対収束, 条件収束 ………………………………………201
§5.2　収束の判定法 ………………………………………………206
§5.3　一様収束 ……………………………………………………214
§5.4　無限級数の微分積分 ………………………………………223
§5.5　巾級数 ………………………………………………………231
§5.6　無限乗積 ……………………………………………………244

II 目次

第6章　多変数の関数
§6.1　2変数の関数
§6.2　微分法
§6.3　極限の順序
§6.4　n 変数の関数

第7章　積分法(多変数)
§7.1　積分
§7.2　広義積分
§7.3　積分変数の変換

第8章　積分法(つづき)
§8.1　陰伏関数
§8.2　n 変数の関数の積分
§8.3　積分変数の変換

第9章　曲線と曲面
§9.1　曲線
§9.2　曲面の面積

付録

解答・ヒント

索引

まえがき

　この解析入門は高校数学を終了し，つづいて本格的な解析学を学ぼうとする人のために，高校数学と現代の解析学の橋渡しをすることを目標として書かれた入門書である．

　解析学の基礎は実数論である．本書ではまず厳密な実数論を詳しく丁寧に述べた．はじめの計画では，その後は高木先生の"解析概論"改訂第3版（岩波書店），藤原先生の"微分積分学"Ⅰ, Ⅱ（内田老鶴圃），等に倣って伝統的な微分積分学をわかり易く丁寧に解説する予定であったが，結果は二, 三の点で伝統から逸脱した微分積分学となった．まず第2章の三角関数の導入に当っては，角は平面の回転を表わす量であると考える立場から，指数関数 $e^{i\theta}$ を媒介として三角関数を定義した．微分法に入る前に三角関数を厳密に定義したいと考えたからである．

　第4章の1変数の関数の積分については，高木先生の示唆[1]に従って，被積分関数を高々有限個の不連続点をもつものに限り，まず閉区間で連続な関数の積分を定義し，不連続点をもつ関数の積分はすべて広義積分として扱った．第5章では一様に有界な連続関数列に関する Arzelà の項別積分定理とその Hausdorff による初等的証明を紹介した．この定理は Lebesgue の項別積分定理の出現によって忘れられてしまったが，応用上極めて有用である．第6章で積分記号下での微分積分に関する定理を Arzelà の定理から導いた．

　多重積分，すなわち多変数の関数の積分についてはまず2変数の場合を第7章で詳しく丁寧に述べ，一般の場合は第8章で扱った．1変数の場合に被積分関数を高々有限個の不連続点をもつものに限った以上は多変数の場合にも対応する簡易化を行なわなければならない．このために第7章ではまず矩形上の連続関数の積分を定義し，つぎに（平面上の）任意の領域の上の連続関数の積分を広義積分として定義した．この広義積分は被積分関数が連続関数に限られている点で伝統的な Riemann 積分よりも狭いが，任意の領域に適用される点では Riemann 積分

---

[1] 高木貞治"解析概論"，改訂第3版，岩波書店．pp. 109–110.

より広い．第8章で一般の場合の多重積分を同様に定義した．多重積分については積分変数の変換の公式の厳密な証明に重点を置いた．1変数の関数に関する置換積分の公式は不定積分の考察から直ちに導かれた．2変数の関数 $f(x,y)$ に対しては $F_{xy}(x,y)=f(x,y)$ なる関数 $F(x,y)$ が $f(x,y)$ の不定積分であると考えられる[1]．§7.3では2重積分の変数変換の公式をこの意味の不定積分の考察によって証明した．1変数の関数の置換積分の公式の簡明な証明を何とかして2変数の場合に拡張したいと考えたからである．第8章では一般の場合の多重積分の変数変換の公式を変換される変数の個数に関する帰納法によって証明した．

応用として曲線の長さ，曲面の面積，さらに，微分形式の理論の初歩を扱うのが微分積分学の伝統であるが，第8章で既に予定の頁数を超えてしまったので，微分形式の理論は割愛することとし，第9章では曲線の長さを与える公式と曲面の面積を与える公式を導くに止めた．

現代の数学は形式主義の影響を強く受けていて，数学は公理的に構成された論証の体系であるという点が強調されるが，私の見る所では，数学は，物理学が物理的現象を記述しているのと同様な意味で，実在する数学的現象を記述しているのであって，数学を理解するにはその数学的現象の感覚的なイメージを明確に把握することが大切である．この解析入門執筆に当っては厳密なだけでなく感覚的に分り易い叙述に努めた．

なお，本書の問題の解答・ヒントを作製する労をとられた前田博信氏の御好意に深く感謝する．

本書を書くに当って参考としたのは高木貞治先生の"解析概論"，藤原先生の"微分積分学Ⅰ, Ⅱ"である．"解析概論"の影響は随所に見られると思う．術語はすべて"岩波 数学辞典 第3版"に従った．

本書が出版の運びとなったのは岩波書店編集部荒井秀男氏の並々ならぬ労による所が大きい．ここに荒井氏に深甚の感謝の意を表する．

1990年12月

著 者

---

[1] 亀谷俊司"解析学入門"，朝倉書店，p. 303.

第1章 実　　数

§1.1 序　節

　高校数学を学んだ人は実数とはどんなものか一応知っているわけである．しかし高校数学の実数論は現代数学の立場から見れば厳密性に欠ける点があって，解析学の基礎としては不十分である．本章の目的は，有理数については既知として，それに基づいて論理的に厳密な実数論を述べることであるが，まず，本節では，実数について高校数学で学んだことを復習しながら，その厳密性に欠ける点を指摘する．

　一つの直線 l の上に相異なる2点 O, E をとり，l 上の任意の点 A に対して，線分 OE の長さを単位として測った A と O の距離を OA で表わす．

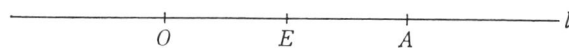

OA は，O と A が一致する場合を除けば，正の実数である．さらに

　　　　O から見て A が E と同じ側にあるとき，　　$\alpha = OA$,
　　　　O から見て A が E と反対側にあるとき，　　$\alpha = -OA$,
　　　　A が O と一致したとき，　　　　　　　　　　$\alpha = 0$

とおいて，直線 l 上の各点 A にそれぞれ一つの実数 α を対応させれば，l 上のすべての点とすべての実数は1対1に対応する．このとき l を**数直線**，O をその**原点**，E を**単位点**といい，A に対応する実数 α を A の**座標**とよぶ．また，A の座標が α であるとき $A(\alpha)$ と書き，点 A を点 α，あるいは単に α という．すなわち，実数を対応する数直線上の点と同一視して，実数が数直線上に並んでいると考えるのである．

　整数が数直線上に等間隔に並んでいることはいうまでもない：

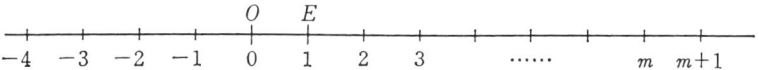

相隣る二つの整数 m と $m+1$ の間隔はもちろん 1 である．

自然数 n を一つ定めたとき，m/n, m は整数，なる形の有理数は数直線上に $1/n$ の間隔で並んでいる．たとえば，下の図は $m/5$ の形の有理数を示す：

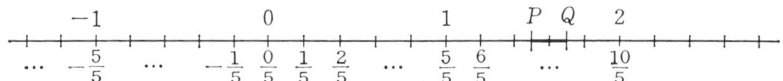

n を大きくすることによって間隔 $1/n$ をいくらでも小さくすることができる．したがって，数直線上にどんなに短い線分 PQ をとっても，P と Q が一致しない限り，P と Q の間に有理数が無数に存在する．このことを，有理数の集合は数直線上到る所稠密である，といい表わす．

たとえば $\sqrt{2}$ は有理数でない[1]．有理数でない実数を無理数という．$\sqrt{2}$ が無理数であるから，r が有理数ならば $r+\sqrt{2}$ も無理数である．$r+\sqrt{2}$ の形の無理数の集合が数直線上到る所稠密であることは明らかである．したがって<u>無理数全体の集合はもちろん数直線上到る所稠密である</u>．

10 進法を用いれば，実数はすべて整数または小数の形に表わされる．小数は有限小数と無限小数に分けられる．有限小数の意味は明らかであろう．たとえば

$$0.0625 = \frac{625}{10000} = \frac{1}{16}.$$

無限小数のうち，たとえば

$$1.1216216216\cdots$$

のように，ある位から先同じ数字の配列が無限に繰返されるものを循環小数という．

$$1.1216216\cdots = 1.1 + 0.0216 + 0.0000216 + \cdots$$

---

[1] 仮に $\sqrt{2}$ が有理数であるとすれば，それはある既約分数 m/n, n, m は自然数，に等しい：
$$\sqrt{2} = \frac{m}{n}.$$
したがって
$$2n^2 = m^2.$$
m が奇数ならば m^2 も奇数となるが，これは $2n^2$ が偶数であることに反する．故に m は偶数，すなわち $m=2k$, k は自然数，したがって
$$n^2 = 2k^2.$$
故に n も偶数であることになるが，これは m/n が既約であることに矛盾する．故に $\sqrt{2}$ は有理数であり得ない．

§1.1 序　節

$$= 1.1 + 0.0216 \times \left(1 + \frac{1}{10^3} + \frac{1}{10^6} + \frac{1}{10^9} + \cdots\right)$$

であるが，有限小数 1.1 を除けば，残りは 0.0216 を初項とし $1/10^3$ を公比とする無限等比級数である．したがって

$$1.1216216\cdots = 1.1 + \frac{0.0216}{1 - \dfrac{1}{10^3}} = 1.1 + \frac{21.6}{10^3 - 1} = \frac{11}{10} + \frac{216}{9990} = \frac{11205}{9990} = \frac{83}{74}.$$

また，たとえば，循環小数

$$3.56097\ 56097\ 56097\cdots$$

については

$$3.56097\ 56097\cdots = 3 + 0.56097 \times \left(1 + \frac{1}{10^5} + \frac{1}{10^{10}} + \cdots\right)$$

$$= 3 + 0.56097 \times \frac{1}{1 - \dfrac{1}{10^5}} = 3 + \frac{56097}{99999}$$

$$= 3 + \frac{23}{41} = \frac{146}{41}.$$

一般に，ある位以下 n 個の数字から成る同じ配列が無限に繰返される循環小数は有限小数と有限小数を初項とし $1/10^n$ を公比とする無限等比級数の和である．

$$1 + \frac{1}{10^n} + \frac{1}{10^{2n}} + \frac{1}{10^{3n}} + \cdots$$

$$= \frac{1}{1 - \dfrac{1}{10^n}} = \frac{10^n}{10^n - 1}$$

は有理数であるから，したがって，循環小数はすべて有理数を表わす．

逆に，整数でも有限小数でもない有理数は必ず循環小数で表わされる．このことは割算を実行して分数を小数で表わす操作をよく観察すればすぐにわかる．たとえば，89 を 13 で割って見れば右のようになるから，

$$\frac{89}{13} = 6.846153\ 846153\ 846153\cdots.$$

```
              6.846153 84…
         13) 89
              78
       ①…… 110
              104
       ②……  60
               52
       ③……  80
               78
       ④……  20
               13
       ⑤……  70
               65
       ⑥……  50
               39
       ⑦…… 110
              104
       ⑧……  60
               52
         ……  80
               ⋮
```

この無限小数の 7 位以下に 6 位までの 846153 と同じ数字の配列が繰返し並ぶことは割算の⑦段目の余りが①段目の余りと同じ 11 であることから明らかである．小数点以下の数字 84615… を定める割算の操作はつぎのようになっている：まず 89 を 13 で割って余り 11 を求める．つぎにこの余り 11 の 10 倍 110 を 13 で割って商 8 と余り 6 を求める．この余り 6 の 10 倍 60 を 13 で割って商 4 と余り 8 を求める．この余り 8 の 10 倍 80 を 13 で割って商 6 と余り 2 を求める．……．このようにして求めた商を順次に並べたものが 84615… である．

　任意の整数でも有限小数でもない分数 q/p, p, q は自然数，を無限小数で表わす割算の操作もまったく同様である．すなわち，まず q を p で割って商 k と余り r_1 を求める．つぎに $10r_1$ を p で割って商 k_1 と余り r_2 を求め，$10r_2$ を p で割って商 k_2 と余り r_3 を求め，……，$10r_n$ を p で割って商 k_n と余り r_{n+1} を求め，……．このようにして求めた商 $k_1, k_2, \cdots, k_n, \cdots$ はそれぞれ $0, 1, 2, \cdots, 9$ のいずれかであって，分数 q/p は無限小数：

$$k.k_1k_2k_3\cdots k_n\cdots = k+\frac{k_1}{10}+\frac{k_2}{10^2}+\cdots+\frac{k_n}{10^n}+\cdots$$

で表わされる．もちろんここで整数 k も 10 進法で表わしておくのである．

　この無限小数が循環小数であることはつぎのようにして確かめられる：ある n に対して $r_n=0$ ならば $k_n, k_{n+1}, k_{n+2}, \cdots$ はすべて 0 となり，

$$\frac{q}{p} = k.k_1k_2\cdots k_{n-1}$$

は有限小数となって，仮定に反する．故に余り r_n はすべて $p-1$ 以下の正整数であって，したがって p 個の余り $r_1, r_2, \cdots, r_p$ が全部互いに相異なることはあり得ない．いい換えれば，この p 個の余りのうち少なくとも 2 個は一致する：

$$r_m = r_n, \quad 1 \leqq m < n \leqq p.$$

このとき，n 位以下の数字 $k_n, k_{n+1}, k_{n+2}, \cdots$ を定める割算は m 位以下の数字 $k_m, k_{m+1}, k_{m+2}, \cdots$ を定める割算と一致し，したがって

$$k_n = k_m, \quad k_{n+1} = k_{m+1}, \quad k_{n+2} = k_{m+2}, \quad \cdots.$$

すなわち，q/p は m 位以下に $k_m k_{m+1}\cdots k_{n-1}$ なる数字の配列が無限に繰返される循環小数となる．

　無理数は循環しない無限小数で表わされる．たとえば

§1.1 序節

(1.1) $$\sqrt{2} = 1.41421356\cdots.$$

この無限小数表示はつぎのようにして得られる．まず $\sqrt{2}$ は 1 と 2 の間にある：

$$1 < \sqrt{2} < 2.$$

1 と 2 の間を 10 等分して見れば，$\sqrt{2}$ は相隣る等分点 1.4 と 1.5 の間に入る：

$$1.4 < \sqrt{2} < 1.5.$$

1.4 と 1.5 の間を 10 等分して見れば，$\sqrt{2}$ は相隣る等分点 1.41 と 1.42 の間に入る：

$$1.41 < \sqrt{2} < 1.42.$$

さらに 1.41 と 1.42 の間を 10 等分して見れば，$\sqrt{2}$ は 1.414 と 1.415 の間に入る：

$$1.414 < \sqrt{2} < 1.415.$$

この操作を繰返すことによって無限小数表示 (1.1) を得るのである．

任意の実数 α の無限小数表示も，α が整数または有限小数である場合を除けば，まったく同様にして得られる．すなわち，まず

$$k < \alpha < k+1$$

なる整数 k を定め，つぎに

$$k + \frac{k_1}{10} < \alpha < k + \frac{k_1+1}{10},$$

$$k + \frac{k_1}{10} + \frac{k_2}{10^2} < \alpha < k + \frac{k_1}{10} + \frac{k_2+1}{10^2},$$

$$k + \frac{k_1}{10} + \frac{k_2}{10^2} + \frac{k_3}{10^3} < \alpha < k + \frac{k_1}{10} + \frac{k_2}{10^2} + \frac{k_3+1}{10^3},$$

$$\cdots\cdots\cdots\cdots$$

となるように数字 $k_1, k_2, k_3, \cdots$ を順次に定めていくことによって無限小数表示：

(1.2) $$\alpha = k.k_1 k_2 k_3 k_4 \cdots$$

を得る．α が整数または有限小数の場合も含めるには，上の一連の不等式をつぎの一連の不等式で置き換えればよい：

$$k \leqq \alpha < k+1,$$

$$k+\frac{k_1}{10} \leq \alpha < k+\frac{k_1+1}{10},$$

$$k+\frac{k_1}{10}+\frac{k_2}{10^2} \leq \alpha < k+\frac{k_1}{10}+\frac{k_2+1}{10^2},$$

$$\cdots\cdots\cdots\cdots$$

$$\cdots\cdots\cdots\cdots$$

α が負のときには，(1.2)において k は負の整数である．このとき，$h_n=9-k_n$ とおけば，

$$0.k_1k_2k_3k_4\cdots + 0.h_1h_2h_3h_4\cdots = 0.9999\cdots = 1$$

であるから

$$\alpha = k+1-0.h_1h_2h_3h_4\cdots.$$

したがって，$h=-k-1$ とおけば，h は 0 または正の整数であって

(1.3) $$\alpha = -h.h_1h_2h_3h_4\cdots.$$

これが負の実数 α の普通の 10 進小数表示である．このように任意の実数は 10 進小数で表わされる．

それでは逆に任意の 10 進小数は必ず一つの実数を表わすであろうか．有限小数と循環小数については既に述べたから，

(1.4) $$k.k_1k_2k_3k_4k_5\cdots$$

を，たとえば

$$1.010110111011110111110\cdots$$

のような，循環しない無限小数としよう．高校数学では

$$\alpha = k.k_1k_2k_3k_4k_5\cdots$$

なる実数 α が存在することを当然のこととして認めてきた．すなわち，(1.4)の小数 $n+1$ 位以下を切捨てて得られる有限小数を

$$a_n = k.k_1k_2k_3\cdots k_n$$

とすれば，不等式：

$$a_n < \alpha < a_n + \frac{1}{10^n}, \quad n=1,2,3,4,\cdots,$$

がすべて成り立つような実数 α が存在することを認めてきたのである．数直線上で考えれば，このことは，すべての $n=1,2,3,4,\cdots$ について，点 a_n と点 a_n+

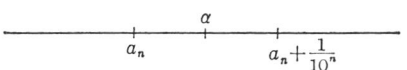

$1/10^n$ の間に入る点 α が存在することを意味する．実数は線分 OE の長さを単位として測った数直線上の2点 O, A の距離に $\pm$ の符号をつけたものと考えてきたから，実数 α の存在を示すためには，数直線上にこのような点 α が存在することを証明しなければならない．このためには直線とは如何なるものかが明らかでなければならない．ここに到ってわれわれは高校数学が直線の明確な定義に，したがってまた実数の明確な定義に欠けていたことに気がつくのである．

§1.2 実　数

本節では有理数とその大小，加減乗除は既知として，それに基づいて実数の明確な定義を述べる．数学を理解するにはその論証を厳密に追跡していかなければならないことはいうまでもないが，それだけでは不十分であって，その数学的現象を感覚的に把握しなければならない．"こういうことか，成程，わかった！"と思うのはその現象を感覚的に把握し得たときであって，そこに到ってはじめて論理を自由に駆使し得るのである．以下実数の厳密な理論を述べるに当って，随所に感覚的理解を助けるための説明を挿入した．小さい活字で印刷した部分がそれである．

a) 実数の定義

有理数全体の集合を Q で表わし，Q の要素，すなわち有理数を $a, b, c, r, s,$ 等の文字で表わす．Q は加減乗除の演算に関して**体**(field)をなしているから，Q を**有理数体**とよぶ．Q の要素の間には大小の関係が定義されている．これを記号 $>, <$ で表わすことはすでに高校数学で学んだ．有理数が大きさの順序にしたがって直線上に一列に並んでいると想像して，Q をまた**有理直線**とよぶ．二つの相異なる有理数 $a, b, a<b,$ が任意に与えられたとき，$a<r<b$ なる有理数 r は無数に存在する．このことを有理数の**稠密性**という．

高校数学に戻って数直線 l を考えれば，有理直線 Q は l 上の有理点，すなわちその座標が有理数である点全体の集合である．いま一つの無理数 α が与えられたとすれば，Q はつぎの図において点 α の左側にある部分 A と右側にある部分 A' に分割される．

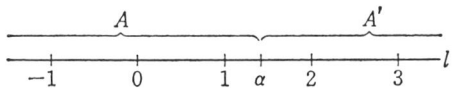

A は α より小さい有理数の集合, A' は α より大きい有理数の集合, 記号で書けば
$$A = \{r \in \mathbf{Q} \mid r < \alpha\}, \quad A' = \{r \in \mathbf{Q} \mid r > \alpha\}$$
であって,
$$\mathbf{Q} = A \cup A', \quad A \cap A' = \phi.$$
明らかに A に属する有理数はつねに A' に属する有理数より小さい:

(1.5) $\qquad\qquad r \in A, \quad s \in A' \quad$ ならば $\quad r < s.$

A と A' の定義により

(1.6) $\qquad\qquad r \in A, \quad s \in A' \quad$ ならば $\quad r < \alpha < s$

である. すなわち α は A と A' の境目である. §1.1のはじめに述べたように,有理数の集合 $\mathbf{Q}$ は数直線上到る所稠密である. このことから, α は A と A' によって条件(1.6)を満たすただ一つの実数として一意的に定まることがわかる. いま仮に(1.6)を満たす α 以外の実数 β が存在したとして,たとえば, $\beta > \alpha$ とすれば, $\alpha < t < \beta$ なる有理数 t が存在する. (1.6)によって t は A にも A' にも含まれないことになるが, これは $A \cup A' = \mathbf{Q}$ に反する.

本節の目的は有理数については既知としてそれに基づいて実数の明確な定義を与えることであった. いま一つの無理数 α が与えられたとすれば, 上に述べたように, α は $\mathbf{Q}$ を条件(1.5)を満たす二つの部分 A, A' に分割し,逆に α は A と A' によってその境目として一意的に定まる. そこで,有理数に基づいて無理数も含めて実数を定義するには, この操作を逆にして, まず $\mathbf{Q}$ を条件(1.5)を満たす二つの部分 A, A' に分割し, つぎに A と A' の境目として実数を定義すればよいであろうと想像される. これが Dedekind による切断の考えである.

以下 Dedekind にしたがって実数の定義を述べる.

有理直線 $\mathbf{Q}$ をつぎの二つの条件を満たすように空集合でない二つの部分集合 A と A' に分割したとき, A と A' の組を **有理数の切断**(cut, Schnitt) とよび, 記号 $\langle A, A' \rangle$ で表わす:

(i) $r \in A, \quad s \in A'$ ならば $r < s,$

(ii) A に属する最大の有理数はない. すなわち, $r \in A$ ならば, $t > r$ なる有理数 $t \in A$ が存在する.

もちろん $\mathbf{Q}$ を A と A' に分割したというのは, $\mathbf{Q} = A \cup A', A \cap A' = \phi$ であることを意味する.

§1.2 実数

切断 $\langle A, A' \rangle$ において A' は A の $\boldsymbol{Q}$ における補集合，すなわち $\boldsymbol{Q}$ から A に属する有理数をすべて除いた残りの集合であるから，切断 $\langle A, A' \rangle$ は A によって一意的に定まる．"$s \in A'$ ならば $r < s$" という命題はその対偶 "$s \leq r$ ならば $s \in A$" と同値であるから，切断の条件(i)は A だけに関するつぎの条件と同値である：

(iii) $r \in A$ のとき，$s \leq r$, $s \in \boldsymbol{Q}$ ならば $s \in A$.

また同様に，(i)は A' だけに関するつぎの条件とも同値である：

(iii)' $r \in A'$ のとき，$s \geq r$, $s \in \boldsymbol{Q}$ ならば $s \in A'$.

定義 1.1 有理数の切断を**実数**(real number)とよぶ．

実数を $\alpha, \beta,$ 等のギリシア文字で表わす．実数 $\langle A, A' \rangle$ を α で表わしたとき，$\alpha = \langle A, A' \rangle$ と書く．二つの実数 $\alpha = \langle A, A' \rangle$ と $\beta = \langle B, B' \rangle$ が等しい： $\alpha = \beta$ ということは，$\langle A, A' \rangle$ と $\langle B, B' \rangle$ が同じ切断であること，すなわち，A と B が同じ集合であることを意味する．

実数論が完成した暁には $\alpha = \langle A, A' \rangle$ は A と A' の境目，すなわち，すべての $r \in A$, $s \in A'$ に対し不等式： $r < \alpha \leq s$ を満たすただ一つの実数，ということになるのであるが，この段階では不等式： $r < \alpha \leq s$ には未だ意味がないから，形式的に切断そのものを実数と定義したのである．

切断 $\langle A, A' \rangle$ にはつぎの二つの型が考えられる：

（I） A' に属する最小の有理数はない，

（II） A' に属する最小の有理数がある．

$\langle A, A' \rangle$ が II 型のときには，A' に属する最小の有理数を a とすれば，

(1.7) $\qquad A = \{r \in \boldsymbol{Q} \mid r < a\}, \quad A' = \{r \in \boldsymbol{Q} \mid r \geq a\}.$

このとき実数 $\langle A, A' \rangle$ は有理数 a に<u>等しい</u>といい，

$$\langle A, A' \rangle = a$$

と書く．有理数 a が任意に与えられたとき，(1.7)によって切断 $\langle A, A' \rangle$ を定義すれば，もちろん実数 $\langle A, A' \rangle$ は a に等しい．われわれはこのとき<u>実数 $\langle A, A' \rangle$ と有理数 a は同じものであると見なす</u>．したがって有理数はすべて実数であるということになる．実数 $\langle A, A' \rangle$ は有理数の無限集合の組であって，1個の有理数とはレベルの異なる概念である．この二つを敢えて同じものと見なすことによって実数の概念を有理数の概念の拡張と考えるのである．

$\langle A, A' \rangle$ が I 型のときには実数 $\alpha = \langle A, A' \rangle$ はどの有理数とも異なる．このとき $\alpha = \langle A, A' \rangle$ を**無理数**(irrational number)という．

b) 実数の大小

実数論が完成した暁には，$\alpha = \langle A, A' \rangle$ ならば $A = \{r \in \mathbf{Q} \mid r < \alpha\}$ となるのだから，実数の大小をつぎのように定義するのは当然であろう．

定義 1.2 二つの実数 $\alpha = \langle A, A' \rangle$, $\beta = \langle B, B' \rangle$ について，$A \subsetneqq B$ ならば α は β より小さい，また β は α より大きいといい，$\alpha < \beta$, $\beta > \alpha$ と書く．

$\alpha = a$, $\beta = b$ が共に有理数のとき，ここで定義した実数としての α, β の大小は，a, b の有理数としてのもとの大小と一致する．このことは，$A = \{r \in \mathbf{Q} \mid r < a\}$, $B = \{r \in \mathbf{Q} \mid r < b\}$ なることから明らかである．

定理 1.1 二つの実数 α, β の間にはつぎの三つの関係のうちの一つ，そしてただ一つだけが成り立つ：
$$\alpha < \beta, \quad \alpha = \beta, \quad \alpha > \beta.$$

証明 $\alpha < \beta$, $\alpha = \beta$, $\alpha > \beta$ はそれぞれ $A \subsetneqq B$, $A = B$, $A \supsetneqq B$ と同値である．三つの関係：$A \subsetneqq B$, $A = B$, $A \supsetneqq B$ のいずれの二つも両立しないことは明らかであるから，そのいずれか一つが必ず成り立つこと，すなわち，$A \subset B$[1] かまたは $A \supset B$ であることを示せばよい．このために $A \subset B$ でも $A \supset B$ でもなかったと仮定しよう．そうすれば $a \in A$, $a \notin B$ なる有理数 a と，$b \in B$, $b \notin A$ なる有理数 b が存在することになる．$a \notin B$ はすなわち $a \in B'$ であるから，切断の条件(i)により $b < a$, また同様に $a < b$ を得るが，これは矛盾である．∎

定理 1.2 $\qquad \alpha < \beta, \quad \beta < \gamma \quad$ ならば $\quad \alpha < \gamma$.

証明 $\alpha = \langle A, A' \rangle$, $\beta = \langle B, B' \rangle$, $\gamma = \langle C, C' \rangle$ とすれば $A \subsetneqq B$, $B \subsetneqq C$ である．故に $A \subsetneqq C$，すなわち $\alpha < \gamma$. ∎

定理 1.3 任意の実数 $\alpha = \langle A, A' \rangle$ について

(1.8) $\qquad A = \{r \in \mathbf{Q} \mid r < \alpha\}, \quad A' = \{r \in \mathbf{Q} \mid r \geqq \alpha\}$.

証明 有理数 r と実数 α を比較するために，r を実数と考えて切断で表わす：
$$r = \langle R, R' \rangle, \quad R = \{s \in \mathbf{Q} \mid s < r\}, \quad R' = \{s \in \mathbf{Q} \mid s \geqq r\}.$$
$A \cup A' = \mathbf{Q}$, $A \cap A' = \emptyset$ だから，(1.8)を証明するには，$r \in A$ ならば $r < \alpha$ で，

---

[1] '$A \subset B$' は，A と B が一致する場合も含めて，A が B の部分集合であることを表わす．

$r \in A'$ ならば $r \geq \alpha$ なることを示せばよい.

(1°) $r \in A$ のとき：切断の条件 (iii) により, $s<r$, $s \in Q$, ならば $s \in A$ であるから $R \subset A$. しかし $r \notin R$ だから $R \neq A$. 故に $r<\alpha$.

(2°) $r \in A'$ のとき：切断の条件 (iii)′ により, $s \geq r$, $s \in Q$, ならば $s \in A'$ であるから $R' \subset A'$. R, A はそれぞれ Q における R', A' の補集合だから，したがって $A \subset R$, すなわち $r \geq \alpha$ である.∎

この定理 1.3 は，実数 $\alpha = \langle A, A' \rangle$ が，期待した通り，A と A' の境目になっていることを示している.

定理 1.4 任意の二つの実数 α, β, $\alpha < \beta$, に対して，$\alpha < r < \beta$ なる有理数 r が無数に存在する.

証明 $\alpha = \langle A, A' \rangle$, $\beta = \langle B, B' \rangle$ とすれば，$\alpha<\beta$ だから $A \subsetneq B$. したがって $b \in B$, $b \notin A$ なる有理数 b が存在する. $b \in A'$ だから，定理 1.3 により，$\alpha \leq b$. 切断の条件 (ii) により B に属する最大の有理数がないから，$b<r$, $r \in B$ なる有理数 r は無数に存在する. 定理 1.3 により $r \in B$ は $r<\beta$ と同値であるから，これ等の有理数 r はすべて不等式：$\alpha<r<\beta$ を満たす.∎

実数全体の集合を $\boldsymbol{R}$ で表わす. 実数が大きさ (<) の順に一列に並んでいると想像して，$\boldsymbol{R}$ を**数直線**とよぶ. これで高校数学ではその意味が曖昧であった数直線が明確に定義されたのである. $\boldsymbol{R}$ を数直線というとき，実数を $\boldsymbol{R}$ 上の点，有理数を**有理点**，無理数を**無理点**ということがある.

有理数の集合 $\boldsymbol{Q}$ が数直線上到る所稠密であることは §1.1 で述べたが，定理 1.4 はこのことが厳密に定義された数直線 $\boldsymbol{R}$ について成立していることを示す.

定理 1.5 自然数 m が与えられたとする. このとき任意の実数 α に対して

$$a < \alpha \leq a + \frac{1}{m}$$

なる有理数 a が存在する.

証明 $\alpha = \langle A, A' \rangle$ とする. $r_0 \in A$ を任意に一つ選んで自然数 n に対して $r_n = r_0 + n/m$ とおく. $s \in A'$ とすれば，$n > m(s - r_0)$ のとき $r_n = r_0 + n/m > s$, したがって $r_n \in A'$ となるから，$r_{k-1} \in A$, $r_k \in A'$ なる自然数 k が定まる. そこで $a = r_{k-1}$ とおけば $a < \alpha \leq a + 1/m$.∎

この定理は実数は有理数でいくらでも近似できることを示している.

c) 無理数

高校数学では，§1.1で述べたように，循環しない無限小数が必ず実数を表わすことを明確に説明できなかった．実数の10進小数表示は後で数列の極限に関連して扱うが，ここで，<u>循環しない無限小数は無理数を表わす</u>ことを証明しておく．

循環しない無限小数
$$k.k_1k_2k_3\cdots k_n\cdots, \quad k \text{ は整数},$$
が与えられたとして，
$$a_n = k.k_1k_2\cdots k_n = k + \frac{k_1}{10} + \frac{k_2}{10^2} + \cdots + \frac{k_n}{10^n},$$
$$b_n = a_n + \frac{1}{10^n}$$
とおく．§1.1で述べたように，この無限小数が実数 α を表わすということは，実数 α がすべての自然数 n についてつぎの不等式を満たすことに他ならない：

(1.9) $\qquad\qquad\qquad a_n \leqq \alpha < b_n.$

明らかに $a_{n-1} \leqq a_n$. また，$0 \leqq k_n \leqq 9$ であるから，
$$b_n = a_{n-1} + \frac{k_n+1}{10^n} \leqq a_{n-1} + \frac{10}{10^n} = b_{n-1}.$$

循環しない無限小数を考えているから，ある位から先すべての k_n が0となることはないし，また，ある位から先すべての k_n が9となることもない．すなわち，$k_m \geqq 1$ なる自然数 m が無数にあり，また，$k_l \leqq 8$ なる自然数 l が無数にある．このような m, l に対してはそれぞれ不等式：
$$a_{m-1} < a_m, \quad b_l < b_{l-1}$$
が成り立つ．すなわち

(1.10)[1] $\quad a_1 \leqq a_2 \leqq \cdots \leqq a_n \leqq \cdots \leqq a_{m-1} < a_m \leqq \cdots$
$\qquad\quad \cdots \leqq b_l < b_{l-1} \leqq \cdots \leqq b_n \leqq \cdots \leqq b_2 \leqq b_1.$

すべての自然数 n について(1.9)を満たす実数 α の存在を証明するために
$$A' = \{r \in \mathbf{Q} \mid r \geqq a_n, \ n = 1, 2, 3, \cdots\}$$
とおいて，$\mathbf{Q}$ における A' の補集合を A とする．$\langle A, A' \rangle$ が有理数の切断をなすことはつぎのようにして容易に確かめられる：(1.10)により $a_1 \in A, b_1 \in A'$, す

---

[1] これは $\cdots \leqq a_{m-1} < a_m \leqq \cdots \leqq b_l < b_{l-1} \leqq \cdots$ と1行に並んだ不等式の列を印刷の都合で2行に分けたものである．

なわち A と A' は空集合でない；明らかに A' は切断の条件(iii)$'$ を満たす；A は少なくとも一つの n について $r<a_n$ となる有理数 r 全体の集合であるから，A に属する最大の有理数はない．

$$\alpha = \langle A, A' \rangle$$

とおく．(1.10)はすべての自然数 n に対して $a_n \in A, b_n \in A'$ なることを示している．したがって，定理1.3により，

$$a_n < \alpha \leqq b_n.$$

さらに(1.10)は任意の n に対して $b_l < b_n$ なる l が存在することを示している．故に $\alpha \leqq b_l < b_n$. すなわち，すべての n に対して

(1.11) $$a_n < \alpha < b_n$$

が成り立つ．これで与えられた無限小数 $k.k_1k_2k_3\cdots$ が実数 α を表わすことが証明された．

この α は無理数である．このことを証明するために α が有理数であったと仮定して，$\alpha = q/p$, p は自然数，q は整数，とおけば，不等式(1.11)は

(1.12) $$a_n < \frac{q}{p} < a_n + \frac{1}{10^n}, \quad n=0,1,2,3,\cdots,$$

となる．ただしここで $a_0 = k$ とする．この一連の不等式は，逆に，無限小数 $k.k_1k_2k_3\cdots$ を一意的に定める．しかもその定め方が，$q>0$ である場合には，10進法で q を p で割って q/p の循環小数表示を求める§1.1で述べた操作と一致する．このことを確かめるために

$$r_n = 10^{n-1}p\left(\frac{q}{p} - a_{n-1}\right) = 10^{n-1}q - 10^{n-1}a_{n-1}p$$

とおく．$10^{n-1}a_{n-1}$ は整数であるから r_n も整数である．(1.12)により

$$0 < \frac{q}{p} - a_{n-1} < \frac{1}{10^{n-1}}$$

であるから

$$0 < r_n < p.$$

また

$$r_{n+1} = 10^n p\left(\frac{q}{p} - a_{n-1} - \frac{k_n}{10^n}\right) = 10 r_n - p k_n,$$

すなわち

$$10r_n = pk_n + r_{n+1}.$$
さらに $r_1 = q - pk$ であるから, 結局
$$q = pk + r_1, \qquad 0 < r_1 < p,$$
$$10r_1 = pk_1 + r_2, \qquad 0 < r_2 < p,$$
$$\cdots\cdots \qquad\qquad \cdots\cdots$$
$$\cdots\cdots \qquad\qquad \cdots\cdots$$
$$10r_n = pk_n + r_{n+1}, \qquad 0 < r_{n+1} < p,$$
$$\cdots\cdots$$

を得る.これは,$q>0$ である場合には,10進法で q を p で割る割算の操作に他ならない.§1.1で述べたように,$r_1, r_2, \cdots, r_p$ のうち少なくとも二つは一致するからこの割算の操作は q/p の循環小数表示を与える.$q<0$ である場合も事情は同様であって,したがって無限小数 $k.k_1k_2k_3\cdots$ は循環小数でなければならないことになって,仮定に矛盾する.故に α は無理数である.∎

これで循環しない無限小数はすべて無理数を表わすことが証明された.このことからすぐわかるように,<u>無理数は数直線 R 上到る所稠密に分布している</u>.すなわち,任意に与えられた二つの実数 β, γ,$\beta < \gamma$,に対して $\beta < \alpha < \gamma$ なる無理数 α は無数に存在する.

d) 実数の連続性

$\alpha = \langle A, A' \rangle$ が無理数のとき,A と A' の境目をなす有理数は存在しない.有理直線 Q には A と A' の境目の所に '隙間' があるわけである.有理直線 Q は到る所隙間だらけで

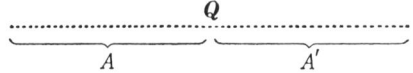

あって,Q の隙間をすべて無理数で埋めたものが数直線 R であると考えられる.数直線 R にはもうこのような隙間はない.これがいわゆる実数の連続性である.R には隙間がないということを厳密にいうために,実数の切断を考える.

数直線 R をつぎの条件を満たす空集合でない二つの部分集合 A と A' に分割したとき,A と A' の組 $\langle A, A' \rangle$ を**実数の切断**とよぶ:
$$\rho \in A, \quad \sigma \in A' \quad \text{ならば} \quad \rho < \sigma.$$

$\langle A, A' \rangle$ が実数の切断のとき,$\rho \in A$ ならば $\tau < \rho$ なる実数 τ はすべて A に属

する．これは明らかであろう．同様に，$\sigma \in A'$ ならば $\tau > \sigma$ なる実数 τ はすべて A' に属する．

定理 1.6 $\langle A, A'\rangle$ が実数の切断のとき，A に属する最大の実数が存在するか，または A' に属する最小の実数が存在する．

証明 $\mathsf{A} = A \cap \boldsymbol{Q}$，$\mathsf{A}' = A' \cap \boldsymbol{Q}$ とおく．もしも A に属する最大の有理数 a が存在するならば，a は A に属する最大の実数である．何となれば，$a < \rho$，$\rho \in A$ なる実数 ρ があったとすれば，$a < r < \rho$ なる有理数 r ——このような有理数 r が存在することは $\boldsymbol{Q}$ が $\boldsymbol{R}$ 上到る所稠密である（定理1.4）ことによって明らかである——をとれば，$r \in A$，したがって $r \in \mathsf{A}$ でなければならないが，これは a が A の最大数であることに反する．そこで A に属する最大の有理数はないとしよう．このとき，$\langle \mathsf{A}, \mathsf{A}'\rangle$ は明らかに有理数の切断であって，$\alpha = \langle \mathsf{A}, \mathsf{A}'\rangle$ は実数，したがって $\alpha \in A$ か，または $\alpha \in A'$ である．

$\alpha \in A$ ならば α は A の最大数である．何となれば，$\alpha < \rho$，$\rho \in A$ なる実数 ρ があったとして $\alpha < r < \rho$ なる有理数 r をとれば，$r \in A$，したがって $r \in \mathsf{A}$ でなければならないが，一方，定理1.3によれば $r \in \mathsf{A}'$．これは矛盾である．

同様に $\alpha \in A'$ ならば α は A' の最小数である．■

この定理1.6によれば，実数の切断 $\langle A, A'\rangle$ については必ず A と A' の境目をなす実数，すなわち条件：

$$\rho \in A, \quad \sigma \in A' \quad \text{ならば} \quad \rho \leqq \alpha \leqq \sigma$$

を満たす実数 α が存在する．これが<u>実数の連続性</u>である．数直線 $\boldsymbol{R}$ には隙間がないのである．

注意 有理数の切断の条件(ii)は叙述を簡明にするために導入された便宜上のもので，原理的には不要である．条件(ii)を落せば，有理数の切断 $\langle A, A'\rangle$ には，I型，II型以外に A に最大数がある第III の型が現われる．$\langle A, A'\rangle$ が III 型のとき A に属する最大の有理数を a とすれば，$\langle A, A'\rangle$ は a に等しい：$\langle A, A'\rangle = a$ と考えるほかない．このために一つの有理数 a が II 型と III 型の二つの切断に対応することになって叙述が混乱する．これを避けるために条件(ii)を導入して III 型の切断を除外したのである．実数の切断については条件(ii)を導入しない方が応用上便利である．

§1.3 実数の加法，減法

本節では有理数の切断として定義された実数の加法，減法について述べる．実

数の加・減・乗・除の演算は高校数学で自由に駆使してきたのであるが、そこでは実数が明確に定義されていなかったのであるから、その演算も明確な根拠に欠けていたわけである。

以下本節では $\mathbf{Q}$ の任意の部分集合 S に対して S' は S の $\mathbf{Q}$ における補集合を表わすものと約束しておく。$S \cup S' = \mathbf{Q}$, $S \cap S' = \phi$, $(S')' = S$ なることはいうまでもない。

有理数の任意の二つの集合 S, T が与えられたとき、$s \in S$, $t \in T$ の和 $s+t$ 全体の集合を $S+T$ で表わす:
$$S+T = \{s+t \mid s \in S, t \in T\}.$$
また同様に
$$S+t = \{s+t \mid s \in S\},$$
などと書く。

実数 $\alpha = \langle A, A' \rangle$ について $A = \{r \in \mathbf{Q} \mid r < \alpha\}$ であるから、二つの実数の和をつぎのように定義するのは当然であろう:

定義 1.3 二つの実数 $\alpha = \langle A, A' \rangle$, $\beta = \langle B, B' \rangle$ が任意に与えられたとき、α と β の和を
$$\alpha + \beta = \sigma, \quad \sigma = \langle S, S' \rangle, \quad S = A+B$$
と定義する。

ここで $\langle S, S' \rangle$ が有理数の切断になっていることはつぎのようにして容易に確かめられるのであるが、まず、以下しばしば用いられる有理数の和に関する一つの性質を補題として述べておく:

補題 1.1 a, b が有理数のとき、$r < a+b$ なる有理数 r に対して $r = s+t$, $s < a$, $t < b$ なる有理数 s, t が存在する。

証明 $s = a - (a+b-r)/2$, $t = b - (a+b-r)/2$ とおけば、明らかに $s+t = r$, $s < a$, $t < b$ である。∎

さて $\langle S, S' \rangle$ が有理数の切断であることの証明であるが、まず S が空集合でないことは明らかである。つぎに $u \in A'$, $v \in B'$ を任意にとれば、すべての $r \in A$, $s \in B$ について $r+s < u+v$, したがって $u+v \in S'$. すなわち S' も空集合でない。S に属する有理数 $a+b$, $a \in A$, $b \in B$, を任意にとったとき、$r < a+b$ なる有理数 r は、補題 1.1 により、$s < a$, $t < b$ なる二つの有理数 s, t の和として表わされる:

$r=s+t$. $a \in A$ だから $s \in A$, 同様に $t \in B$. 故に $r=s+t \in S$. すなわち S は切断の条件(iii)を満たす. S に属する最大の有理数がないことは A, B に最大数がないことから明らかである.

定理 1.7 実数の加法について結合法則と交換法則が成り立つ. すなわち, 任意の実数 α, β, γ について
$$\alpha+(\beta+\gamma) = (\alpha+\beta)+\gamma,$$
$$\alpha+\beta = \beta+\alpha.$$

証明 $\alpha=\langle A, A'\rangle$, $\beta=\langle B, B'\rangle$, $\gamma=\langle C, C'\rangle$ とすれば, 有理数に関する結合法則, 交換法則により
$$A+(B+C) = (A+B)+C, \quad A+B = B+A.$$
故に, 定義 1.3 により, $\alpha+(\beta+\gamma)=(\alpha+\beta)+\gamma$, $\alpha+\beta=\beta+\alpha$. ∎

結合法則により, たとえば
$$((\alpha+\beta)+\gamma)+\delta = (\alpha+\beta)+(\gamma+\delta) = \alpha+(\beta+(\gamma+\delta))$$
である. このようにどこに括弧を入れても和は同じであるから, 普通実数の和を表わすのに括弧を略して, たとえば
$$\alpha+\beta+\gamma+\delta$$
と書く. これは高校数学で学んだ通りである.

$\alpha=a$, $\beta=b$ が有理数のときには, 定義 1.3 による実数としての和 $\alpha+\beta$ と既知であった有理数としての和 $a+b$ は一致する: $\alpha+\beta=a+b$. なぜかといえば, このとき, $A=\{r \in \mathbf{Q} \mid r<a\}$, $B=\{s \in \mathbf{Q} \mid s<b\}$ であるから, $r \in A$, $s \in B$ ならば $r+s<a+b$ なることは明らかであるが, 補題 1.1 により, $t<a+b$ なる有理数 t は $t=r+s$, r, s はそれぞれ $r<a$, $s<b$ なる有理数, と表わされる. $r \in A$, $s \in B$ となるから, $t \in A+B$. したがって
$$A+B = \{t \in \mathbf{Q} \mid t<a+b\}.$$
すなわち $\alpha+\beta=a+b$ である.

$\beta=b$ が有理数, $\alpha=\langle A, A'\rangle$ が任意の実数のとき
(1.13) $$\alpha+b = \langle A+b, A'+b\rangle.$$
この式を証明するには $A+B=A+b$ なることを示せばよい. $r \in A$, $s \in B$ とすれば, $s<b$ だから $r-(b-s)<r$, したがって $r-(b-s) \in A$. 故に
$$r+s = (r-(b-s))+b \in A+b.$$

逆に $r \in A$ とすれば $r < t$, $t \in A$ なる t がある. $b-(t-r) \in B$ であるから
$$r+b = t+(b-(t-r)) \in A+B.$$
故に $A+B = A+b$. ∎

上の式(1.13)で $b=0$ とおけば, $\alpha+0 = \langle A, A' \rangle = \alpha$, したがって, 交換法則を用いれば,
$$0+\alpha = \alpha+0 = \alpha.$$
すなわち, 0 は加法に関する単位元である.

つぎに実数 α に対して $-\alpha$ を定義しよう. まず $\alpha = a$ が有理数のときは $-\alpha = -a$ とおく. これは当然であろう. $\alpha = \langle A, A' \rangle$ が無理数のときは
$$-\alpha = \langle -A', -A \rangle, \quad -A' = \{-r \mid r \in A'\}, \quad -A = \{-r \mid r \in A\},$$
と定義する. $\langle A, A' \rangle$ は I 型であるから, $\langle -A', -A \rangle$ が有理数の切断をなしていることは明らかである.

定理 1.8 $\qquad -\alpha+\alpha = \alpha+(-\alpha) = 0.$

証明 $\alpha = \langle A, A' \rangle$ が無理数のときを考えればよい. $r \in A$, $s \in -A'$ とすれば, $-s \in A'$, したがって $-s > r$ だから $r+s < 0$. 逆に $t < 0$ なる有理数 t は $t = r+s$, $r \in A$, $s \in -A'$ と表わされる. このことを確かめるために $1/m < -t$ なる自然数 m を定める. 定理1.5により $r < \alpha \le r+1/m$ なる有理数 r が存在する. $s = t-r$ とおけば,
$$-s = r-t > r+\frac{1}{m} \ge \alpha,$$
したがって $-s \in A'$. 故に $t = r+s$, $r \in A$, $s \in -A'$. これで
$$A+(-A') = \{t \in \boldsymbol{Q} \mid t < 0\}$$
なることが証明された. 故に $\alpha+(-\alpha) = 0$. したがって, 交換法則により, $-\alpha+\alpha = 0$. ∎

この定理1.8は加法に関して $-\alpha$ が α の逆元であることを示している.

$\beta+(-\alpha)$ を $\beta-\alpha$ と書く. 結合法則により
$$(\beta-\alpha)+\alpha = \beta, \quad (\beta+\alpha)-\alpha = \beta$$
であることは明らかである.

これで有理数の切断として定義された実数について加法と減法に関する基本的な法則が確立された. これから高校数学で学んだ加法, 減法に関するいろいろな

§1.3 実数の加法, 減法

公式を導き出すことは容易である. たとえば
$$\alpha = (\alpha-(\beta-\gamma))+(\beta-\gamma) = ((\alpha-(\beta-\gamma))+\beta)-\gamma$$
であるから
$$\alpha+\gamma-\beta = ((\alpha-(\beta-\gamma))+\beta)-\beta = \alpha-(\beta-\gamma),$$
すなわち
$$\alpha-(\beta-\gamma) = \alpha+\gamma-\beta.$$
また, ここで $\alpha=\beta=0$ とおけば,
$$-(-\gamma) = \gamma.$$
実数の大小と加法の関係について, つぎの二つの定理が成り立つ.

定理 1.9　　$\alpha \leq \gamma$, $\beta \leq \delta$ ならば $\alpha+\beta \leq \gamma+\delta$.

証明　$\alpha=\langle A, A'\rangle$, $\beta=\langle B, B'\rangle$, $\gamma=\langle C, C'\rangle$, $\delta=\langle D, D'\rangle$ とすれば, 仮定により $A \subset C$, $B \subset D$. 故に $A+B \subset C+D$, すなわち $\alpha+\beta \leq \gamma+\delta$. ∎

定理 1.10　　$\alpha < \gamma$, $\beta \leq \delta$ ならば $\alpha+\beta < \gamma+\delta$.

証明　上の定理 1.9 により $\alpha+\beta \leq \gamma+\delta$ である. $\alpha+\beta < \gamma+\delta$ なることを示すために $\alpha+\beta=\gamma+\delta$ と仮定しよう. $\beta \leq \delta$ だから, 定理 1.9 を用いて, $\delta-\beta \geq \beta-\beta=0$ を得る. 故に, 再び定理 1.9 を用いて,
$$\alpha = \alpha+\beta-\beta = \gamma+\delta-\beta = \gamma+(\delta-\beta) \geq \gamma.$$
これは $\alpha<\gamma$ に矛盾する. 故に $\alpha+\beta<\gamma+\delta$. ∎

系 1　不等式 $\alpha>\beta$ は $\alpha-\beta>0$ と同値である.

系 2　不等式 $\alpha<0$ は $-\alpha>0$ と同値である.

以上で実数の大小, 加法, 減法について高校数学で学んだことの基礎が確立された.

任意の実数 α の絶対値 $|\alpha|$ を
$$\begin{cases} \alpha \geq 0 \text{ のとき} & |\alpha| = \alpha, \\ \alpha < 0 \text{ のとき} & |\alpha| = -\alpha \end{cases}$$
と定義する.

定理 1.11　　$|\alpha+\beta| \leq |\alpha|+|\beta|$.

証明は高校数学で学んだ通りである. ──

二つの実数 α, β に対して $|\alpha-\beta|$ を数直線上の 2 点 α, β の**距離**という.

§1.4 数列の極限；実数の乗法，除法

a) 極限の定義

$\alpha_1, \alpha_2, \alpha_3, \cdots, \alpha_n, \cdots$ のように実数を一列に並べたものを**数列**(sequence)といい，数列を $\{\alpha_n\}$ で表わす．そしておのおのの実数 α_n を数列の**項**という．数列の極限についてはすでに高校数学で学んだ．すなわち，数列 $\{\alpha_n\}$ の項 α_n が，n が限りなく大きくなるにつれて，一定の実数 α に限りなく近づくとき，数列 $\{\alpha_n\}$ は α に収束する，また α は数列 $\{\alpha_n\}$ の極限値であるといい，

$$\lim_{n\to\infty} \alpha_n = \alpha$$

と書き表わしたのである．"n が限りなく大きくなるにつれて α_n が α に限りなく近づく"ということを明確にいい表わしたのが，つぎの定義である：

定義 1.4 数列 $\{\alpha_n\}$ が与えられたとし，α を一つの実数とする．任意の正の実数 ε に対応して自然数 $n_0(\varepsilon)$ が定まって

$$n > n_0(\varepsilon) \quad \text{ならば} \quad |\alpha_n - \alpha| < \varepsilon$$

となるとき，数列 $\{\alpha_n\}$ は α に**収束**(converge)する，また，α は数列 $\{\alpha_n\}$ の**極限**(limit)である，あるいは極限値であるといい

$$\lim_{n\to\infty} \alpha_n = \alpha$$

と書く．

数列 $\{\alpha_n\}$ がある一つの実数に収束するとき，$\{\alpha_n\}$ は収束する，$\{\alpha_n\}$ は収束する数列である，極限値 $\lim_{n\to\infty} \alpha_n$ が存在する，などという．──

上の定義 1.4 は，"n が限りなく大きくなるにつれて α_n が α に限りなく近づく"という代りに，"任意の正の実数 ε に対して，n が $n_0(\varepsilon)$ より大きくなれば α_n と α の距離は ε 以下になる"といっているわけである．このいい表わし方の著しい特徴は，'限りなく大きく' とか，'限りなく近づく' という無限大，無限小を意味する曖昧な句を避けて，すべて有限の自然数，有限の実数だけを用いていることである．ε は任意だから，ε としてどんな小さな正の実数を選んでもよい．そして正の実数 ε をどんなに小さく選んでも，n を大きくしていけば遂には $n > n_0(\varepsilon)$ となるから，$|\alpha_n - \alpha| < \varepsilon$ となる．すなわち，定義 1.4 は，"n が限りなく大きくなるにつれて α_n が α に限りなく近づく"という文章のいおうとしていることを，有限の自然数，実数だけを用いて，正確にいい表わしているのである．

例 1.1
$$\lim_{n\to\infty}\frac{n+1}{n-1} = 1.$$

これは高校数学で学んだ数列の極限の簡単な例であるが，これが定義 1.4 の意味で成立していることを確かめて見よう．正の実数 ε が任意に与えられたとき，有理数の稠密性により，$0<a<\varepsilon$ なる有理数 a が存在する．

$$\left|\frac{n+1}{n-1}-1\right| = \frac{2}{n-1}$$

であって，不等式：$2/(n-1)<a$ は $n>2/a+1$ と同値であるから，$n_0 \geqq 2/a+1$ なる自然数 n_0 を一つ選んで $n_0(\varepsilon)=n_0$ とおけば，明らかに

$$n > n_0(\varepsilon) \quad \text{ならば} \quad \left|\frac{n+1}{n-1}-1\right| < \varepsilon.$$

故に
$$\lim_{n\to\infty}\frac{n+1}{n-1} = 1. \qquad \text{——}$$

収束の定義 1.4 をつぎのようにいい換えておくと応用上しばしば便利である：

定理 1.12 数列 $\{\alpha_n\}$ が実数 α に収束するための必要かつ十分な条件は，$\rho<\alpha<\sigma$ なる実数 ρ,σ が任意に与えられたとき，不等式：

$$\rho < \alpha_n < \sigma$$

が有限個の自然数 n を除いて成立することである．

ここで"有限個の自然数 n を除いて成立する"というのは，いうまでもなく，"或る有限個の自然数以外のすべての自然数 n について成立する"という意味である．

証明 条件が必要なことを示すために，$\{\alpha_n\}$ は α に収束すると仮定し，$\rho<\alpha<\sigma$ なる実数 ρ,σ が与えられたとする．正の実数 $\alpha-\rho$ と $\sigma-\alpha$ のうち小さい方を ε とすれば，明らかに

$$\rho \leqq \alpha-\varepsilon < \alpha+\varepsilon \leqq \sigma.$$

仮定により，$n>n_0(\varepsilon)$ のとき $|\alpha_n-\alpha|<\varepsilon$，すなわち

$$\alpha-\varepsilon < \alpha_n < \alpha+\varepsilon.$$

故に有限個の自然数 $n=1, 2, \cdots, n_0(\varepsilon)$ を除いて

$$\rho < \alpha_n < \sigma$$

が成り立つ．

条件が十分なことを示すために，正の実数 ε が任意に与えられたとすれば，条件により，

$$\alpha-\varepsilon < \alpha_n < \alpha+\varepsilon$$

が有限個の自然数 n を除いて成り立つ．この有限個の自然数の最大のものを $n_0(\varepsilon)$ とすれば，

$$n > n_0(\varepsilon) \quad \text{のとき} \quad |\alpha_n-\alpha| < \varepsilon. \quad \blacksquare$$

この定理 1.12 を用いれば，収束する数列 $\{\alpha_n\}$ の極限がただ一つしかないことがつぎのようにして確かめられる：いま極限が二つあったとしてそれを α, β，$\alpha<\beta$，とすれば，有理数の稠密性により $\alpha<r<\beta$ なる有理数 r が存在する．定理 1.12 により有限個の n を除いて $\alpha_n<r$，また有限個の n を除いて $r<\alpha_n$．したがって無数の n について $\alpha_n<r$ と $r<\alpha_n$ が両立することとなって矛盾を生じる．

b) 収束の条件

数列が収束するか否かを判定するための Cauchy の判定法は基本的である．

定理 1.13(Cauchy の判定法)　数列 $\{\alpha_n\}$ が収束するための必要かつ十分な条件は，任意の正の実数 ε に対応して一つの自然数 $n_0(\varepsilon)$ が定まって

$$n > n_0(\varepsilon), \quad m > n_0(\varepsilon) \quad \text{ならば} \quad |\alpha_n-\alpha_m| < \varepsilon$$

となることである．

証明　条件が必要なことを示すために $\{\alpha_n\}$ が収束すると仮定して $\alpha = \lim_{n\to\infty}\alpha_n$ とおく．任意に与えられた正の実数 ε に対して $0<a<\varepsilon$ なる有理数 a を一つ選ぶ．$0<a<\varepsilon$ なる有理数 a が存在することは有理数の稠密性によって明らかである．仮定により，$a/2$ に対応して

$$n > n_0 \quad \text{ならば} \quad |\alpha_n-\alpha| < \frac{a}{2}$$

なる自然数 n_0 が定まる．(ε が無理数のときには未だ $\varepsilon/2$ が定義されていないことに留意されたい．)　$n>n_0, m>n_0$ ならば，したがって

$$|\alpha_n-\alpha_m| = |\alpha_n-\alpha+\alpha-\alpha_m| \leqq |\alpha_n-\alpha|+|\alpha_m-\alpha| < a.$$

故に，$n_0(\varepsilon) = n_0$ とおけば，

$$n, m > n_0(\varepsilon) \quad \text{のとき} \quad |\alpha_n-\alpha_m| < \varepsilon$$

となる．

このように，条件が必要なことは収束の定義 1.4 からの直接の帰結である．

Cauchy の判定法の核心は条件が十分なることにあるのであって，十分なることの証明には実数の連続性が不可欠である．いま $\{\alpha_n\}$ が α に収束すると仮定すれば，定理 1.12 により，$\rho<\alpha$ のときには $\alpha_n\leqq\rho$ なる n は高々有限個しかなく，$\rho>\alpha$ のときには $\alpha_n\leqq\rho$ なる n は無数にある．このことに着目して，条件が十分なことをつぎのようにして証明する．

任意の正の実数 ε に対応して一つの自然数 $n_0(\varepsilon)$ が定まって
$$n>n_0(\varepsilon), \quad m>n_0(\varepsilon) \quad \text{ならば} \quad |\alpha_n-\alpha_m|<\varepsilon$$
となる，と仮定する．A を $\alpha_n\leqq\rho$ なる n が高々有限個しかないような実数 ρ 全体の集合とし，A′ を $\boldsymbol{R}$ における A の補集合とする．A′ は，すなわち，$\alpha_n\leqq\sigma$ なる n が無数にあるような実数 σ 全体の集合である．したがって，$\rho\in \text{A}, \sigma\in \text{A}'$ ならば $\rho<\sigma$．また，$l>n_0(1)$ なる自然数 l を一つ選んで $\beta=\alpha_l$ とおけば，
$$n>n_0(1) \quad \text{のとき} \quad \beta-1<\alpha_n<\beta+1$$
となる．したがって $\beta-1\in \text{A}, \beta+1\in \text{A}'$，すなわち A と A′ は空集合でない．故に $\langle\text{A, A}'\rangle$ は実数の切断をなしている．したがって，定理 1.6 (実数の連続性) により，A に最大数があるか，さもなければ A′ に最小数がある．この最大数または最小数を α とする．数列 $\{\alpha_n\}$ が α に収束することを示すには，定理 1.12 によれば，$\rho<\alpha<\sigma$ なる実数 ρ,σ が任意に与えられたとき，不等式：
$$\rho<\alpha_n<\sigma$$
が有限個の n を除いて成立することをいえばよい．

まず $\rho<\alpha$ だから $\rho\in \text{A}$，したがって $\alpha_n\leqq\rho$ なる n は高々有限個しかない．すなわち，有限個の n を除いて $\rho<\alpha_n$ が成り立つ．

つぎに，$\alpha<\sigma$ だから，有理数の稠密性により，$\alpha<r<\sigma$ なる有理数 r が存在する．$\alpha<r<\sigma$ なる r を一つ選んで $\varepsilon=\sigma-r$ とおけば，仮定により，
$$n>n_0(\varepsilon), \quad m>n_0(\varepsilon) \quad \text{なるとき} \quad |\alpha_n-\alpha_m|<\varepsilon=\sigma-r.$$
一方，$r>\alpha$ だから $r\in \text{A}'$，したがって無数の自然数 m について $\alpha_m\leqq r$ が成り立つ．この無数の m の中にはもちろん $m>n_0(\varepsilon)$ なるものが (無数に) ある．このような m を一つ定めれば，$n>n_0(\varepsilon)$ なるとき $\alpha_n-\alpha_m<\sigma-r$, $\alpha_m\leqq r$, したがって $\alpha_n<\sigma$. すなわち有限個の n を除いて不等式 $\alpha_n<\sigma$ が成り立つ．∎

c) 極限の大小，加法，減法

数列 $\{\alpha_n\}$ から有限個または無限個の項を取り除いて得られた数列 $\{\alpha_{m_n}\}$, $m_1<$

$m_2 < m_3 < \cdots < m_n < \cdots$, を $\{\alpha_n\}$ の**部分列**(subsequence)という．たとえば $\alpha_1, \alpha_2, \alpha_6, \cdots, \alpha_{n!}, \cdots$, すなわち $\{\alpha_{n!}\}$ は $\{\alpha_n\}$ の部分列である．数列 $\{\alpha_n\}$ が α に収束するとき，$\{\alpha_n\}$ の部分列 $\{\alpha_{m_n}\}$ は同じ極限 α に収束する．これは収束の定義 1.4 から明らかであろう．また収束する数列 $\{\alpha_n\}$ の有限個の項を変えてもその極限 $\lim_{n\to\infty} \alpha_n$ は変わらない．これも明らかである．

定理 1.14 数列 $\{\alpha_n\}$, $\{\beta_n\}$ が収束するとき，無数の自然数 n について $\alpha_n \leq \beta_n$ ならば $\lim_{n\to\infty} \alpha_n \leq \lim_{n\to\infty} \beta_n$ である．

証明 $\alpha = \lim_{n\to\infty} \alpha_n$, $\beta = \lim_{n\to\infty} \beta_n$ とおいて，$\alpha > \beta$ であったとしよう．$\beta < r < \alpha$ なる有理数 r を一つ定めれば，定理 1.12 により，有限個の n を除いて $\beta_n < r$, また有限個の n を除いて $\alpha_n > r$ となる．したがって $\alpha_n \leq \beta_n$ となる無数の n のうち有限個を除いて $\beta_n < r < \alpha_n$ が成り立つことになり，矛盾を生じる．すなわち $\alpha > \beta$ ではあり得ない．故に $\alpha \leq \beta$. ∎

すべての n について $\rho_n = \rho$ なる数列 $\{\rho_n\}$ はもちろん ρ に収束するから，上の定理 1.14 の $\{\alpha_n\}$ または $\{\beta_n\}$ を $\{\rho_n\}$ で置き換えれば，つぎの系を得る．

系 数列 $\{\alpha_n\}$ が収束するとき，無数の n について $\alpha_n \leq \rho$ ならば $\lim_{n\to\infty} \alpha_n \leq \rho$；また無数の n について $\alpha_n \geq \rho$ ならば $\lim_{n\to\infty} \alpha_n \geq \rho$.

定理 1.15 数列 $\{\alpha_n\}$, $\{\beta_n\}$ が収束するならば $\{\alpha_n + \beta_n\}$, $\{\alpha_n - \beta_n\}$ も収束する．そして

$$\lim_{n\to\infty}(\alpha_n + \beta_n) = \lim_{n\to\infty}\alpha_n + \lim_{n\to\infty}\beta_n,$$

$$\lim_{n\to\infty}(\alpha_n - \beta_n) = \lim_{n\to\infty}\alpha_n - \lim_{n\to\infty}\beta_n.$$

証明 $\alpha = \lim_{n\to\infty} \alpha_n$, $\beta = \lim_{n\to\infty} \beta_n$ とおく．任意に与えられた正の実数 ε に対して $0 < r < \varepsilon$ なる有理数 r を一つ選べば，$r/2$ に対応して一つの自然数 n_0 が定まって

$$n > n_0 \quad \text{ならば} \quad |\alpha_n - \alpha| < \frac{r}{2}, \quad |\beta_n - \beta| < \frac{r}{2},$$

したがって

$$|\alpha_n + \beta_n - \alpha - \beta| \leq |\alpha_n - \alpha| + |\beta_n - \beta| < r$$

となる．故に，$n_0(\varepsilon) = n_0$ とおけば

$$n > n_0(\varepsilon) \quad \text{のとき} \quad |\alpha_n + \beta_n - \alpha - \beta| < \varepsilon.$$

すなわち数列 $\{\alpha_n + \beta_n\}$ は $\alpha + \beta$ に収束する．同様に $\{\alpha_n - \beta_n\}$ は $\alpha - \beta$ に収束す

§1.4 数列の極限；実数の乗法，除法

る．∎

すべての項 a_n が有理数なる数列 $\{a_n\}$ を **有理数列** という．

定理 1.16 実数はすべて有理数列の極限である．すなわち，任意の実数 α に対して，α に収束する有理数列 $\{a_n\}$ が存在する．

証明 定理 1.5 により，おのおのの自然数 n に対して

$$a_n < \alpha \leqq a_n + \frac{1}{n}$$

なる有理数 a_n が存在する．任意に与えられた正の実数 ε に対して $0<r<\varepsilon$ なる有理数 r を選び，$n_0>1/r$ なる自然数 n_0 を一つ定めて $n_0(\varepsilon)=n_0$ とおけば，$1/n_0 < r < \varepsilon$ だから，

$$n > n_0(\varepsilon) \quad \text{のとき} \quad |a_n - \alpha| = \alpha - a_n \leqq \frac{1}{n} < \frac{1}{n_0} < \varepsilon.$$

すなわち有理数列 $\{a_n\}$ は α に収束する．∎

d) 実数の乗法，除法

われわれは未だ実数の乗法，除法を定義していない．上の定理 1.16 によれば，実数はすべて有理数列の極限として表わされる．したがって，二つの実数 α, β の積 $\alpha\beta$ を定義するには，α, β をそれぞれ有理数列 $\{a_n\}, \{b_n\}$ の極限：$\alpha = \lim_{n\to\infty} a_n$，$\beta = \lim_{n\to\infty} b_n$，として表わして，$\alpha\beta = \lim_{n\to\infty} a_n b_n$ とおけばよいであろうことは容易に想像がつく．

補題 1.2 (1°) 有理数列 $\{a_n\}, \{b_n\}$ が収束するならば，a_n と b_n の積 $a_n b_n$ を項とする数列 $\{a_n b_n\}$ も収束する．

(2°) $\alpha = \lim_{n\to\infty} a_n$，$\beta = \lim_{n\to\infty} b_n$ なるとき，$\lim_{n\to\infty} a_n b_n$ は α と β だけによって一意的に定まり，α, β に収束する有理数列 $\{a_n\}, \{b_n\}$ のとり方にはよらない．

証明 (1°) 仮定により $\{a_n\}, \{b_n\}$ は収束しているから，Cauchy の判定法により，任意の正の実数 ε に対応して自然数 $m_0(\varepsilon)$ が定まって

$$n > m_0(\varepsilon), \quad m > m_0(\varepsilon) \quad \text{ならば} \quad |a_n - a_m| < \varepsilon, \quad |b_n - b_m| < \varepsilon$$

となる．$\varepsilon = 1$，$m_1 = m_0(1) + 1$ とおけば，$n > m_0(1)$ のとき $|a_n - a_{m_1}| < 1$，したがって $|a_n| < 1 + |a_{m_1}|$．故に $|a_1|, |a_2|, \cdots, |a_{m_0(1)}|, 1+|a_{m_1}|$ のいずれよりも大きい有理数 c に対しては，すべての n について $|a_n| < c$ となる．$|b_n|$ についても同様であるから，有理数 c を適当に選べば，すべての n について

$$|a_n|<c, \quad |b_n|<c.$$

数列 $\{a_nb_n\}$ が収束することを Cauchy の判定法を用いて証明しよう.
$$|a_nb_n-a_mb_m| = |(a_n-a_m)b_n+a_m(b_n-b_m)|$$
$$\leq |a_n-a_m||b_n|+|a_m||b_n-b_m|,$$

したがって
$$|a_nb_n-a_mb_m| \leq c|a_n-a_m|+c|b_n-b_m|.$$

任意に与えられた正の実数 ε に対して $0<r<\varepsilon$ なる有理数 r を一つ選んで $n_0(\varepsilon)=m_0(r/2c)$ とおけば, $n>n_0(\varepsilon)$, $m>n_0(\varepsilon)$ のとき, $|a_n-a_m|<r/2c$, $|b_n-b_m|<r/2c$ となるから,
$$|a_nb_n-a_mb_m| < c\cdot\frac{r}{2c}+c\cdot\frac{r}{2c} = r < \varepsilon.$$

故に $\{a_nb_n\}$ は収束する.

(2°) まず $\lim_{n\to\infty} a_n' = \lim_{n\to\infty} a_n$ なる任意の有理数列 $\{a_n'\}$ に対して, $\lim_{n\to\infty} a_n'b_n = \lim_{n\to\infty} a_nb_n$ なることを示す. $|b_n|<c$ であるから
$$|a_n'b_n-a_nb_n| = |a_n'-a_n||b_n| \leq c|a_n'-a_n|.$$

正の実数 ε が任意に与えられたとき, $0<r<\varepsilon$ なる有理数 r を一つ選べば, 定理 1.15 によって
$$\lim_{n\to\infty}(a_n'-a_n) = \lim_{n\to\infty} a_n' - \lim_{n\to\infty} a_n = 0$$

であるから, r/c に対応して自然数 n_0 が定まって $n>n_0$ ならば $|a_n'-a_n|<r/c$ となる. 故に $n_0(\varepsilon)=n_0$ とおけば,
$$n>n_0(\varepsilon) \quad \text{のとき} \quad |a_n'b_n-a_nb_n| < c\cdot\frac{r}{c} = r < \varepsilon.$$

すなわち
$$\lim_{n\to\infty}(a_n'b_n-a_nb_n) = 0,$$

したがって
$$\lim_{n\to\infty} a_n'b_n - \lim_{n\to\infty} a_nb_n = \lim_{n\to\infty}(a_n'b_n-a_nb_n) = 0.$$

これで $\lim_{n\to\infty} a_n' = \lim_{n\to\infty} a_n$ ならば $\lim_{n\to\infty} a_n'b_n = \lim_{n\to\infty} a_nb_n$ なることが分った. 同様に, $\lim_{n\to\infty} b_n' = \lim_{n\to\infty} b_n$ ならば $\lim_{n\to\infty} a_n'b_n' = \lim_{n\to\infty} a_n'b_n$. 故に, $\lim_{n\to\infty} a_n' = \lim_{n\to\infty} a_n$, $\lim_{n\to\infty} b_n' = \lim_{n\to\infty} b_n$ ならば $\lim_{n\to\infty} a_n'b_n' = \lim_{n\to\infty} a_nb_n$. ∎

定義 1.5 実数 α, β が与えられたとき，それをそれぞれ有理数列 $\{a_n\}$, $\{b_n\}$ の極限として $\alpha = \lim_{n\to\infty} a_n$, $\beta = \lim_{n\to\infty} b_n$ と表わして，α と β の積 $\alpha\beta$ を
$$\alpha\beta = \lim_{n\to\infty} a_n b_n$$
と定義する．――

上の補題 1.2 はこの定義によって α と β の積が一意的に定まることを保証する．積 $\alpha\beta$ を $\alpha \cdot \beta$ と書くこともある．

有理数 a は項 a_n がすべて a に等しい数列：$\{a\}$ の極限である．このことから，$\alpha = a$, $\beta = b$ が有理数のときには，ここで定義した積 $\alpha\beta$ が既知であった有理数としての積 ab と一致することがわかる．

乗法に関する**結合法則**，**交換法則**，加法と乗法に関する**分配法則**が有理数について成り立つことは既知であるが，それがそのまま極限に移行して実数についても成り立つことはほとんど明らかであろう．すなわち

定理 1.17 任意の実数 α, β, γ について
$$\alpha(\beta\gamma) = (\alpha\beta)\gamma,$$
$$\alpha\beta = \beta\alpha,$$
$$\alpha(\beta+\gamma) = \alpha\beta + \alpha\gamma.$$

証明 α, β, γ を有理数列の極限として $\alpha = \lim_{n\to\infty} a_n$, $\beta = \lim_{n\to\infty} b_n$, $\gamma = \lim_{n\to\infty} c_n$ と表わす．定義により
$$\beta\gamma = \lim_{n\to\infty} b_n c_n, \quad \alpha\beta = \lim_{n\to\infty} a_n b_n, \quad \text{また} \quad a_n(b_n c_n) = (a_n b_n) c_n$$
であるから
$$\alpha(\beta\gamma) = \lim_{n\to\infty} a_n(b_n c_n) = \lim_{n\to\infty} (a_n b_n) c_n = (\alpha\beta)\gamma.$$
同様に
$$\alpha\beta = \lim_{n\to\infty} a_n b_n = \lim_{n\to\infty} b_n a_n = \beta\alpha.$$
定理 1.15 により
$$\beta+\gamma = \lim_{n\to\infty} b_n + \lim_{n\to\infty} c_n = \lim_{n\to\infty} (b_n + c_n),$$
$$\alpha\beta + \alpha\gamma = \lim_{n\to\infty} a_n b_n + \lim_{n\to\infty} a_n c_n = \lim_{n\to\infty} (a_n b_n + a_n c_n)$$
だから
$$\alpha(\beta+\gamma) = \lim_{n\to\infty} a_n(b_n+c_n) = \lim_{n\to\infty}(a_n b_n + a_n c_n) = \alpha\beta + \alpha\gamma.$$

0 はすべての項が 0 に等しい数列 {0} の極限であるから
$$\alpha\cdot 0 = 0\cdot\alpha = 0$$
なることは明らかであろう．同様に
$$\alpha\cdot 1 = 1\cdot\alpha = \alpha.$$
すなわち 1 は実数の乗法における単位元である．

実数の**逆数**を定義するためにつぎの補題を証明する：

補題 1.3 実数 α, $\alpha \neq 0$, が与えられたとき，α を有理数列の極限として $\alpha = \lim_{n\to\infty} a_n$, $a_n \neq 0$, と表わせば，a_n の逆数 $1/a_n$ を項とする数列 $\{1/a_n\}$ は収束する．

証明 c を $\alpha > 0$ のときは $\alpha > c > 0$, $\alpha < 0$ のときは $\alpha < c < 0$ なる有理数とする．定理 1.12 により，$\alpha > 0$ か $\alpha < 0$ かにしたがって，有限個の自然数 n を除いて $a_n > c$ となるかまたは $a_n < c$ となる．いずれにしても，有限個の n を除いて $|a_n| > |c|$ となるが，有限個の項 a_n を変えても $\lim_{n\to\infty} a_n$ は変わらないから，すべての n について
$$|a_n| > |c| > 0$$
としてよい．$\{a_n\}$ は収束しているから，任意の正の実数 ε に対応して自然数 $m_0(\varepsilon)$ が定まって
$$n > m_0(\varepsilon), \quad m > m_0(\varepsilon) \quad \text{ならば} \quad |a_n - a_m| < \varepsilon$$
となる．
$$\left|\frac{1}{a_n} - \frac{1}{a_m}\right| = \left|\frac{a_m - a_n}{a_n a_m}\right| < \frac{1}{|c|^2}|a_n - a_m|$$
であるから，任意に与えられた正の実数 ε に対して $0 < r < \varepsilon$ なる有理数 r を一つ選んで $n_0(\varepsilon) = m_0(|c|^2 r)$ とおけば
$$n > n_0(\varepsilon), \quad m > n_0(\varepsilon) \quad \text{のとき} \quad \left|\frac{1}{a_n} - \frac{1}{a_m}\right| < \frac{1}{|c|^2}|c|^2 r = r < \varepsilon$$
となる．故に，Cauchy の判定法により，数列 $\{1/a_n\}$ は収束する．∎

定義 1.6 実数 α, $\alpha \neq 0$, に対して，α を有理数列の極限として $\alpha = \lim_{n\to\infty} a_n$, $a_n \neq 0$, と表わして，α の**逆数** $1/\alpha$ を
$$\frac{1}{\alpha} = \lim_{n\to\infty} \frac{1}{a_n}$$
と定義する．——

§1.4 数列の極限；実数の乗法，除法

積の定義により
$$\alpha \cdot \frac{1}{\alpha} = \frac{1}{\alpha} \cdot \alpha = 1.$$
数列 $\{1/a_n\}$ が収束することは補題 1.3 が保証しているが，$\lim_{n\to\infty} 1/a_n$ が α だけによって定まり，α に収束する数列 $\{a_n\}$ の選び方によらないことは確かめておかなければならない．このために $\lim_{n\to\infty} a_n' = \alpha$ なる数列 $\{a_n'\}$ を任意にとって $(1/\alpha)' = \lim_{n\to\infty} 1/a_n'$ とおく．すると $\alpha \cdot (1/\alpha)' = 1$ となるから，
$$\frac{1}{\alpha} = \frac{1}{\alpha} \cdot 1 = \frac{1}{\alpha}\left(\alpha\left(\frac{1}{\alpha}\right)'\right) = \left(\frac{1}{\alpha} \cdot \alpha\right)\left(\frac{1}{\alpha}\right)' = 1 \cdot \left(\frac{1}{\alpha}\right)' = \left(\frac{1}{\alpha}\right)'.$$
すなわち $1/\alpha$ は α だけによって一意的に定まる．

任意の実数 β を実数 α, $\alpha \neq 0$, で割った**商**を
$$\frac{\beta}{\alpha} = \frac{1}{\alpha} \cdot \beta$$
と定義する．明らかに
$$\alpha \cdot \frac{\beta}{\alpha} = \frac{\beta}{\alpha} \cdot \alpha = \beta.$$

定理 1.18 実数 α, β について，$\alpha > 0$, $\beta > 0$ ならば $\alpha\beta > 0$.

証明 α, β を有理数列の極限として $\alpha = \lim_{n\to\infty} a_n$, $\beta = \lim_{n\to\infty} b_n$ と表わす．$\alpha > a > 0$, $\beta > b > 0$ なる有理数 a, b をとれば，定理 1.12 により，有限個の n を除いて $a_n > a$, $b_n > b$, したがって $a_n b_n > ab$ となる．故に，定理 1.14 の系により
$$\alpha\beta = \lim_{n\to\infty} a_n b_n \geqq ab > 0. \qquad \blacksquare$$

以上で有理数の切断として厳密に定義された実数について，大・小，加・減・乗・除に関する基本的な法則：

$$\alpha + (\beta + \gamma) = (\alpha + \beta) + \gamma, \qquad \alpha(\beta\gamma) = (\alpha\beta)\gamma,$$
$$\alpha + \beta = \beta + \alpha, \qquad \alpha\beta = \beta\alpha,$$
$$\alpha(\beta + \gamma) = \alpha\beta + \alpha\gamma, \qquad (\beta + \gamma)\alpha = \beta\alpha + \gamma\alpha,$$
$$\alpha + 0 = 0 + \alpha = \alpha, \qquad \alpha \cdot 1 = 1 \cdot \alpha = \alpha,$$
$$(\beta - \alpha) + \alpha = \beta, \qquad \alpha \cdot \left(\frac{\beta}{\alpha}\right) = \beta,$$
$$\alpha \cdot 0 = 0 \cdot \alpha = 0,$$
$$\alpha < \gamma, \quad \beta \leqq \delta \quad \text{ならば} \quad \alpha + \beta < \gamma + \delta$$

$$\alpha > 0, \quad \beta > 0 \quad \text{ならば} \quad \alpha\beta > 0$$

が確立された．実数全体の集合 $\boldsymbol{R}$ は，すなわち，加・減・乗・除に関して体をなしている．故に $\boldsymbol{R}$ を**実数体**とよぶ．

高校数学で学んだ実数の大・小，加・減・乗・除に関するいろいろな公式は上記の基本法則から容易に導き出される．たとえば

$$\alpha\beta = \alpha(\beta-\gamma+\gamma) = \alpha(\beta-\gamma)+\alpha\gamma$$

であるから

$$\alpha(\beta-\gamma) = \alpha\beta-\alpha\gamma.$$

同様に

$$(\beta-\alpha)\gamma = \beta\gamma-\alpha\gamma.$$

ここで $\beta=0$ とおけば

$$\alpha(-\gamma) = (-\alpha)\gamma = -\alpha\gamma.$$

したがって $(-\alpha)(-\gamma) = -((-\alpha)\gamma) = -(-\alpha\gamma) = \alpha\gamma$，すなわち

$$(-\alpha)(-\gamma) = \alpha\gamma.$$

この式から

$$\alpha < 0, \quad \beta < 0 \quad \text{ならば} \quad \alpha\beta > 0$$

なることがすぐにわかる．同様に

$$\alpha < 0, \quad \beta > 0 \quad \text{ならば} \quad \alpha\beta < 0.$$

したがって

$$|\alpha\beta| = |\alpha||\beta|.$$

また，$\alpha>0$, $1/\alpha<0$ とすれば $1=\alpha\cdot 1/\alpha<0$ となって矛盾を生じるから，

$$\alpha > 0 \quad \text{ならば} \quad \frac{1}{\alpha} > 0.$$

$\alpha>\beta>0$ ならば $\alpha-\beta>0$, $\alpha\beta>0$, したがって $1/\alpha\beta>0$. 故に

$$\frac{1}{\beta}-\frac{1}{\alpha} = \frac{\alpha-\beta}{\alpha\beta} > 0, \quad \text{したがって} \quad \frac{1}{\beta} > \frac{1}{\alpha}.$$

すなわち

$$\alpha > \beta > 0 \quad \text{ならば} \quad \frac{1}{\beta} > \frac{1}{\alpha} > 0.$$

高校数学で学んだこの種の公式は以後自由に使うことにする．

§1.4 数列の極限；実数の乗法, 除法

e) 極限の乗法, 除法

定理 1.19 $(1°)$ 数列 $\{\alpha_n\}, \{\beta_n\}$ が収束すれば $\{\alpha_n\beta_n\}$ も収束し,
$$\lim_{n\to\infty}\alpha_n\beta_n = \lim_{n\to\infty}\alpha_n \cdot \lim_{n\to\infty}\beta_n.$$

$(2°)$ 数列 $\{\alpha_n\}, \{\beta_n\}$ が収束すれば, $\alpha_n \neq 0$, $\lim_{n\to\infty}\alpha_n \neq 0$ の仮定のもとで, 数列 $\{\beta_n/\alpha_n\}$ も収束し,
$$\lim_{n\to\infty}\frac{\beta_n}{\alpha_n} = \frac{\lim_{n\to\infty}\beta_n}{\lim_{n\to\infty}\alpha_n}.$$

証明 $(1°)$ $\lim_{n\to\infty}\alpha_n = \alpha$, $\lim_{n\to\infty}\beta_n = \beta$ とおけば, 任意の正の実数 ε に対応して
$$n > m_0(\varepsilon) \quad \text{ならば} \quad |\alpha_n - \alpha| < \varepsilon, \quad |\beta_n - \beta| < \varepsilon$$
となる自然数 $m_0(\varepsilon)$ が定まる.
$$|\alpha_n\beta_n - \alpha\beta| = |\alpha_n(\beta_n - \beta) + \beta(\alpha_n - \alpha)| \leq |\alpha_n||\beta_n - \beta| + |\beta||\alpha_n - \alpha|$$
であるから,
$$n > m_0(\varepsilon) \quad \text{ならば} \quad |\alpha_n\beta_n - \alpha\beta| < (|\alpha_n| + |\beta|) \cdot \varepsilon$$
となる. 一方 $n > m_0(1)$ ならば $|\alpha_n| \leq |\alpha_n - \alpha| + |\alpha| < 1 + |\alpha|$. 故に, 任意の正の実数 ε に対応して,
$$n_0(\varepsilon) = m_0\left(\frac{\varepsilon}{1 + |\alpha| + |\beta|}\right) + m_0(1)$$
とおけば,
$$n > n_0(\varepsilon) \quad \text{のとき} \quad |\alpha_n\beta_n - \alpha\beta| < \varepsilon.$$
すなわち数列 $\{\alpha_n\beta_n\}$ は $\alpha\beta = \lim_{n\to\infty}\alpha_n \cdot \lim_{n\to\infty}\beta_n$ に収束する.

$(2°)$ まず $\lim_{n\to\infty}\alpha_n = \alpha$ とおけば $\lim 1/\alpha_n = 1/\alpha$ なることを証明しよう. 任意の正の実数 ε に対応して自然数 $m_0(\varepsilon)$ が定まって
$$n > m_0(\varepsilon) \quad \text{ならば} \quad |\alpha_n - \alpha| < \varepsilon$$
となる. 仮定により $|\alpha| > 0$ だから,
$$\left|\frac{1}{\alpha_n} - \frac{1}{\alpha}\right| = \left|\frac{\alpha - \alpha_n}{\alpha_n \alpha}\right| < \frac{\varepsilon}{|\alpha_n||\alpha|}.$$
ここで $n > m_0(|\alpha|/2)$ とすれば $|\alpha_n - \alpha| < |\alpha|/2$, したがって $|\alpha_n| > |\alpha|/2$, すなわち $1/|\alpha_n| < 2/|\alpha|$ となる. 故に
$$n_0(\varepsilon) = m_0\left(\frac{|\alpha|^2 \varepsilon}{2}\right) + m_0\left(\frac{|\alpha|}{2}\right)$$

とおけば,

$$n > n_0(\varepsilon) \quad \text{のとき} \quad \left|\frac{1}{\alpha_n} - \frac{1}{\alpha}\right| < \varepsilon$$

となる．すなわち $\{1/\alpha_n\}$ は $1/\alpha = 1/\lim_{n\to\infty} \alpha_n$ に収束する．さて，この結果と($1°$)を組み合せれば，数列 $\{\beta_n/\alpha_n\}$ が $\beta/\alpha = \lim_{n\to\infty}\beta_n / \lim_{n\to\infty}\alpha_n$ に収束することがわかる．∎

上記の定理 1.14, 1.15, 1.19 で高校数学で学んだ極限の大・小，加・減・乗・除に関する基本的な法則が確立された．以後これらの法則は自由に用いることにする．

f) 実数の10進小数表示

与えられた10進小数

$$k.k_1 k_2 k_3 \cdots k_n \cdots$$

に対して

$$a_n = k.k_1 k_2 \cdots k_n = k + \frac{k_1}{10} + \frac{k_2}{10^2} + \cdots + \frac{k_n}{10^n}$$

とおけば，$m > n$ のとき

$$0 \leq a_m - a_n = 0.\overbrace{00\cdots0}^{n}k_{n+1}\cdots k_m \leq 0.\overbrace{0\cdots0}^{n}1 = \frac{1}{10^n},$$

したがって

$$|a_m - a_n| \leq \frac{1}{10^n}.$$

任意の正の実数 ε に対応して自然数 $n_0(\varepsilon)$ を $10^{n_0(\varepsilon)} > 1/\varepsilon$ なるように定めれば，$n > n_0(\varepsilon)$ のとき

$$\frac{1}{10^n} < \frac{1}{10^{n_0(\varepsilon)}} < \varepsilon$$

となる．故に数列 $\{a_n\}$ は収束する．その極限を α とすれば，すなわち

(1.14) $$\alpha = \lim_{n\to\infty} a_n, \quad a_n = k + \frac{k_1}{10} + \frac{k_2}{10^2} + \cdots + \frac{k_n}{10^n}.$$

このとき

$$\alpha = k.k_1 k_2 k_3 \cdots k_n \cdots$$

と書く．10進小数はすべて(1.14)の意味で実数を表わすのである．

逆に実数はすべて10進小数で表わされる．このことは，§1.1で，高校数学の

立場から説明したが，それは有理数の切断として厳密に定義された実数についてそのまま適用される．すなわち，与えられた実数 α に対して，

$$(1.15) \quad k+\frac{k_1}{10}+\frac{k_2}{10^2}+\cdots+\frac{k_n}{10^n} \leqq \alpha < k+\frac{k_1}{10}+\cdots+\frac{k_n+1}{10^n}$$

なるように整数 k と数字 $k_1, k_2, \cdots, k_n, \cdots$ を順次に定めていけば，

$$|a_n-\alpha| < \frac{1}{10^n}, \quad a_n = k+\frac{k_1}{10}+\frac{k_2}{10^2}+\cdots+\frac{k_n}{10^n}$$

となるから，(1.14)が成り立つ．

周知のように

$$1 = 0.9999\cdots 9\cdots$$

であるから，α が有限小数 $k.k_1k_2\cdots k_n$，$k_n \geqq 1$，に等しい場合には，α は二通りの10進小数表示：

$$\alpha = k.k_1k_2\cdots k_{n-1}k_n000\cdots 0\cdots,$$
$$\alpha = k.k_1k_2\cdots k_{n-1}l_n999\cdots 9\cdots, \quad l_n = k_n-1,$$

をもつ．<u>この場合を除けば，実数 α の10進小数表示はただ一通りに定まる</u>．このことを確かめるために，α が二通りの10進小数表示：

$$\alpha = k.k_1k_2\cdots k_{n-1}k_nk_{n+1}\cdots k_m\cdots$$
$$= k.k_1k_2\cdots k_{n-1}k_n'k_{n+1}'\cdots k_m'\cdots$$

をもつと仮定し，$k_n' < k_n$ とする．α から $k.k_1k_2\cdots k_{n-1}$ を引いて 10^n を掛ければ，

$$k_n.k_{n+1}k_{n+2}\cdots k_m\cdots = k_n'.k_{n+1}'k_{n+2}'\cdots k_m'\cdots$$

を得る．したがって，$d_m = k_m' - k_m$ とおけば，

$$1 \leqq k_n - k_n' = \frac{d_{n+1}}{10} + \frac{d_{n+2}}{10^2} + \cdots + \frac{d_{n+m}}{10^m} + \cdots.$$

k_m, k_m' はそれぞれ 0 から 9 までの数字のいずれか一つであるから，$d_m \leqq 9$ であって，$d_m = 9$ となるのは $k_m = 0$，$k_m' = 9$ なるときに限る．故に，上の不等式を等式：

$$\frac{9}{10} + \frac{9}{10^2} + \cdots + \frac{9}{10^m} + \cdots = 0.999\cdots 9\cdots = 1$$

と比べれば，すべての自然数 m について $d_{n+m} = 9$，したがって $k_{n+m} = 0$ でなければならないこと，すなわち，α は有限小数 $k.k_1k_2\cdots k_n$ に等しいことがわかる．

§1.5 実数の性質

いままで有理数の大・小, 加・減・乗・除は既知として, それに基づいて実数とその大・小, 加・減・乗・除を厳密に扱うために, $a, b, c, r, s,$ 等のイタリックで有理数を, $\alpha, \beta, \gamma, \rho, \sigma,$ 等のギリシア文字で実数を表わすというように文字を使い分けてきたが, 実数とその大・小, 加・減・乗・除が確立された以上は使い分ける必要は無くなった. そこで以下 $a, b, c, r, s,$ 等で実数も表わすことにする.

a) 上限, 下限

実数の集合, すなわち $\boldsymbol{R}$ の部分集合 S で空集合でないものを考える. S に属する実数 s がすべて或る一つの実数 μ を越さない, すなわち $s \in S$ ならば $s \leq \mu$ なるとき, S は**上に有界**(bounded to the above)であるといい, μ を S の**上界**(upper bound)という. S が上に有界のとき, S の上界はもちろん無数にあるが, その中に最小なものが存在する. このことは実数の連続性によってつぎのように容易に証明される: S の上界全体の集合を M' とし, その $\boldsymbol{R}$ における補集合を M とする. $\lambda \in M, \mu \in M'$ ならば, λ は S の上界でないから, $\lambda < s, s \in S$ なる s が存在するが, μ は S の上界だから $s \leq \mu$, したがって $\lambda < \mu$. すなわち $\langle M, M' \rangle$ は実数の切断をなす. さらに $\lambda < \nu < s$ なる実数 ν は M に属するから, M には最大数がない. 故に, 実数の連続性(定理1.6)により M' に属する最小数, すなわち S の最小の上界が存在する——. S の最小の上界を S の**上限**(supremum)といい, 記号:

$$\sup_{s \in S} s$$

で表わす. S の上限 a は, M' の最小数であるから, つぎの条件によって一意的に定められる:

(i) $s \in S$ ならば $s \leq a$,
(ii) $c < a$ ならば $c < s$ なる $s \in S$ が存在する.

同様に, S に属するすべての実数 s について $\mu \leq s$ なる実数 μ が存在するとき S は**下に有界**(bounded to the below)であるといい, μ を S の**下界**(lower bound)という. S の下界の中には最大なものが存在する. それを S の**下限**(infimum)といい,

§1.5 実数の性質

$$\inf_{s \in S} s$$

で表わす．さらに S が上にも下にも有界のとき，S は**有界**(bounded)であるという．

数列の上限，下限についても同様である．すなわち，数列 $\{a_n\}$ が与えられたとき，その項 a_n として現われる実数全体の集合 S を考えて[1]，S が上に有界ならば $\{a_n\}$ は上に有界である，S が下に有界ならば $\{a_n\}$ は下に有界であるといい，S の上限，下限をそれぞれ数列 $\{a_n\}$ の上限，下限という．そして $\{a_n\}$ の上限，下限をそれぞれ記号：

$$\sup_n a_n, \quad \inf_n a_n$$

で表わす．また S が有界ならば $\{a_n\}$ は有界であるという．収束する数列は有界である．これは定理 1.12 によって明らかであろう．

b) 単調数列

$a_1 < a_2 < a_3 < \cdots < a_n < \cdots$ なるとき数列 $\{a_n\}$ は単調に増加する，$\{a_n\}$ は**単調増加** (monotone increasing) である，などといい，$a_1 > a_2 > a_3 > \cdots > a_n > \cdots$ なるとき $\{a_n\}$ は単調に減少する，**単調減少** (monotone decreasing) である，などという．また $a_1 \leqq a_2 \leqq \cdots \leqq a_n \leqq \cdots$ なるとき数列 $\{a_n\}$ は**単調非減少**であるといい，$a_1 \geqq a_2 \geqq \cdots \geqq a_n \geqq \cdots$ なるとき $\{a_n\}$ は**単調非増加**であるという．

定理 1.20 (1°) 上に有界な単調非減少数列はその上限に収束する．

(2°) 下に有界な単調非増加数列はその下限に収束する．

証明 $\{a_n\}$ を上に有界な単調非減少数列とする．$a = \sup_n a_n$ とおけば，すべての n について $a_n \leqq a$．また，正の実数 ε が与えられたとき，$a - \varepsilon < a_n$ なる n が存在するから，この n の一つを $n_0(\varepsilon)$ とすれば，$n > n_0(\varepsilon)$ のとき

$$a - \varepsilon < a_{n_0(\varepsilon)} \leqq a_n \leqq a,$$

したがって

$$|a_n - a| < \varepsilon.$$

すなわち $\lim_{n \to \infty} a_n = a$．これで (1°) が証明された．(2°) もまったく同様に証明される．∎

---

[1] S は必ずしも無限集合とは限らない．たとえばすべての a_n が a に等しいときには S はただ一つの実数 a から成る集合 $\{a\}$ である．

単調非減少数列 $\{a_n\}$ が上に有界でないときには,任意の実数 μ に対して $a_n > \mu$ なる n が存在する.この n の一つを $n_0(\mu)$ とすれば,$n > n_0(\mu)$ のとき
$$a_n \geqq a_{n_0(\mu)} > \mu$$
となる.一般に数列 $\{a_n\}$ について,任意の実数 μ に対応して自然数 $n_0(\mu)$ が定まって
$$n > n_0(\mu) \quad \text{ならば} \quad a_n > \mu$$
となるとき,$\{a_n\}$ は正の**無限大に発散**(diverge)するといい
$$\lim_{n \to \infty} a_n = +\infty$$
と書く.上に有界でない単調非減少数列は,すなわち,正の無限大に発散するのである.

同様に,任意の μ に対応して $n_0(\mu)$ が定まって
$$n > n_0(\mu) \quad \text{ならば} \quad a_n < \mu$$
となるとき,$\{a_n\}$ は負の無限大に発散するといい,
$$\lim_{n \to \infty} a_n = -\infty$$
と書く.下に有界でない単調非増加数列は負の無限大に発散する.

数列 $\{a_n\}$ が正または負の無限大に発散するとき,$\lim_{n \to \infty} a_n = +\infty$ または $\lim_{n \to \infty} a_n = -\infty$ と書くけれども,このとき極限 $\lim_{n \to \infty} a_n$ が<u>存在するとはいわない</u>.極限 $\lim_{n \to \infty} a_n$ が存在するといえば,それは数列 $\{a_n\}$ がその極限に<u>収束</u>することを意味するのである.

c) 上極限,下極限

有界な数列 $\{a_n\}$ が与えられたとして,$\{a_n\}$ から初めの m 個の項を除いた残り:$a_{m+1}, a_{m+2}, \cdots, a_{m+n}, \cdots$ の下限を α_m とする:
$$\alpha_m = \inf_n a_{m+n}.$$
明らかに $\{\alpha_m\}$ は単調非減少で有界である.故に,定理 1.20 により,$\{\alpha_m\}$ は収束する.その極限:$\lim_{m \to \infty} \alpha_m$ を数列 $\{a_n\}$ の**下極限**(inferior limit)といい $\liminf_{n \to \infty} a_n$,または $\varliminf_{n \to \infty} a_n$ で表わす.$\alpha = \liminf_{n \to \infty} a_n$ はつぎの性質をもつ:正の実数 ε が任意に与えられたとき,

(i) $a_n \leqq \alpha - \varepsilon$ なる項 a_n は高々有限個しかない,

(ii) $a_n < \alpha + \varepsilon$ なる項 a_n は無数にある.

§1.5 実数の性質

何故なら，α は $\{\alpha_m\}$ の上限であるから，ε に対応して自然数 $m_0(\varepsilon)$ が定まって
$$m > m_0(\varepsilon) \quad \text{のとき} \quad \alpha - \varepsilon < \alpha_m \leq \alpha$$
となっているが，$\alpha_m = \inf_n a_{m+n}$，すなわち $\alpha_m = \inf_{n>m} a_n$ であるから，$n > m$ ならば $a_n \geq \alpha_m > \alpha - \varepsilon$，いい換えれば，$a_n \leq \alpha - \varepsilon$ ならば $n \leq m$ である．また各 m に対して $n > m$，$a_n < \alpha_m + \varepsilon$ なる a_n が存在する．故に $a_n < \alpha + \varepsilon$ なる項 a_n は無数にある．

同様に，$\beta_m = \sup_n a_{m+n}$ とおけば，単調非増加数列 $\{\beta_m\}$ は収束する．その極限：$\lim_{m \to \infty} \beta_m$ を $\{a_n\}$ の<u>上極限</u>(superior limit)といい $\limsup_{n \to \infty} a_n$，または $\overline{\lim}_{n \to \infty} a_n$ で表わす．$\beta = \limsup_{n \to \infty} a_n$ とおけば，正の実数 ε が任意に与えられたとき，

(i) $a_n \geq \beta + \varepsilon$ なる項 a_n は高々有限個しかない，

(ii) $a_n > \beta - \varepsilon$ なる項 a_n は無数に存在する．

このように，<u>有界な数列</u> $\{a_n\}$ に対して常にその<u>上極限</u>：$\limsup_{n \to \infty} a_n$ と<u>下極限</u> $\liminf_{n \to \infty} a_n$ <u>が定まる</u>．$\inf_n a_{m+n} \leq \sup_n a_{m+n}$ だから
$$\liminf_{n \to \infty} a_n \leq \limsup_{n \to \infty} a_n.$$

<u>ここで等式が成り立つための必要かつ十分な条件は数列 $\{a_n\}$ が収束することである</u>．[証明] まず等式が成り立っているとして
$$a = \liminf_{n \to \infty} a_n = \limsup_{n \to \infty} a_n$$
とおけば，上極限，下極限の性質(i)により，正の実数 ε が任意に与えられたとき，有限個の項 a_n を除いて
$$a - \varepsilon < a_n < a + \varepsilon$$
となる．故に，定理 1.12 により，数列 $\{a_n\}$ は a に収束する．逆に数列 $\{a_n\}$ が a に収束すると仮定すれば，任意の正の実数 ε に対応して自然数 $m_0(\varepsilon)$ が定まって
$$n > m_0(\varepsilon) \quad \text{のとき} \quad a - \varepsilon < a_n < a + \varepsilon$$
となる．$\alpha_m = \inf_n a_{m+n}$，$\beta_m = \sup_n a_{m+n}$ とおけば，したがって，
$$m > m_0(\varepsilon) \quad \text{のとき} \quad a - \varepsilon \leq \alpha_m \leq \beta_m \leq a + \varepsilon.$$
故に，たとえば，$n_0(\varepsilon) = m_0(\varepsilon/2)$ とおけば，
$$m > n_0(\varepsilon) \quad \text{のとき} \quad |\alpha_m - a| < \varepsilon, \quad |\beta_m - a| < \varepsilon$$
となる．したがって
$$\lim_{m \to \infty} \alpha_m = \lim_{m \to \infty} \beta_m = a,$$

すなわち
$$\liminf_{n\to\infty} a_n = \limsup_{n\to\infty} a_n = a.$$

これで有界な数列 $\{a_n\}$ が収束するための必要かつ十分な条件は $\{a_n\}$ の下極限と上極限が一致することであって，$\{a_n\}$ が収束するときには
$$\liminf_{n\to\infty} a_n = \limsup_{n\to\infty} a_n = \lim_{n\to\infty} a_n$$
であることがわかった．

数列 $\{a_n\}$ が上に有界でない場合にはその上極限を
$$\limsup_{n\to\infty} a_n = +\infty$$
と定義し，$\{a_n\}$ が下に有界でない場合にはその下極限を
$$\liminf_{n\to\infty} a_n = -\infty$$
と定義する．

$\{a_n\}$ が上に有界でないが下に有界なときには $\alpha_m = \inf_n a_{m+n}$ が定まり $\{\alpha_m\}$ は単調非減少数列となる．したがって $\{\alpha_m\}$ は収束するかまたは $+\infty$ に発散する．いずれにしても $\lim_{m\to\infty} \alpha_m$ は確定するから
$$\liminf_{n\to\infty} a_n = \lim_{m\to\infty} \alpha_m$$
と定義する．$\liminf_{n\to\infty} a_n = +\infty$ なる場合には，$n > m$ ならば $\alpha_m \leqq a_n$ であるから，$\lim_{n\to\infty} a_n = +\infty$ となる．この場合を除けば下極限：$\alpha = \liminf_{n\to\infty} a_n$ は $\{a_n\}$ が有界な場合の下極限と同じ性質 (i), (ii) をもつ．

$\{a_n\}$ が下に有界でないが上に有界なときの上極限：$\limsup_{n\to\infty} a_n$ も同様に定義される．

例 1.2 α を $\alpha > 1$ なる実数，k を自然数とすれば
$$\lim_{n\to\infty} \frac{\alpha^n}{n^k} = +\infty.$$

[証明] $a_n = \alpha^n/n^k$ とおく．
$$\lim_{n\to\infty} \frac{(n+1)^k}{n^k} = \lim_{n\to\infty} \left(1+\frac{1}{n}\right)^k = \left(1+\lim_{n\to\infty}\frac{1}{n}\right)^k = 1^k = 1$$
であるから
$$\lim_{n\to\infty} \frac{a_{n+1}}{a_n} = \lim_{n\to\infty} \alpha \frac{n^k}{(n+1)^k} = \alpha \lim_{n\to\infty} \frac{n^k}{(n+1)^k} = \alpha > 1.$$

故に $n>n_0$ ならば $a_{n+1}/a_n>1$, すなわち $a_{n+1}>a_n$ となるように自然数 n_0 を定めることができる. 数列 $\{a_n\}$ はすなわち $n>n_0$ のとき単調増加であって, したがって, $\{a_n\}$ は $+\infty$ に発散するか収束するかのいずれかである. いま $\{a_n\}$ が β に収束したとすれば

$$\alpha = \lim_{n\to\infty}\frac{a_{n+1}}{a_n} = \frac{\lim_{n\to\infty}a_{n+1}}{\lim_{n\to\infty}a_n} = \frac{\beta}{\beta} = 1$$

となって $\alpha>1$ なることに矛盾する. 故に $\{a_n\}$ は $+\infty$ に発散する. ∎

この結果はまた直接計算によっても確かめられる. すなわち $\alpha=1+\sigma$, $\sigma>0$, とおけば, 2項定理により

$$\alpha^n = (1+\sigma)^n = 1+\binom{n}{1}\sigma+\cdots+\binom{n}{k+1}\sigma^{k+1}+\cdots$$

であるから, $n>2k$ のとき

$$\frac{\alpha^n}{n^k} > \frac{1}{n^k}\binom{n}{k+1}\sigma^{k+1} = \frac{n(n-1)(n-2)\cdots(n-k+1)(n-k)}{n^k(k+1)!}\sigma^{k+1}$$
$$= \left(1-\frac{1}{n}\right)\left(1-\frac{2}{n}\right)\cdots\left(1-\frac{k-1}{n}\right)\frac{\sigma^{k+1}}{(k+1)!}(n-k) > \frac{\sigma^{k+1}}{2^{k-1}(k+1)!}(n-k).$$

故に $\lim_{n\to\infty}\alpha^n/n^k=+\infty$.

d) 無限級数

数列 $\{a_n\}$ が与えられたとき

$$a_1+a_2+a_3+\cdots+a_n+\cdots$$

の形の式を**無限級数**(infinite series), あるいは単に**級数**(series)といい, a_n をその**第 n 項**(n-th term)という. また, この級数を

$$\sum_{n=1}^{\infty}a_n$$

と表わす. 無限級数 $\sum_{n=1}^{\infty}a_n$ の第 n 項までの項の和:

$$s_n = a_1+a_2+\cdots+a_n = \sum_{k=1}^{n}a_k$$

をこの級数の**部分和**(partial sum)という. この部分和の成す数列 $\{s_n\}$ が収束するとき級数 $\sum_{n=1}^{\infty}a_n$ は**収束する**といい, $s=\lim_{n\to\infty}s_n$ をこの無限級数の**和**(sum)とよんで

$$s = a_1+a_2+a_3+\cdots+a_n+\cdots$$

または
$$s = \sum_{n=1}^{\infty} a_n$$
と書く．数列 $\{s_n\}$ が収束しないとき級数 $\sum_{n=1}^{\infty} a_n$ は**発散する**という．

各項 a_n が負でないとき，$\{s_n\}$ は単調非減少数列であるから，$\{s_n\}$ が収束しなければそれは $+\infty$ に発散する．このとき級数 $\sum_{n=1}^{\infty} a_n$ は $+\infty$ に発散するといい
$$\sum_{n=1}^{\infty} a_n = +\infty$$
と書く．

定理 1.21 級数 $\sum_{n=1}^{\infty} a_n$ の項の絶対値 $|a_n|$ を項とする級数 $\sum_{n=1}^{\infty} |a_n|$ が収束するならば，もとの級数 $\sum_{n=1}^{\infty} a_n$ も収束する．

証明 $s_n = \sum_{k=1}^{n} a_k$, $\sigma_n = \sum_{k=1}^{n} |a_k|$ とおけば，$m<n$ のとき
$$|s_n - s_m| = \left| \sum_{k=m+1}^{n} a_k \right| \leq \sum_{k=m+1}^{n} |a_k| = |\sigma_n - \sigma_m|$$
であるから，Cauchy の判定法により，$\{\sigma_n\}$ が収束すれば $\{s_n\}$ も収束する．∎

$\sum_{n=1}^{\infty} |a_n|$ が収束するとき級数 $\sum_{n=1}^{\infty} a_n$ は**絶対収束**する (converge absolutely) という．$\sum_{n=1}^{\infty} |a_n|$ は負でない実数に収束するか $+\infty$ に発散するかいずれかであるから，不等式
$$\sum_{n=1}^{\infty} |a_n| < +\infty$$
は $\sum_{n=1}^{\infty} a_n$ が絶対収束することを意味する．

定理 1.22 収束する級数 $\sum_{n=1}^{\infty} r_n$, $r_n \geq 0$, が与えられたとする．級数 $\sum_{n=1}^{\infty} a_n$ に対して一つの自然数 m を定めて
$$n \geq m \quad \text{のとき} \quad |a_n| \leq r_n$$
となるようにできるならば，$\sum_{n=1}^{\infty} a_n$ は絶対収束する．

証明 $n > m$ とすれば
$$\sum_{k=1}^{n} |a_k| \leq \sum_{k=1}^{m-1} |a_k| + \sum_{k=m}^{n} r_k \leq \sum_{k=1}^{m-1} |a_k| + \sum_{n=1}^{\infty} r_n < +\infty.$$
故に $\sum_{n=1}^{\infty} |a_n| < +\infty$. ∎

収束することが知られている標準的な級数 $\sum_{n=1}^{\infty} r_n$, $r_n \geq 0$, と級数 $\sum_{n=1}^{\infty} a_n$ を比較して，この定理によって $\sum_{n=1}^{\infty} a_n$ が絶対収束することを証明する方法はしばしば用いられる．標準的な級数としてよく用いられるのは等比級数 $\sum_{n=1}^{\infty} ar^n$, $0 < r < 1$, である．

巾級数 $\sum_{n=0}^{\infty} a_n x^n$ の形の級数を**巾**（ベキ）**級数**(power series)，あるいは x の巾級数という．巾級数は最も基本的な級数である．

例 1.3 x を任意の実数として巾級数 $\sum_{n=0}^{\infty} x^n/n!$ を考察する．m を $m \geq 2|x|$ なる自然数とすれば，$n \geq m$ のとき

$$\frac{|x|^n}{n!} = \frac{|x|^m}{m!} \cdot \frac{|x|}{m+1} \cdot \frac{|x|}{m+2} \cdots \frac{|x|}{n} \leq \frac{2^m |x|^m}{m!}\left(\frac{1}{2}\right)^n.$$

$M = 2^m |x|^m / m!$ とおけば

$$\sum_{n=0}^{\infty} M \left(\frac{1}{2}\right)^n = 2M < +\infty.$$

故に，定理 1.22 により，$\sum_{n=0}^{\infty} x^n/n!$ は絶対収束する．——

級数 $\sum_{n=0}^{\infty} 1/n!$ の和を e で表わす：

(1.16)
$$e = 1 + \frac{1}{1!} + \frac{1}{2!} + \frac{1}{3!} + \cdots + \frac{1}{n!} + \cdots.$$

e は数学で最も重要な定数の一つで，その値は $e = 2.71828\cdots$ である．

(1.17)
$$e = \lim_{n \to \infty} \left(1 + \frac{1}{n}\right)^n.$$

この等式を証明するために，$e_n = (1+1/n)^n$ とおけば，2項定理により

$$e_n = 1 + \frac{n}{1!} \frac{1}{n} + \frac{n(n-1)}{2!} \frac{1}{n^2} + \frac{n(n-1)(n-2)}{3!} \frac{1}{n^3} + \cdots + \frac{1}{n^n}$$

となる．

$$a_{n,k} = \frac{n(n-1)(n-2)\cdots(n-k+1)}{k!} \frac{1}{n^k}$$

とおけば，すなわち

$$e_n = 1 + \sum_{k=1}^{n} a_{n,k}$$

である．

$$a_{n,k} = \frac{1}{k!}\left(1 - \frac{1}{n}\right)\left(1 - \frac{2}{n}\right)\cdots\left(1 - \frac{k-1}{n}\right)$$

であるから
$$a_{n,k} < a_{n+1,k} < \frac{1}{k!},$$
したがって
$$e_n < e_{n+1} < 1+\sum_{k=1}^{\infty}\frac{1}{k!} = e.$$

故に $\{e_n\}$ は単調増加数列であって $\lim_{n\to\infty}e_n \leqq e$. 一方 $\lim_{n\to\infty}a_{n,k}=1/k!$ であるから，任意の m に対して，
$$\lim_{n\to\infty}e_n \geqq \lim_{n\to\infty}\left(1+\sum_{k=1}^{m}a_{n,k}\right) = 1+\sum_{k=1}^{m}\frac{1}{k!}.$$
したがって $\lim_{n\to\infty}e_n \geqq 1+\sum_{k=1}^{\infty}\frac{1}{k!}=e$. 故に $\lim_{n\to\infty}e_n=e$，すなわち (1.17) が成り立つ.

ここで e は無理数であることを証明しておく. $e=q/m$, m, q は自然数，と仮定すれば，$m!e$ は整数，また $m!(1+1/1!+\cdots+1/m!)$ も整数であるから，(1.16) により, $m!\sum_{k=1}^{\infty}\frac{1}{(m+k)!}$ も整数でなければならない. これは
$$m!\sum_{k=1}^{\infty}\frac{1}{(m+k)!} = \sum_{k=1}^{\infty}\frac{1}{(m+1)(m+2)\cdots(m+k)} < \sum_{k=1}^{\infty}\frac{1}{(m+1)^k} = \frac{1}{m} < 1$$
であることに矛盾する. 故に e は無理数である.

級数 $\sum_{n=1}^{\infty}a_n$ が収束するならば $\lim_{n\to\infty}a_n=0$ である. なぜなら，$s_n=a_1+a_2+\cdots+a_n$, $s=\lim_{n\to\infty}s_n$ とおけば
$$\lim_{n\to\infty}a_n = \lim_{n\to\infty}(s_n-s_{n-1}) = \lim_{n\to\infty}s_n - \lim_{n\to\infty}s_{n-1} = s-s = 0$$
となるからである. このように $\lim_{n\to\infty}a_n=0$ は $\sum_{n=1}^{\infty}a_n$ が収束するための必要条件であるが，もちろんそれは十分条件ではない.

例 1.4 $\lim_{n\to\infty}1/n=0$ であるが $\sum_{n=1}^{\infty}1/n$ は発散する. ［証明］自然数 k に対して，$2^k<n\leqq 2^{k+1}$ なる 2^k 個の自然数 n について $1/n$ の和をとれば
$$\sum_{n=2^k+1}^{2^{k+1}}\frac{1}{n} > \frac{2^k}{2^{k+1}} = \frac{1}{2}.$$
故に，任意の自然数 m に対して，
$$\sum_{n=1}^{\infty}\frac{1}{n} > 1+\frac{1}{2}+\sum_{k=1}^{m}\sum_{n=2^k+1}^{2^{k+1}}\frac{1}{n} > 1+\frac{m}{2}.$$
故に $\sum_{n=1}^{\infty}\frac{1}{n}=+\infty$. ∎

収束する級数 $\sum_{n=1}^{\infty} a_n$ が絶対収束しないとき，級数 $\sum_{n=1}^{\infty} a_n$ は **条件収束** する (converge conditionally) という．正負の項が交互に現われる級数を **交代級数** (alternating series) という．

定理 1.23 数列 $\{a_n\}$, $a_n>0$, が 0 に収束する単調減少数列ならば，交代級数
$$a_1-a_2+a_3-a_4+a_5-\cdots$$
は収束する．その和を s, 部分和を
$$s_n = a_1-a_2+a_3-a_4+\cdots+(-1)^{n+1}a_n$$
とすれば
$$s_{2n-1} > s > s_{2n}.$$

証明
$$s_{2n-1} = a_1-(a_2-a_3)-(a_4-a_5)-\cdots-(a_{2n-2}-a_{2n-1}),$$
$$s_{2n} = (a_1-a_2)+(a_3-a_4)+\cdots+(a_{2n-1}-a_{2n}),$$
$$s_{2n-1}-s_{2n} = a_{2n}$$
であるから
$$s_1 > s_3 > s_5 > \cdots > s_{2n-1} > \cdots > s_{2n} > \cdots > s_4 > s_2.$$
さらに $n\to\infty$ のとき $s_{2n-1}-s_{2n}=a_{2n}\to 0$ であるから，数列 $\{s_{2n-1}\}$, $\{s_{2n}\}$ は共に収束し，$\lim_{n\to\infty} s_{2n-1}=\lim_{n\to\infty} s_{2n}$. 故に数列 $\{s_n\}$ も収束し，$s=\lim_{n\to\infty} s_n$ とおけば $s_{2n-1}>s>s_{2n}$. ∎

例 1.5 $1-1/2+1/3-1/4+\cdots$ は収束する．例 1.4 で示したように $\sum_{n=1}^{\infty} 1/n$ は発散するから，これは条件収束する級数の一例である．――

絶対収束しない級数が条件収束するか否かを判定することは，交代級数の場合を除けば，一般に難しい．

e) 区　間

高校数学で学んだように，二つの実数 a, b, $a<b$, に対して，集合：
$$(a, b) = \{r \in \mathbf{R} \mid a<r<b\},$$
$$[a, b] = \{r \in \mathbf{R} \mid a\leqq r\leqq b\},$$
$$[a, b) = \{r \in \mathbf{R} \mid a\leqq r<b\},$$
$$(a, b] = \{r \in \mathbf{R} \mid a<r\leqq b\}$$
を **区間** (interval) という．ここで，たとえば，$\{r \in \mathbf{R} \mid a<r<b\}$ は不等式 $a<r<b$ を満たす実数 r 全体から成る集合を表わすことはいうまでもない．

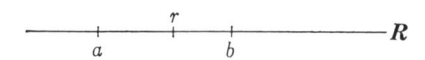

(a, b) は数直線 R 上で "a と b の間にある点 r" 全体の集合であって，$[a, b)$ は (a, b) に '左端の' 点 a を付け加えたもの，$[a, b]$ は (a, b) にその '両端' a, b を付け加えたものである．(a, b) を**開区間** (open interval)，$[a, b]$ を**閉区間** (closed interval) ということも高校数学で学んだ．開区間と閉区間の区別は重要である．$b-a$ を区間 (a, b), $[a, b]$, $[a, b)$, $(a, b]$ の**幅**または**長さ**という．

この他に集合：

$$(a, +\infty) = \{r \in R \mid a < r\},$$
$$[a, +\infty) = \{r \in R \mid a \leq r\},$$
$$(-\infty, b) = \{r \in R \mid r < b\},$$
$$(-\infty, b] = \{r \in R \mid r \leq b\},$$
$$(-\infty, +\infty) = R$$

も区間とよばれる．このうち $(a, +\infty)$, $(-\infty, b)$, $(-\infty, +\infty)$ を開区間とよぶ．

区間縮小法

定理 1.24 閉区間 $I_n = [a_n, b_n]$ の列：$I_1, I_2, \cdots, I_n, \cdots$ がつぎの二つの条件 (i), (ii) を満たすならば，この閉区間 I_n のすべてに属する実数 c がただ一つ存在する：

(i) $I_1 \supset I_2 \supset I_3 \supset \cdots \supset I_n \supset \cdots$,

(ii) $\lim_{n \to \infty} (b_n - a_n) = 0$.

証明 条件 (i) により

$$a_1 \leq a_2 \leq \cdots \leq a_n \leq \cdots \leq b_n \leq \cdots \leq b_2 \leq b_1.$$

したがって数列 $\{a_n\}$ は単調非減少，$\{b_n\}$ は単調非増加で，共に有界である．故に，定理 1.20 により，$\{a_n\}$ はその上限 a に，$\{b_n\}$ はその下限 b に収束する．$a_n < b_n$ で $a = \lim_{n \to \infty} a_n$, $b = \lim_{n \to \infty} b_n$ だから，定理 1.14 により，$a \leq b$, また a は $\{a_n\}$ の上限，b は $\{b_n\}$ の下限だから，$a_n \leq a$, $b \leq b_n$, すなわち

$$a_n \leq a \leq b \leq b_n.$$

したがって

$$0 \leq b - a \leq b_n - a_n$$

となるが，条件(ii)により $\lim_{n\to\infty}(b_n-a_n)=0$ であるから，$b-a=\lim_{n\to\infty}b_n-\lim_{n\to\infty}a_n=0$，すなわち $a=b$ である．$c=a=b$ とおけば
$$a_n \leqq c \leqq b_n,$$
すなわち c は I_n のすべてに属する．

すべての I_n に属する実数が c 以外にあったとしてそれを c' とすれば，すべての n について
$$a_n \leqq c' \leqq b_n$$
であるから，
$$a \leqq c' \leqq b$$
でなければならない．すなわち $c'=a=b=c$. ∎

この定理1.24を用いて実数 c の存在を示すことを区間縮小法という．定理1.24において I_n が閉区間であることが本質的である．たとえば I_n として開区間：$I_n=(0,1/n)$ をとれば，すべての I_n に属する実数は存在しない．

f) 可算集合，非可算集合

無限集合 S が与えられたとき，S のすべての要素 s に番号をつけて
$$S=\{s_1,s_2,s_3,\cdots,s_n,\cdots\}$$
と表わすことができるならば，S は**可算**である，または**可付番**であるといい，S を**可算集合**(countable set)，または**可付番集合**とよぶ．自然数全体の集合を N で表わすことにすれば，このとき，$n \in N$ と $s_n \in S$ は1対1に対応する．すなわち，S と N の間に1対1の対応が存在するとき，S を可算集合とよぶのである．可算でない無限集合を**非可算集合**という．

可算集合の無限部分集合がすべて可算であることは明らかである．有限集合と可算集合の合併集合は可算である．これも明らかであろう．二つの可算集合の合併集合は可算である．このことは
$$S=\{s_1,s_2,s_3,\cdots,s_n,\cdots\},$$
$$T=\{t_1,t_2,t_3,\cdots,t_n,\cdots\}$$
ならば
$$S\cup T=\{s_1,t_1,s_2,t_2,\cdots,s_n,t_n,\cdots\}$$
と表わされることから明らかである．

集合 S と T に対して S の要素 s と T の要素 t の対 (s,t) の全体の集合を S と

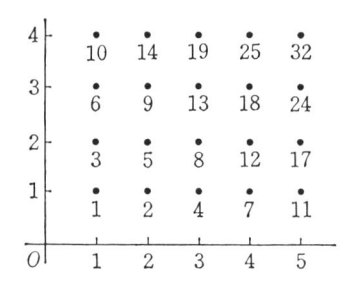

T の**直積**(direct product)，または**直積集合**といい，$S \times T$ で表わす．$N \times N$ は可算集合である．このことを見るためには，$N \times N$ の各要素 (j, k) を座標が (j, k) なる平面上の点と考え，これに上図に示したように番号を付けていけばよい．このとき，$i+h < j+k$ なる点 $(i, h) \in N \times N$ の個数は

$$\frac{1}{2}(j+k-2)(j+k-1)$$

であるから，

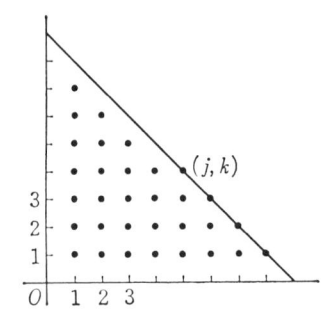

(j, k) の番号は

$$n = \frac{1}{2}(j+k-2)(j+k-1) + k$$

となる．もちろん

$$(j, k) \longrightarrow n = \frac{1}{2}(j+k-2)(j+k-1) + k$$

が $N \times N$ と N の間の1対1の対応を与えることは計算によっても容易に確かめられる．$N \times N$ が可算であることは，二つの可算集合の直積は可算集合であることを示している．

§1.5 実数の性質

<u>有理数全体の集合 $\boldsymbol{Q}$ は可算である</u>．[証明] 正の有理数全体の集合を $\boldsymbol{Q}^+$, 負の有理数全体の集合を $\boldsymbol{Q}^-$ とすれば
$$\boldsymbol{Q} = \{0\} \cup \boldsymbol{Q}^+ \cup \boldsymbol{Q}^-$$
であって，$r \to -r$ は $\boldsymbol{Q}^+$ と $\boldsymbol{Q}^-$ の間の1対1の対応を与える．したがって $\boldsymbol{Q}$ が可算集合なることを示すには $\boldsymbol{Q}^+$ が可算であることをいえばよい．正の有理数 r はすべて既約分数：$r=q/p$, p,q は互いに素な自然数，の形にただ一通りに表わされる．互いに素な自然数 p,q の対 (p,q) の全体から成る $\boldsymbol{N}\times\boldsymbol{N}$ の部分集合を P とし，各既約分数 $r=q/p \in \boldsymbol{Q}^+$ に $(p,q) \in P$ を対応させれば，$\boldsymbol{Q}^+$ と P の間に1対1の対応が定まる．$\boldsymbol{N}\times\boldsymbol{N}$ が可算集合だから P も可算で，したがって $\boldsymbol{Q}^+$ も可算集合である．■

<u>任意の実数 a,b, $a<b$, に対して，$a \leq \rho \leq b$ なる実数 ρ 全体の集合</u>，すなわち，<u>閉区間 $I=[a,b]$ は非可算集合である</u>．[証明] I が可算である，すなわち
$$I = \{\rho_1, \rho_2, \rho_3, \cdots, \rho_n, \cdots\}$$
であると仮定して矛盾を導く．I の幅 $b-a$ より小さい正の実数 ε を一つ定めて，各 n について ρ_n を中点とする幅 $\varepsilon/2^n$ の開区間
$$U_n = \left(\rho_n - \frac{\varepsilon}{2^{n+1}},\ \rho_n + \frac{\varepsilon}{2^{n+1}}\right)$$
をとれば，I は $U_1, U_2, \cdots, U_n, \cdots$ で覆われる：
$$I \subset U_1 \cup U_2 \cup U_3 \cup \cdots \cup U_n \cup \cdots.$$

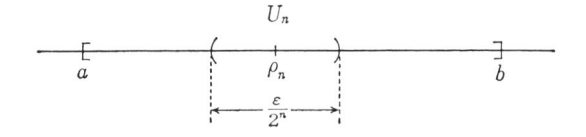

このことが区間 U_n の幅の総和：
$$\sum_{n=1}^{\infty} \frac{\varepsilon}{2^n} = \varepsilon$$
が I の幅 $b-a$ より小さいことと矛盾することは容易に想像されるが，矛盾することを証明するために，まず<u>区間縮小法</u>を用いて，I が U_n の有限個で覆われる，すなわち
$$I \subset U_1 \cup U_2 \cup U_3 \cup \cdots \cup U_m$$

なる自然数 m が存在することを示そう．このために，
$$W_n = U_1 \cup U_2 \cup U_3 \cup \cdots \cup U_n$$
とおいて，すべての n について I が W_n に含まれない：$I \not\subset W_n$ と仮定する．区間 I をその中点 $c=(a+b)/2$ によって二つの区間に分割する：
$$I = [a,c] \cup [c,b].$$

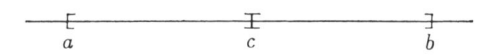

もしも $[a,c] \subset W_m$, $[c,b] \subset W_l$ ならば，m と l の大きい方を n としたとき $I \subset W_n$ となって仮定に反する．故に二つの区間 $[a,c], [c,b]$ のうち少なくとも一つはいずれの W_n にも含まれない．その区間を $I_1=[a_1,b_1]$ とすれば，
$$I_1 \subset I, \quad b_1 - a_1 = \frac{1}{2}(b-a)$$
であって，すべての n について $I_1 \not\subset W_n$. 同じ論法を I_1 に適用すれば
$$I_2 = [a_2, b_2] \subset I_1, \quad b_2 - a_2 = \frac{1}{2}(b_1 - a_1) = \frac{1}{2^2}(b-a)$$
で，すべての n について $I_2 \not\subset W_n$ なる閉区間 I_2 を得る．以下同様にして，すべての n について $I_k \not\subset W_n$ なる閉区間
$$I_k = [a_k, b_k], \quad b_k - a_k = \frac{1}{2^k}(b-a),$$
の列：$I_1, I_2, \cdots, I_k, \cdots$ で
$$I_1 \supset I_2 \supset I_3 \supset \cdots \supset I_k \supset \cdots$$
なるものを得る．$\lim_{k \to \infty}(b_k - a_k) = 0$ であるから，区間縮小法により，すべての k について $c \in I_k$ なる実数 c が定まる．$c \in I$ だから，c は ρ_n のいずれかと一致する：$c = \rho_m$. すなわち c は幅 $\varepsilon/2^m$ の開区間 U_m の中点になっている．したがって，

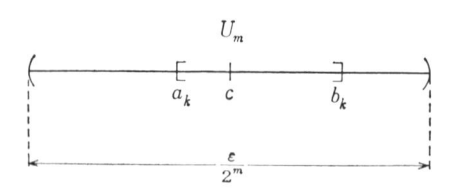

$c \in I_k = [a_k, b_k]$, $\lim_{k\to\infty}(b_k - a_k) = 0$ だから，k を十分大きくとれば $I_k \subset U_m \subset W_m$ となる．これはすべての n について $I_k \not\subset W_n$ であったことと矛盾する．

これで或る自然数 m について
$$I \subset W_m = U_1 \cup U_2 \cup U_3 \cup \cdots \cup U_m$$
であることがわかった．故に I の幅は $U_1, U_2, \cdots, U_m$ の幅の総和より小さい：
$$b - a < \sum_{n=1}^{m} \frac{\varepsilon}{2^n} < \varepsilon.$$
これは $\varepsilon < b - a$ であったことに矛盾する．∎

上の証明の最後の段階で，一般に閉区間 $I = [a, b]$ が有限個の開区間 $U_n = (u_n, v_n)$, $n = 1, 2, \cdots, m$, で覆われているならば
$$b - a < \sum_{n=1}^{m}(v_n - u_n)$$
であることを用いた．このことは自明であろうが，念のため開区間の個数 m に関する帰納法による証明を述べる．I が $m-1$ 個の開区間で覆われている場合にはこのことがすでに証明されたものと仮定しよう．b は U_n のいずれかに属するから，$U_1, U_2, \cdots, U_m$ の番号を適当につけ替えて，$b \in U_m$ としてよい．このとき，もしも $u_m \leqq a$ ならば，
$$b - a < v_m - u_m \leqq \sum_{n=1}^{m}(v_n - u_n)$$
なることは明らかである．$u_m > a$ のときには，I から U_m で覆われている部分を

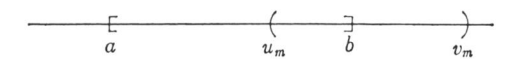

```
├──────────┬────(──┬──)─────
a          u_m    b  v_m
```

除いた残りは閉区間 $[a, u_m]$ であって，$[a, u_m]$ は U_n, $n = 1, 2, \cdots, m-1$, で覆われているから，帰納法の仮定により
$$u_m - a < \sum_{n=1}^{m-1}(v_n - u_n).$$
故に
$$b - a = u_m - a + b - u_m < \sum_{n=1}^{m-1}(v_n - u_n) + v_m - u_m,$$
すなわち

$$b-a < \sum_{n=1}^{m}(v_n-u_n).$$

これで閉区間 $[a,b]$, $a<b$, はすべて非可算集合であることが証明された．開区間 (a,b), $a<b$, も，閉区間をその部分集合として含むから，非可算集合である．実数全体の集合 R ももちろん非可算である．集合 S が可算であるというのは，S からその要素を適当な順序で順次に取り出しそれに番号をつけて $s_1, s_2, s_3,$ … と表わしていけば S のすべての要素に番号がついて

$$S = \{s_1, s_2, s_3, \cdots, s_n, \cdots\}$$

となるということである．S が非可算集合のときには，S からその要素 $s_1, s_2, s_3,$ … をどんな順序で取り出していっても，取り出した要素全体の集合：

$$\{s_1, s_2, s_3, \cdots, s_n, \cdots\}$$

に属さない S の要素が残る．可算集合も非可算集合も共に無数の要素から成り立っているが，非可算集合は可算集合よりももっと多くの要素から成り立っていると考えられる．

有理数全体の集合 Q は可算であるから

$$Q = \{r_1, r_2, r_3, \cdots, r_n, \cdots\}$$

と表わされる．一方，Q は数直線 R 上到る所稠密である．すなわち，R 上にどんな区間 (c,d), $c<d$, をとっても，(c,d) に属する有理数が無数に存在する．いま各有理数 r_n に対して R 上に r_n を含む開区間 $U_n=(u_n,v_n)$, $u_n<r_n<v_n$, をとって

$$W = U_1 \cup U_2 \cup U_3 \cup \cdots \cup U_n \cup \cdots$$

とおけば，R 上 Q が到る所稠密だから，一見 W は R 全体を覆っているように思えるが，実はそうでない．正の実数 ε を一つ定めて，U_n として r_n を中点とする幅 $\varepsilon/2^n$ の開区間をとれば，上述の閉区間が可算集合でないことの証明と同じ論法によって，R 上に $b-a>\varepsilon$ なるどんな閉区間 $[a,b]$ をとっても

$$[a,b] \not\subset W$$

となる．開区間 U_n の幅の総和が $\sum_{n=1}^{\infty}\varepsilon/2^n=\varepsilon$ であることは，R 上 Q が到る所稠密であるにも拘わらず，Q は R のきわめて小さい部分を占めるに過ぎないことを示していると考えられる．

g) 対角線論法

たとえば区間 $(0,1)$ が非可算集合であることを普通はつぎのように証明する．$(0,1)$ が可算集合である，すなわち，
$$(0,1) = \{\rho_1, \rho_2, \rho_3, \cdots, \rho_n, \cdots\}$$
であると仮定して，$\rho_1, \rho_2, \rho_3, \cdots, \rho_n, \cdots$ の10進小数表示を
$$\rho_1 = 0.k_{11}k_{12}k_{13}\cdots k_{1m}\cdots$$
$$\rho_2 = 0.k_{21}k_{22}k_{23}\cdots k_{2m}\cdots$$
$$\rho_3 = 0.k_{31}k_{32}k_{33}\cdots k_{3m}\cdots$$
$$\cdots\cdots$$
$$\cdots\cdots$$
$$\rho_n = 0.k_{n1}k_{n2}k_{n3}\cdots k_{nm}\cdots$$
$$\cdots\cdots$$
とする．ここに現われた数字 k_{nm} のうち，'対角線上に並んでいる' 数字 $k_{11}, k_{22}, k_{33}, \cdots, k_{nn}, \cdots$ に着目して，各 n について
$$k_n \neq k_{nn}, \quad 1 \leq k_n \leq 8,$$
なる数字 k_n を任意に一つ選んで，
$$\rho = 0.k_1k_2k_3\cdots k_n\cdots$$
とおく．$1 \leq k_n \leq 8$ だから，実数 ρ の10進小数表示はただ一通りに定まる．ρ は区間 $(0,1)$ に属するから ρ_n のいずれか一つと一致する筈であるが，$\rho = \rho_n$ とすれば $k_n = k_{nn}$ でなければならないことになって，$k_n \neq k_{nn}$ と矛盾する．故に $(0,1)$ は可算でない．∎

この証明の論法を Cantor の**対角線論法**という．対角線論法は集合論において基本的である．

§1.6 平面上の点集合

中学校の数学ですでに学んだように，平面上に座標軸を定めれば，その平面上の点 P は P の座標 (x,y) によって表わされる．ここで x,y は共に実数である．前節で述べた直積を表わす記号 × を用いれば，二つの実数 x,y の対 (x,y) の全体の集合は直積集合 $\boldsymbol{R} \times \boldsymbol{R}$ である．したがって，平面上の各点 P をその座標 (x,y) と同じものと見なせば，平面上の点全体の集合は直積集合 $\boldsymbol{R} \times \boldsymbol{R}$ と一致

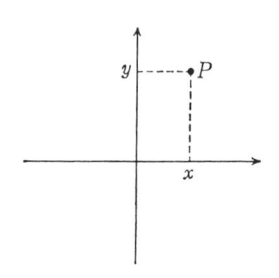

する．平面はその上の点全体の集合であると考えれば，平面はすなわち直積集合 $\boldsymbol{R}\times\boldsymbol{R}$ となる．しかし，高等学校までの数学には平面の定義はなかった．平面の意味ははじめからわかっているものとして，紙の上に描かれた図形を観察することによって養われた平面図形の感覚的イメージに基づいて，平面上の点の座標の概念を導入し，それによって平面が直積集合 $\boldsymbol{R}\times\boldsymbol{R}$ であることを示したのである．本節ではこの過程を逆にして，まず平面とは $\boldsymbol{R}\times\boldsymbol{R}$ のことであると定義し，つぎに平面上の点の集合の基本的な性質について述べる．これらの性質は論理的には平面を $\boldsymbol{R}\times\boldsymbol{R}$ と考える立場から厳密に導き出されるが，その意味を理解するには図を描いてそのイメージを感覚的に把握しなければならない．

a) 平面

直積集合 $\boldsymbol{R}\times\boldsymbol{R}$ を**平面**といい，その要素 $(x,y)\in \boldsymbol{R}\times\boldsymbol{R}$ をその平面上の点とよぶ．平面 $\boldsymbol{R}\times\boldsymbol{R}$ を $\boldsymbol{R}^2$ で表わす．以下平面 $\boldsymbol{R}^2$ を一つ定めてその上の点について考えるから，特に断わらない限り，点といえばその平面 $\boldsymbol{R}^2$ 上の点を意味するものと約束しておく．

二つの点 $P=(x,y)$, $Q=(u,v)$ に対して，$\sqrt{(x-u)^2+(y-v)^2}$ を P と Q の**距離** (distance) といい，$|PQ|$ で表わす：

(1.18) $$|PQ| = \sqrt{(x-u)^2+(y-v)^2}.$$

また，$P\neq Q$ のとき，点 $(\lambda x+(1-\lambda)u, \lambda y+(1-\lambda)v)$, $\lambda\in[0,1]$, の全体の集合を P と Q を結ぶ**線分**といい，PQ で表わす．$\mu=1-\lambda$ とおけば，すなわち

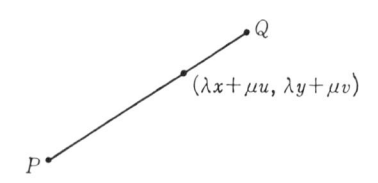

§1.6 平面上の点集合

(1.19) $\qquad PQ = \{(\lambda x+\mu u, \lambda y+\mu v) \mid \mu=1-\lambda,\ \lambda \in [0,1]\}.$

$|PQ|$ を線分 PQ の**長さ**という[1]．

高校数学では (1.18), (1.19) は定理であったが，平面は $\boldsymbol{R}\times\boldsymbol{R}$ であると定義する立場では (1.18), (1.19) は定義である．もちろん高校数学で学んだ事実が定義 (1.18), (1.19) の背景をなしているのであって，その事実を知らなければ何故距離，線分を (1.18), (1.19) で定義するか理解できないであろう．高校数学で学んだ事実を背景とすれば，線分に限らず，直線，円周，正方形，等いろいろな図形をわれわれの立場から如何に定義すればよいか，おのずから明らかであろう．

2 点 $P=(x,y)$, $Q=(u,v)$, $P\neq Q$, に対して

$$l = \{(\lambda x+\mu u, \lambda y+\mu v) \mid \mu=1-\lambda,\ \lambda \in \boldsymbol{R}\}$$

を P と Q を通る**直線**という．

点 P と正の実数 r が与えられたとき，P からの距離が r に等しい点 Q 全体の集合

$$\{Q \mid |QP|=r\}$$

を P を中心とする半径 r の**円周**という，等々．——

距離について：$P=Q$ であるときに限って $|PQ|=0$ となる．これは明らかであろう．任意の 3 点 P, Q, R について**三角不等式** (triangle inequality) とよばれる不等式：

(1.20) $\qquad |PR| \leqq |PQ|+|QR|$

が成り立つ．この不等式は簡単な計算によって容易に確かめられる．すなわち $P=(x,y)$, $Q=(s,t)$, $R=(u,v)$ とし，

$$\xi = x-s, \qquad \eta = y-t, \qquad \sigma = s-u, \qquad \tau = t-v$$

とおけば，不等式 (1.20) は

$$\sqrt{(\xi+\sigma)^2+(\eta+\tau)^2} \leqq \sqrt{\xi^2+\eta^2}+\sqrt{\sigma^2+\tau^2}$$

と書かれる．一般に $\alpha\geqq 0$, $\beta\geqq 0$ のとき，$\alpha^2-\beta^2=(\alpha+\beta)(\alpha-\beta)$ によって明らかなように，$\alpha^2\leqq\beta^2$ ならば $\alpha\leqq\beta$ である．故にこの不等式を証明するには両辺を 2 乗した不等式：

$$(\xi+\sigma)^2+(\eta+\tau)^2 \leqq \xi^2+\eta^2+2\sqrt{\xi^2+\eta^2}\sqrt{\sigma^2+\tau^2}+\sigma^2+\tau^2,$$

---

[1] 高校数学では線分とその長さを同じ記号 PQ で表わしたが，ここでは線分を PQ, 長さを $|PQ|$ で表わすことにする．

すなわち
$$\xi\sigma+\eta\tau \leq \sqrt{\xi^2+\eta^2}\sqrt{\sigma^2+\tau^2}$$
を証明すればよい．このためには
$$(\xi\sigma+\eta\tau)^2 \leq (\xi^2+\eta^2)(\sigma^2+\tau^2)$$
であることをいえばよいが，これは
$$(\xi^2+\eta^2)(\sigma^2+\tau^2)-(\xi\sigma+\eta\tau)^2 = (\xi\tau-\eta\sigma)^2 \geq 0$$
によって明らかである．

以後三角不等式 (1.20) はいちいち断わらずに自由に用いる．

P を $\boldsymbol{R}^2$ 上の1点, ε を正の実数としたとき，$|QP|<\varepsilon$ なる点 $Q \in \boldsymbol{R}^2$ の全体から成る集合を P の **ε近傍** (ε-neighborhood) といい，$U_\varepsilon(P)$ で表わす:
$$U_\varepsilon(P) = \{Q \in \boldsymbol{R}^2 \mid |QP|<\varepsilon\}.$$
$U_\varepsilon(P)$ はすなわち P を中心とする半径 ε の円の内部である．

b) 内点，境界点，集積点

S を点集合，すなわち $\boldsymbol{R}^2$ の部分集合とし，P を $\boldsymbol{R}^2$ 上の点とする．ここで'点集合'は'点の集合'を意味する．

$U_\varepsilon(P) \subset S$ なる正の実数 ε が存在するとき，P を S の **内点** (inner point) という．$P \in U_\varepsilon(P)$ だから S の内点はすべて S に属する．

すべての正の実数 ε に対して $U_\varepsilon(P) \not\subset S$, $U_\varepsilon(P) \cap S \neq \phi$ であるとき，P を S の **境界点** (boundary point) という．そして S の境界点全体の集合を S の **境界** (boundary) という．S と S の境界の合併集合を S の **閉包** (closure) とよび，$[S]$ で表わす[1]．明らかに，点 Q が $[S]$ に属するための必要かつ十分な条件はすべての正の実数 ε に対して $U_\varepsilon(Q) \cap S \neq \phi$ なることである．故に $T \subset S$ ならば $[T] \subset [S]$ である．

たとえば，$S=U_\varepsilon(P)$ については，すべての正の実数 δ に対して $U_\delta(Q) \cap U_\varepsilon(P) \neq \phi$ なるための必要かつ十分な条件は $|QP|\leq \varepsilon$ である[2] から，$[U_\varepsilon(P)]$ は P を中心とする半径 ε の閉円板である:
$$[U_\varepsilon(P)] = \{Q \mid |QP|\leq\varepsilon\}.$$
$Q \in U_\varepsilon(P)$ ならば，$|QP|<\varepsilon$ であるから，$\delta \leq \varepsilon-|QP|$ なる正の実数 δ に対して

---

1) 閉包を表わす定まった記号はない．ここでは高木貞治 "解析概論" に従って [ ] を用いる．
2) $|QP|=\varepsilon$ なるときには線分 PQ 上に $U_\delta(Q) \cap U_\varepsilon(P)$ に属する点が存在する．

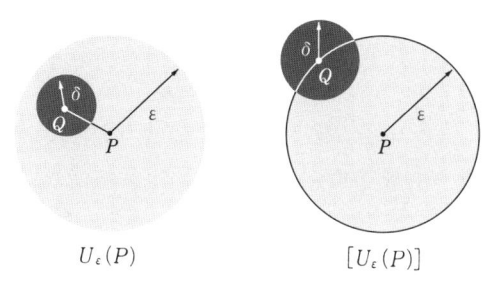

§1.6 平面上の点集合

$U_δ(Q) \subset U_ε(P)$, したがって Q は $U_ε(P)$ の内点である．故に $U_ε(P)$ の境界は P を中心とする半径 $ε$ の円周である．上の論証が三角不等式に基づいていることはいうまでもない．

例 1.6 $S = \{(x, y) \in \mathbf{R}^2 \mid 0 < x < 1,\ 0 \leq y \leq 1\}$. $A = (0, 0)$, $B = (1, 0)$, $C = (1, 1)$, $D = (0, 1)$ とすれば, S の境界は四つの線分 AB, BC, CD, DA を合併して得られる集合：$AB \cup BC \cup CD \cup DA$ である．DA または BC 上の点は S の境界点であるが S に属さない．S の閉包は正方形：

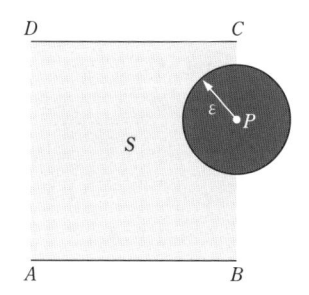

$$ABCD = \{(x, y) \in \mathbf{R}^2 \mid 0 \leq x \leq 1,\ 0 \leq y \leq 1\}$$

である．また，S の内点は正方形の内部の点にほかならない．

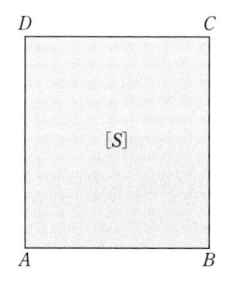

例 1.7 S を線分 PQ とする。S には内点はなく，S の境界は S と一致する。したがって $[S]=S$.

例 1.8 $S=\boldsymbol{Q}\times\boldsymbol{Q}=\{(x, y)\in\boldsymbol{R}^2\,|\,x\in\boldsymbol{Q},\ y\in\boldsymbol{Q}\}$. $\boldsymbol{R}^2$ 上のすべての点が S の境界点になっている。したがって S には内点はなく，$[S]=\boldsymbol{R}^2$.

S を点集合，T を S の部分集合としたとき，$[T]\supset S$ ならば T は S で**稠密** (dense) である，または S で到る所稠密であるという。例 1.8 の集合 S はすなわち $\boldsymbol{R}^2$ で稠密である。

すべての正の実数 ε に対して $U_\varepsilon(P)$ が S に属する無数の点を含む，すなわち $U_\varepsilon(P)\cap S$ が無限集合であるとき，P を S の**集積点** (accumulating point) という。明らかに S の内点はすべて S の集積点である。S の集積点は S の内点であるかまたは S の境界点である。これも明らかであろう。$\underline{S\text{ の境界点 } P \text{ が } S \text{ に属}}$ $\underline{\text{さないならば } P \text{ は } S \text{ の集積点である}}$。[証明] P が S の集積点でないと仮定すれば，ある正の実数 ε に対して $U_\varepsilon(P)\cap S$ が有限集合になる：
$$U_\varepsilon(P)\cap S = \{Q_1, Q_2, \cdots, Q_k, \cdots, Q_n\}.$$
このとき，$Q_k\in S, P\notin S$ だから，$Q_k\neq P$，したがって $0<|Q_kP|<\varepsilon$. 故に
$$\delta < |Q_kP| < \varepsilon, \quad k=1, 2, \cdots, n,$$
なる正の実数 δ が存在する。このような δ を一つ定めれば，
$$U_\delta(P)\cap S \subset U_\varepsilon(P)\cap S$$
であるが，$U_\delta(P)$ は Q_k のいずれをも含まない。故に $U_\delta(P)\cap S$ は空集合でなければならないが，これは P が S の境界点であることに矛盾する。∎

S に属する点 P が S の集積点でないとき，P を S の**孤立点** (isolated point) という。P が S の孤立点なるための必要かつ十分な条件は $U_\varepsilon(P)\cap S=\{P\}$ なる正の実数 ε が存在することである。S のすべての点が S の孤立点であるとき，S を**離散集合** (discrete set) という。

c) 開集合，閉集合

集合 $S\subset\boldsymbol{R}^2$ に属する点がすべて S の内点であるとき，S を**開集合** (open set) という。たとえば ε 近傍 $U_\varepsilon(P)$ は開集合である。点 P を含む任意の開集合を P の**近傍**という。S の境界点がすべて S に含まれるとき，S を**閉集合** (closed set) という。すなわち，$[S]=S$ なるとき S を閉集合とよぶのである。S に属さない

§1.6 平面上の点集合

Sの境界点はSの集積点であるから，Sが閉集合であるための必要かつ十分な条件はSの集積点がすべてSに属することである．$\emptyset$と$\boldsymbol{R}^2$は開集合であると同時に閉集合である．

<u>任意の点集合Sの閉包$[S]$は閉集合である．</u>[証明]$[S]$の境界点PはSの境界点であることをいえばよい．このためには任意の正の実数εに対して$U_\varepsilon(P)\cap S$が空集合でないことを示せばよい．Pが$[S]$の境界点であるから，$U_\varepsilon(P)$は$[S]$に属する点Qを含む．このとき$\delta=\varepsilon-|QP|$とおけば，$\delta>0$であって，$U_\delta(Q)\subset U_\varepsilon(P)$．$Q$は$[S]$に属しているから$U_\delta(Q)\cap S$は空集合でない．故に$U_\varepsilon(P)\cap S$も空集合でない．∎

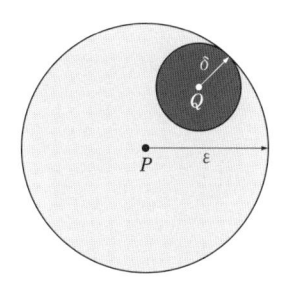

Sを$\emptyset$でも$\boldsymbol{R}^2$でもない点集合とし，S'をSの$\boldsymbol{R}^2$における補集合とする．PがSの境界点であるための必要かつ十分な条件は，すべての正の実数εに対して$U_\varepsilon(P)\cap S\neq\emptyset$, $U_\varepsilon(P)\cap S'\neq\emptyset$なることであるから，$S$の境界はすなわち$S'$の境界である．したがって$S$が開集合ならば$S'$の境界は$S'$に含まれる．故に<u>$S$が開集合ならば$S'$は閉集合である．</u>$S$が閉集合ならば$S'$はその境界点を含まない．故に<u>$S$が閉集合ならば$S'$は開集合である．</u>——

<u>いくつかの(有限個または無数の)閉集合の共通部分(交わり，intersection)は閉集合である．</u>[証明]$\mathfrak{S}$をいくつかの閉集合Sの集合とし，それらの閉集合Sの共通部分を$T=\bigcap_{S\in\mathfrak{S}}S$で表わす．一般に$T\subset S$ならば$[T]\subset[S]$であるから，
$$[T]\subset\bigcap_{S\in\mathfrak{S}}[S]=\bigcap_{S\in\mathfrak{S}}S=T.$$
故に$[T]=T$，すなわちTは閉集合である．∎

<u>いくつかの開集合の合併集合は開集合である．</u>[証明]$\mathfrak{S}$をいくつかの開集合Uの集合とし，それらの開集合Uの合併集合を$W=\bigcup_{U\in\mathfrak{S}}U$とする．$U$の補集合$U'$は閉集合であるから，$W$の補集合$W'=\bigcap_{U\in\mathfrak{S}}U'$も，上記の結果により，閉

集合である．故に W は開集合である．∎

　有限個の開集合の共通部分は開集合である．[証明] $U_1, U_2, \cdots, U_n$ を開集合とし $U=U_1\cap U_2\cap\cdots\cap U_n$ とおく．点 $P\in U$ を任意にとれば，$P\in U_k$ であるから，正の実数 ε_k が存在して P の ε_k 近傍 $U_{\varepsilon_k}(P)$ は U_k に含まれる：$U_{\varepsilon_k}(P)\subset U_k$．$\varepsilon_1, \varepsilon_2, \cdots, \varepsilon_n$ の最小値を ε とすれば，$U_\varepsilon(P)$ は U_k のすべてに含まれるから，$U_\varepsilon(P)\subset U$，すなわち P は U の内点である．故に U は開集合である．∎

　有限個の閉集合の合併集合は閉集合である．[証明] $S_1, S_2, \cdots, S_n$ を閉集合，$S=S_1\cup S_2\cup\cdots\cup S_n$ とすれば，$S_k{}'$ は開集合，したがって $S'=S_1{}'\cap S_2{}'\cap\cdots\cap S_n{}'$ は開集合，故に S は閉集合である．∎

d) 点列の極限

　$P_1, P_2, P_3, \cdots, P_n, \cdots$ のように点 $P_n\in\boldsymbol{R}^2$ を並べたものを**点列**といい $\{P_n\}$ で表わす．そして各点 P_n を点列 $\{P_n\}$ の項という．

　点 A があって
$$\lim_{n\to\infty}|P_nA|=0$$
であるとき，点列 $\{P_n\}$ は A に収束する，A は点列 $\{P_n\}$ の極限であるといい，
$$\lim_{n\to\infty}P_n=A$$
と書く．また $\{P_n\}$ が或る一つの点に収束するとき，点列 $\{P_n\}$ は収束するという．$P_n=(x_n, y_n)$，$A=(a, b)$ とすれば，
$$|P_nA|=\sqrt{(x_n-a)^2+(y_n-b)^2}$$
であるから，$\lim_{n\to\infty}|P_nA|=0$ は $\lim_{n\to\infty}|x_n-a|=\lim_{n\to\infty}|y_n-b|=0$ と同値，したがって，$\lim_{n\to\infty}P_n=A$ は $\lim_{n\to\infty}x_n=a$ かつ $\lim_{n\to\infty}y_n=b$ なることと同値である．また，点列 $\{P_n\}$ が点 A に収束するための必要かつ十分な条件は，正の実数 ε が任意に与えられたとき，有限個の n を除いて $P_n\in U_\varepsilon(A)$ となることである．したがって，収束する点列 $\{P_n\}$ の各項 P_n が S に属するならば，その極限：$\lim_{n\to\infty}P_n$ は S の閉包 $[S]$ に含まれる．

定理 1.25（Cauchy の判定法）　点列 $\{P_n\}$ が収束するための必要かつ十分な条件は，任意の正の実数 ε に対応して一つの自然数 $n_0(\varepsilon)$ が定まって
$$n>n_0(\varepsilon),\quad m>n_0(\varepsilon)\quad\text{ならば}\quad |P_nP_m|<\varepsilon$$
となることである．

§1.6 平面上の点集合

証明 $P_n=(x_n, y_n)$ とすれば，上に述べたように，点列 $\{P_n\}$ が収束することは数列 $\{x_n\}, \{y_n\}$ が共に収束することと同値である．一方，
$$|P_nP_m| = \sqrt{(x_n-x_m)^2+(y_n-y_m)^2}$$
であるから，
$$|P_nP_m|<\varepsilon \quad \text{ならば} \quad |x_n-x_m|<\varepsilon, \quad |y_n-y_m|<\varepsilon,$$
また
$$|x_n-x_m|<\varepsilon, \quad |y_n-y_m|<\varepsilon \quad \text{ならば} \quad |P_nP_m|<\sqrt{2}\,\varepsilon.$$
故に数列に関する Cauchy の判定法 (定理 1.13) によってこの定理 1.25 が成り立つことがわかる．∎

P が S の集積点であるための必要かつ十分な条件は，$P_n\in S$, $P_n\neq P$, $\lim_{n\to\infty}P_n=P$ なる点列 $\{P_n\}$ が存在することである．このことを示すために，まず P が S の集積点であるとしよう．そうすれば各自然数 n について，$U_{1/n}(P)\cap S$ は無限集合であるから，$P_n\in U_{1/n}(P)\cap S$, $P_n\neq P$ なる点 P_n を一つ選ぶことができる．明らかに $\lim_{n\to\infty}P_n=P$. 逆に $P_n\in S$, $P_n\neq P$, $\lim_{n\to\infty}P_n=P$ なる点列 $\{P_n\}$ が存在したとすれば，任意に与えられた正の実数 ε に対して，有限個の n を除いて $P_n\in U_\varepsilon(P)$ となるが，$P_n\neq P$, $\lim_{n\to\infty}P_n=P$ だから，これらの P_n のなかには互いに異なるものが無数にある．故に $U_\varepsilon(P)\cap S$ は無限集合であって，したがって P は S の集積点である．

e) 有界な集合

S に属する点 P と原点 $O=(0,0)$ の距離 $|PO|$ が上に有界，すなわち一定の正の実数 μ を越さないとき，S は**有界** (bounded) であるという．S が有界ならば，S に属する 2 点 P, Q の距離 $|PQ|$ も上に有界であるから，$|PQ|$ の上限が定まる．この上限を S の**直径** (diameter) とよび，$\delta(S)$ で表わす：
$$\delta(S) = \sup_{P,Q\in S}|PQ|.$$

つぎの定理は区間縮小法の基礎をなす定理 1.24 の拡張である：

定理 1.26 空でない有界な閉集合の列：$S_1, S_2, \cdots, S_n, \cdots$ がつぎの二つの条件を満たすならば，これらの閉集合 S_n のすべてに属する点 P がただ一つ存在する：

(i) $S_1 \supset S_2 \supset S_3 \supset \cdots \supset S_n \supset \cdots$,

(ii) $\lim_{n\to\infty} \delta(S_n) = 0$.

証明 各 n について S_n に属する点 P_n を一つ選べば，点列 $\{P_n\}$ は収束する．なぜなら，(ii) により，任意の正の実数 ε に対応して自然数 $n_0(\varepsilon)$ が定まって，

$$n > n_0(\varepsilon) \quad \text{ならば} \quad \delta(S_n) < \varepsilon$$

となっている．$n, m > n_0(\varepsilon)$ のとき，$m \geq n$ ならば (i) により $P_m \in S_m \subset S_n$ であるから，

$$|P_m P_n| < \delta(S_n) < \varepsilon.$$

故に，Cauchy の判定法により，$\{P_n\}$ は収束する．そこで $P = \lim_{n\to\infty} P_n$ とおけば，各 n について，$m \geq n$ ならば P_m は S_n に属しているから，$P = \lim_{m\to\infty} P_m$ は $[S_n]$ に含まれるが，仮定により $[S_n] = S_n$．故に P はすべての S_n に属する．∎

コンパクトな集合 一般に集合を要素とする集合 $\mathcal{U}$ に対して $\mathcal{U}$ に属するすべての集合の合併集合を記号：$\bigcup_{U \in \mathcal{U}} U$ で表わす．S を点集合，$\mathcal{U}$ を点集合を要素とする集合とする．このとき

$$S \subset \bigcup_{U \in \mathcal{U}} U$$

ならば，S は $\mathcal{U}$ に属する集合で覆われるといい，$\mathcal{U}$ を S の**被覆** (covering) とよぶ．特に被覆 $\mathcal{U}$ の各要素が開集合であるとき，$\mathcal{U}$ を S の**開被覆** (open covering) という．また S の被覆 $\mathcal{U}$ が有限集合，すなわち有限個の点集合から成る集合のとき，$\mathcal{U}$ を S の**有限被覆** (finite covering) という．S の被覆 $\mathcal{V}$ が被覆 $\mathcal{U}$ の部分集合であるとき，$\mathcal{V}$ を $\mathcal{U}$ の**部分被覆**とよぶ．

定義 1.7 S の任意の開被覆が有限部分被覆をもつとき，S は**コンパクト** (compact) であるという．

S がコンパクトであるというのは，すなわち，S がつぎの性質をもつことを意味する：開集合を要素とする集合 $\mathcal{U}$ があって S が $\mathcal{U}$ に属する集合で覆われているならば，S は $\mathcal{U}$ に属する有限個の開集合で覆われる．

定理 1.27 コンパクトな集合 S は有界な閉集合である．

証明 まず各点 $Q \in S$ に対してその ε 近傍の一つを $U(Q)$ とすれば，$\mathcal{U} = \{U(Q) | Q \in S\}$ は明らかに S の開被覆であるから，S は有限個の $U(Q)$ で覆われる．故に S は有界である．つぎに S が閉集合であることをいうために，S に属さない点 P をとって各点 $Q \in S$ に対して $U_Q = U_{\varepsilon_Q}(Q), \varepsilon_Q = \frac{1}{3}|QP|$，とおけば，$\{U_Q | Q \in S\}$ は S の開被覆である．故に S は有限個の U_Q で覆われる：

§1.6 平面上の点集合

$$S \subset U_{Q_1} \cup U_{Q_2} \cup \cdots \cup U_{Q_k} \cup \cdots \cup U_{Q_m}.$$

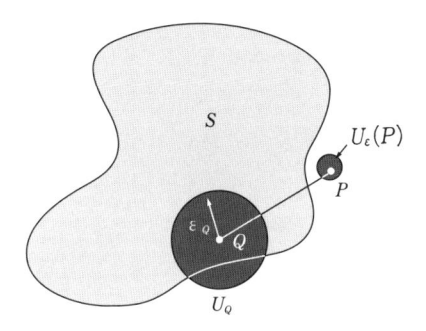

正の実数 $\varepsilon_{Q_k}, k=1,2,\cdots,m,$ の最小値を ε とすれば，$U_{Q_k} \cap U_\varepsilon(P) = \phi$ であるから，$S \cap U_\varepsilon(P) = \phi$．すなわち P は S の境界点でない．このように，S に属さない点 P は S の境界点でない．故に S の境界点はすべて S に属する．すなわち S は閉集合である． ∎

定理 1.28 (Heine-Borel の被覆定理)　有界な閉集合はコンパクトである．

証明　S を有界な閉集合，$\mathcal{U}$ を S の開被覆とする．S が $\mathcal{U}$ に属する有限個の開集合で覆われることを証明するために，S は $\mathcal{U}$ に属する有限個の開集合で覆うことはできないと仮定しよう．S は有界であるから，閉区間 $I=[a,b]$ を適当に選べば，S は正方形 $\varDelta = I \times I$ に含まれる：

$$S \subset \varDelta = I \times I = \{(x,y) \in \mathbf{R}^2 \,|\, a \leq x \leq b,\ a \leq y \leq b\}.$$

$\varDelta$ の直径は $\delta=\sqrt{2}\,(b-a)$ である．I をその中点 $c=(a+b)/2$ によって二つの閉区間 $I'=[a,c]$，$I''=[c,b]$ に分割すれば，$\varDelta$ は四つの直径 $\delta/2$ の正方形 $\varDelta'=I' \times$

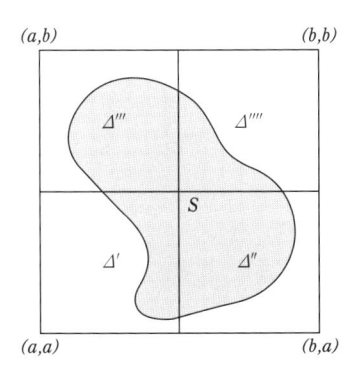

I', $\Delta''=I''\times I'$, $\Delta'''=I'\times I''$, $\Delta''''=I''\times I''$ に分割される：
$$\Delta = \Delta' \cup \Delta'' \cup \Delta''' \cup \Delta''''.$$
これに応じて，S は四つの閉集合 $S'=S\cap\Delta'$, $S''=S\cap\Delta''$, $S'''=S\cap\Delta'''$, $S''''=S\cap\Delta''''$ に分割される：
$$S = S' \cup S'' \cup S''' \cup S''''.$$
この四つの閉集合がいずれも $\mathcal{U}$ に属する有限個の開集合で覆われるならば，S も $\mathcal{U}$ に属する有限個の開集合で覆われることになるが，これは仮定に反する．故に S', S'', S''', S'''' の少なくとも一つは $\mathcal{U}$ に属する有限個の開集合では覆われない．それを S_1 とすれば
$$S_1 \subset S, \quad \delta(S_1) \leqq \frac{\delta}{2}.$$
同じ論法を S_1 に適用すれば，$\mathcal{U}$ に属する有限個の開集合では覆われない閉集合 S_2 で
$$S_2 \subset S_1, \quad \delta(S_2) \leqq \frac{\delta}{2^2}$$
なるものを得る．この操作を繰返せば，$\mathcal{U}$ に属する有限個の開集合では覆われない閉集合 S_n の列：$S_1, S_2, \cdots, S_n, \cdots$ で
$$S \supset S_1 \supset S_2 \supset \cdots \supset S_n \supset \cdots, \quad \delta(S_n) \leqq \frac{\delta}{2^n},$$
なるものを得る．定理 1.26 により，すべての S_n に属する点 P が存在する．$P\in S$ で，S は $\mathcal{U}$ に属する開集合で覆われているから，P は $\mathcal{U}$ に属する開集合の一つ U に含まれている：$P\in U$. $U_\varepsilon(P)\subset U$ なる正の実数 ε をとって $\delta/2^n<\varepsilon$ なる自然数 n を定めれば，$P\in S_n$ で $\delta(S_n)\leqq\delta/2^n<\varepsilon$ であるから，$S_n\subset U$ となるが，これは S_n が $\mathcal{U}$ に属する有限個の開集合では覆われないことに矛盾する．故に S は $\mathcal{U}$ に属する有限個の開集合で覆われる．すなわち，S はコンパクトである．∎

コンパクトという概念は現代の数学において最も重要な概念の一つである．

定理 1.29（Weierstrass の定理）　有界な無限集合は集積点をもつ．

証明　集積点をもたない有界な集合 S は有限集合であることを証明すればよい．S に属さない S の境界点があればそれは S の集積点であるから，S の境界

§1.6 平面上の点集合

点はすべて S に属する．すなわち，S は閉集合である．S に属する点 P は S の集積点でない，すなわち $U_\varepsilon(P) \cap S$ が有限集合となる ε 近傍: $U_P = U_\varepsilon(P)$ をもつ．S は U_P, $P \in S$, で覆われているが，一方 S は有界閉集合であるから，定理 1.28 により，S はコンパクト，したがって S は U_P の有限個で覆われる．故に S は有限集合である．∎

点列 $\{P_n\}$ から無数の項を選んで $\{P_n\}$ における順序と同じ順序に並べて得られる点列: $P_{n_1}, P_{n_2}, P_{n_3}, \cdots$ を $\{P_n\}$ の**部分列**という．ここで $n_1, n_2, n_3, \cdots$ は単調に増大する自然数列である．また，P_n と $O = (0, 0)$ の距離 $|P_n O|$ が n によらない一定の実数を越さないとき，点列 $\{P_n\}$ は**有界**であるという．

定理 1.30 有界な点列は収束する部分列をもつ．

証明 $\{P_n\}$ を有界な点列とし，$\{P_n\}$ の項として現われる点全体の集合を S とする．$P_n = P$ なる項 P_n が無数にあるような点 $P \in S$ が存在するときには定理は明らかであるから，各々の $P \in S$ に対して $P_n = P$ なる項 P_n は有限個しかないとする．そうすれば S は有界な無限集合となるから，定理 1.29 により，S は集積点をもつ．その集積点の一つを Q とすれば，任意の正の実数 ε に対して，$U_\varepsilon(Q) \cap S$ は無限集合であって，したがって $P_n \in U_\varepsilon(Q)$ なる項 P_n が無数に存在する．そこでまず $P_n \in U_1(Q)$ なる項 P_n の一つを P_{n_1} とし，つぎに $P_n \in U_{1/2}(Q)$ なる項 P_n, $n > n_1$, の一つを P_{n_2} とし，$P_n \in U_{1/3}(Q)$ なる P_n, $n > n_2$, の一つを P_{n_3} とし，以下同様にして $P_{n_4}, P_{n_5}, \cdots$ を定めていけば，$\{P_n\}$ の部分列: $P_{n_1}, P_{n_2}, P_{n_3}, \cdots, P_{n_m}, \cdots$ で $P_{n_m} \in U_{1/m}(Q)$ なるものが得られる．いうまでもなく，この部分列は Q に収束する．∎

f) 複素平面

$z = x + iy$, x, y は実数，$i = \sqrt{-1}$, の形の数を**複素数** (complex number) とい

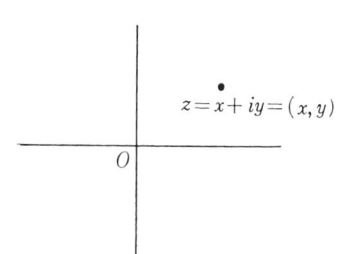

$$z = x + iy = (x, y)$$

うことは高校数学で学んだ．二つの複素数 $z=x+iy$, $w=u+iv$ の和，差，積は
$$z+w = (x+u)+i(y+v),$$
$$z-w = (x-u)+i(y-v),$$
$$zw = (xu-yv)+i(xv+yu)$$
で与えられる．このように定義された複素数の加法，減法，乗法に関して結合法則，交換法則，分配法則が成り立つことは容易に確かめられる．

数直線 $\boldsymbol{R}$ 上の点 x はすなわち実数 x であった．これと同様に，平面 $\boldsymbol{R}^2$ 上の点 (x,y) はすなわち複素数 $z=x+iy$ であると考えたとき，$\boldsymbol{R}^2$ を**複素平面**という．複素平面を $\boldsymbol{C}$ で表わす．複素数 $z=x+iy$ の**絶対値** (absolute value) を
$$|z| = \sqrt{x^2+y^2}$$
と定義する．二つの複素数 $z=x+iy$, $w=u+iv$ に対して
$$|z-w| = \sqrt{(x-u)^2+(y-v)^2}$$
は，すなわち，平面 $\boldsymbol{C}$ 上における点 z と点 w の距離である．特に $|z|$ は z と原点 0 の距離である．したがって，三角不等式 (1.20) により，
$$|z+w| \leqq |z|+|w|.$$

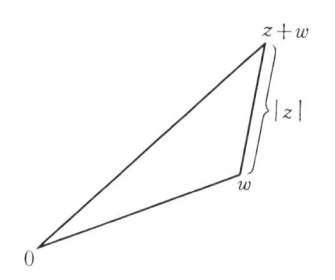

$z=x+iy$ に対して $x-iy$ を z の**共役複素数** (conjugate) といい，$\bar{z}$ で表わす：
$$\bar{z} = x-iy.$$
明らかに
$$\bar{\bar{z}} = z,$$
$$\overline{z+w} = \bar{z}+\bar{w},$$
$$\overline{z-w} = \bar{z}-\bar{w},$$
$$\overline{z \cdot w} = \bar{z} \cdot \bar{w}.$$
また

§1.6 平面上の点集合

$$|z|^2 = |\bar{z}|^2 = x^2+y^2 = z\cdot\bar{z}.$$

したがって
$$|zw|^2 = zw\overline{zw} = zw\bar{z}\bar{w} = z\bar{z}w\bar{w} = |z|^2|w|^2,$$

故に
$$|zw| = |z||w|.$$

$z\neq 0$ ならば, $|z|>0$ となるから, $z\cdot\bar{z}/|z|^2=1$. すなわち, 0 でない複素数 z は逆数 $1/z=\bar{z}/|z|^2$ をもつ. 複素数全体の集合 $\boldsymbol{C}$ は, したがって, 体をなす. 体 $\boldsymbol{C}$ を**複素数体** (the field of complex numbers) とよぶ.

$z=x+iy$ に対して x を z の**実数部** (real part) といい $\operatorname{Re} z$ で表わし, y を z の**虚数部** (imaginary part) といい $\operatorname{Im} z$ で表わす. 明らかに

$$\operatorname{Re} z = \frac{z+\bar{z}}{2}, \quad \operatorname{Im} z = \frac{z-\bar{z}}{2i}$$

である. $\operatorname{Re} z \leqq |z|$ なることは明らかであるが, このことを用いれば不等式: $|z+w|\leqq|z|+|w|$ をつぎのように簡単に証明することができる.

$$\begin{aligned}|z+w|^2 &= (z+w)(\bar{z}+\bar{w}) = z\bar{z}+z\bar{w}+w\bar{z}+w\bar{w}\\ &= |z|^2+2\operatorname{Re} z\bar{w}+|w|^2 \leqq |z|^2+2|z\bar{w}|+|w|^2\\ &= |z|^2+2|z||w|+|w|^2 = (|z|+|w|)^2,\end{aligned}$$

故に
$$|z+w| \leqq |z|+|w|.$$

以上, 複素数の加・減・乗・除に関する基本的な法則について述べた. これらの基本法則から容易にいろいろな公式が導き出される. まず $z\neq 0$ のとき, $\overline{(w/z)}\bar{z}=\overline{(w/z\cdot z)}=\bar{w}$ であるから

$$\overline{\left(\frac{w}{z}\right)} = \frac{\bar{w}}{\bar{z}}.$$

これと上記の和・差・積の共役に関する法則によって, 有限個の複素数 $z_1, z_2, \cdots, z_n$ から有限回の加・減・乗・除の演算によって複素数 w を得たとするならば, $\bar{z}_1, \bar{z}_2, \cdots, \bar{z}_n$ から同じ加・減・乗・除の演算によって共役複素数 $\bar{w}$ を得る. たとえば, $z_1\neq 0$ としたとき,

$$w = \sum_{k=1}^n \frac{1}{k}\left(\frac{z_2}{z_1}\right)^k \quad \text{ならば} \quad \bar{w} = \sum_{k=1}^n \frac{1}{k}\left(\frac{\bar{z}_2}{\bar{z}_1}\right)^k.$$

公式 $|zw|=|z||w|$ を繰返し用いれば,
$$|z_1z_2z_3\cdots z_n| = |z_1||z_2||z_3|\cdots|z_n|.$$
特に
$$|az^n| = |a||z|^n.$$
また $|z|\leqq|z-w|+|w|$ であるから $|z|-|w|\leqq|z-w|$, 同様に $|w|-|z|\leqq|w-z|$. 故に
$$||z|-|w|| \leqq |z-w|.$$
不等式 $|z+w|\leqq|z|+|w|$ により
$$|z_1+z_2+\cdots+z_n| \leqq |z_1|+|z_2|+\cdots+|z_n|.$$
したがって
$$|a_0+a_1z+\cdots+a_nz^n| \leqq |a_0|+|a_1||z|+\cdots+|a_n||z|^n,$$
等々.

複素平面 C は平面 R^2, 複素数 $z=x+iy$ は R^2 上の点 (x,y) であるから, 本節で平面上の点集合について述べたことはそのまま複素平面上の複素数の集合について成り立つ. たとえば, 複素数列 $\{z_n\}$ はすなわち点列 $\{z_n\}$ であり, 複素数列 $\{z_n\}$ が複素数 w に収束する: $\lim_{n\to\infty}z_n=w$ ということは, 点列 $\{z_n\}$ が点 w に収束すること, すなわち
$$\lim_{n\to\infty}|z_n-w| = 0$$
であることを意味する. 点列の収束に関する Cauchy の判定法(定理 1.25)もそのまま複素数列について成り立つ. すなわち

定理 1.31 複素数列 $\{z_n\}$ が収束するための必要かつ十分な条件は, 任意の正の実数 ε に対応して一つの自然数 $n_0(\varepsilon)$ が定まって
$$n > n_0(\varepsilon), \quad m > n_0(\varepsilon) \quad \text{ならば} \quad |z_n-z_m| < \varepsilon$$
となることである.

複素数列 $\{z_n\}$ が収束するならば $\{|z_n|\}$ も収束して
$$|\lim_{n\to\infty}z_n| = \lim_{n\to\infty}|z_n|.$$
なぜなら, $||z_n|-|w||\leqq|z_n-w|$ によって $\lim_{n\to\infty}z_n=w$ ならば $\lim_{n\to\infty}|z_n|=|w|$ となるからである.

実数の無限級数の場合と同様に, 複素数 z_n から成る無限級数 $\sum_{n=1}^{\infty}z_n$, すなわ

§1.6 平面上の点集合

ち $z_1+z_2+z_3+\cdots+z_n+\cdots$ についても，その部分和
$$w_n = z_1+z_2+\cdots+z_n$$
の成す複素数列 $\{w_n\}$ が収束するとき $\sum_{n=1}^{\infty} z_n$ は収束するといい，$w = \lim_{n\to\infty} w_n$ をこの無限級数の和とよび，
$$w = \sum_{n=1}^{\infty} z_n = z_1+z_2+z_3+\cdots+z_n+\cdots$$
と書く．

定理 1.32 級数 $\sum_{n=1}^{\infty} |z_n|$ が収束するならば $\sum_{n=1}^{\infty} z_n$ も収束する．

証明 $w_n = z_1+z_2+\cdots+z_n$, $\sigma_n = |z_1|+|z_2|+\cdots+|z_n|$ とおけば，$m<n$ のとき
$$|w_n - w_m| = \left|\sum_{k=m+1}^{n} z_k\right| \leqq \sum_{k=m+1}^{n} |z_k| = |\sigma_n - \sigma_m|.$$
故に，Cauchy の判定法（定理 1.31）により，数列 $\{\sigma_n\}$ が収束すれば数列 $\{w_n\}$ も収束する．∎

級数 $\sum_{n=1}^{\infty} |z_n|$ が収束するとき級数 $\sum_{n=1}^{\infty} z_n$ は **絶対収束** するという．

定理 1.33 収束する級数 $\sum_{n=1}^{\infty} r_n$, $r_n \geqq 0$, が与えられたとする．級数 $\sum_{n=1}^{\infty} z_n$ に対して自然数 ν を
$$n > \nu \quad \text{のとき} \quad |z_n| \leqq r_n$$
となるように定めることができるならば，$\sum_{n=1}^{\infty} z_n$ は絶対収束する．

証明は明らかであろう．――

級数 $\sum_{n=1}^{\infty} z_n$ が絶対収束するとき
$$\left|\sum_{n=1}^{\infty} z_n\right| \leqq \sum_{n=1}^{\infty} |z_n|.$$
この不等式の証明も容易である．すなわち，$w_n = \sum_{k=1}^{n} z_k$ とおけば，$|w_n| \leqq \sum_{k=1}^{n} |z_k|$ となるから，
$$\left|\sum_{n=1}^{\infty} z_n\right| = |\lim_{n\to\infty} w_n| = \lim_{n\to\infty} |w_n| \leqq \lim_{n\to\infty} \sum_{k=1}^{n} |z_k| = \sum_{n=1}^{\infty} |z_n|.$$

z を任意の複素数として級数 $\sum_{n=0}^{\infty} \dfrac{z^n}{n!}$ を考察する．この級数が絶対収束することの証明は §1.5，例 1.3 で扱った，$z=x$ が実数の場合の証明と同様である．すなわち，$\nu \geqq 2|z|$ なる自然数 ν を一つ定めれば，$n > \nu$ のとき

$$\frac{|z|^n}{n!} = \frac{|z|^\nu}{\nu!}\frac{|z|}{\nu+1}\frac{|z|}{\nu+2}\cdots\frac{|z|}{n} < \frac{|z|^\nu}{\nu!}\left(\frac{1}{2}\right)^{n-\nu} = \frac{|2z|^\nu}{\nu!}\frac{1}{2^n}.$$

$M_\nu = \nu^\nu/\nu!$ とおけば，$|2z|^\nu/\nu! \leqq M_\nu$ であるから，$n > \nu$ のとき

(1.21) $$\frac{|z|^n}{n!} < \frac{M_\nu}{2^n}$$

となる．故に，$\sum_{n=0}^{\infty} M_\nu/2^n = 2M_\nu$ であるから，定理 1.33 により，$\sum_{n=0}^{\infty} z^n/n!$ は絶対収束する．

$$w_m = \sum_{n=0}^{m} \frac{z^n}{n!}$$

とおけば，$m \geqq \nu$ のとき

(1.22) $$\left|\sum_{n=0}^{\infty} \frac{z^n}{n!} - w_m\right| \leqq \sum_{n=m+1}^{\infty} \frac{|z|^n}{n!} < \sum_{n=m+1}^{\infty} \frac{M_\nu}{2^n} = \frac{M_\nu}{2^m}.$$

つぎに等式

(1.23) $$\lim_{n\to\infty}\left(1+\frac{z}{n}\right)^n = \sum_{n=0}^{\infty}\frac{z^n}{n!}$$

が成り立つことを証明しよう．$p_n = (1+z/n)^n$ とおけば，2 項定理により

$$p_n = 1 + \sum_{k=1}^{n} a_{n,k} z^k, \quad a_{n,k} = \binom{n}{k}\frac{1}{n^k}.$$

$a_{n,k} = \frac{1}{k!}\left(1-\frac{1}{n}\right)\left(1-\frac{2}{n}\right)\cdots\left(1-\frac{k-1}{n}\right)$ であるから，

$$0 < a_{n,k} < \frac{1}{k!}, \quad \lim_{n\to\infty} a_{n,k} = \frac{1}{k!}.$$

したがって，$n > m > \nu$ のとき，(1.21) により

$$\left|\sum_{k=m+1}^{n} a_{n,k} z^k\right| \leqq \sum_{k=m+1}^{n} \frac{|z|^k}{k!} < \sum_{k=m+1}^{\infty} \frac{M_\nu}{2^k} = \frac{M_\nu}{2^m}.$$

故に

$$p_{n,m} = 1 + \sum_{k=1}^{m} a_{n,k} z^k$$

とおけば，$n > m > \nu$ のとき

$$|p_n - p_{n,m}| < \frac{M_\nu}{2^m}.$$

また，$\lim_{n\to\infty} a_{n,k} = 1/k!$ であるから，

§1.6 平面上の点集合

$$\lim_{n\to\infty} p_{n,m} = 1 + \sum_{k=1}^{m} \frac{z^k}{k!} = w_m.$$

さて，正の実数 ε が任意に与えられたとき，まず

$$\frac{M_\nu}{2^m} < \frac{\varepsilon}{4}$$

なる自然数 m, $m > \nu$, を定め，つぎに

$$n > n_0(\varepsilon) \quad \text{ならば} \quad |p_{n,m} - w_m| < \frac{\varepsilon}{4}$$

となるように自然数 $n_0(\varepsilon)$, $n_0(\varepsilon) > m$, を定める．すると，$n > n_0(\varepsilon)$ のとき

$$|p_n - w_m| \leq |p_n - p_{n,m}| + |p_{n,m} - w_m| < \frac{M_\nu}{2^m} + \frac{\varepsilon}{4} < \frac{\varepsilon}{2}.$$

したがって，

$$n, l > n_0(\varepsilon) \quad \text{ならば} \quad |p_n - p_l| \leq |p_n - w_m| + |p_l - w_m| < \varepsilon$$

となる．故に，Cauchy の判定法により，数列 $\{p_n\}$ は収束する．その極限を p とする：

$$p = \lim_{n\to\infty}\left(1 + \frac{z}{n}\right)^n.$$

$n > n_0(\varepsilon)$ のとき $|p_n - w_m| < \varepsilon/2$ であるから

$$|p - w_m| \leq \frac{\varepsilon}{2}.$$

また，(1.22)により

$$\left|\sum_{n=0}^{\infty} \frac{z^n}{n!} - w_m\right| < \frac{M_\nu}{2^m} < \frac{\varepsilon}{2}.$$

したがって

$$\left|p - \sum_{n=0}^{\infty} \frac{z^n}{n!}\right| < \varepsilon$$

を得るが，ε は任意の正の実数であった．故に

$$p = \sum_{n=0}^{\infty} \frac{z^n}{n!}.$$

これで (1.23) が証明された．

注意 等式 (1.23) の上記の証明は一寸面倒であるが，(1.23) を，$p_n = 1 + \sum_{k=1}^{n} a_{n,k} z^k$ において $n\to\infty$ のとき $a_{n,k} z^k \to z^k/k!$ であるから $p_n \to 1 + \sum_{k=1}^{\infty} z^k/k!$ である，と証明するの

は厳密でないだけでなく，論理的に誤りである．たとえば，
$$q_n = \sum_{k=1}^{n} b_{n,k}, \qquad b_{n,k} = \frac{1}{2^k} + \frac{1}{2^{n-k}},$$
とおけば，$n \to \infty$ のとき $b_{n,k} \to 1/2^k$ であるが $q_n \to \sum_{k=1}^{\infty} 1/2^k = 1$ とはならない．$q_n = 3 - 3/2^n$ であるから $n \to \infty$ のとき $q_n \to 3$ となる．

g) n 次元空間

二つの実数の対 (x, y) の全体の集合を $\boldsymbol{R}^2$ で表わしたのと同様に，n 個の実数の組 $(x_1, x_2, x_3, \cdots, x_n)$ の全体の集合を $\boldsymbol{R}^n$ で表わす．そして $\boldsymbol{R}^n$ を n 次元空間とよび，$\boldsymbol{R}^n$ の要素 $(x_1, x_2, \cdots, x_n)$ を n 次元空間 $\boldsymbol{R}^n$ の点という．$\boldsymbol{R}^1 = \boldsymbol{R}$ は数直線，$\boldsymbol{R}^2$ は平面，$\boldsymbol{R}^3$ は高校数学で学んだ空間である．

$\boldsymbol{R}^n$ の2点 $P = (x_1, x_2, \cdots, x_n)$, $Q = (y_1, y_2, \cdots, y_n)$ に対して，$\sqrt{\sum_{k=1}^{n} (x_k - y_k)^2}$ を P と Q の距離といい，$|PQ|$ で表わす：
$$|PQ| = \sqrt{(x_1 - y_1)^2 + (x_2 - y_2)^2 + \cdots + (x_n - y_n)^2}.$$
P を $\boldsymbol{R}^n$ の点，ε を正の実数としたとき，
$$U_\varepsilon(P) = \{Q \in \boldsymbol{R}^n \mid |QP| < \varepsilon\}$$
を P の ε 近傍とよぶ．$U_\varepsilon(P)$ は $\boldsymbol{R}^n$ 内の P を中心とする半径 ε の球の内部である．$\boldsymbol{R}^n$ の点の集合 S が与えられたとき，$U_\varepsilon(P) \subset S$ なる正の実数 ε が存在するならば，P を S の内点といい，すべての正の実数 ε に対して $U_\varepsilon(P) \not\subset S$, $U_\varepsilon(P) \cap S \neq \emptyset$ ならば P を S の境界点という．そして S の境界点全体の集合を S の境界とよぶ．S とその境界の合併集合を S の閉包といい，$[S]$ で表わす．以下同様にして，平面上の点集合について本節で述べたことはそのまま $\boldsymbol{R}^n$ の点の集合に拡張される．

私の見る所では，数学は，物理学が物理的現象を記述しているのと同様な意味で，数学的現象を記述しているのであって，数学を理解するにはその数学的現象を感覚的に把握することが大切である．このためにはその数学的現象が全貌を現わすいろいろな場合のうち，なるべく簡単な場合を考察するのが効率的である．その数学的現象の全貌を簡単な場合について明確に把握しておけば，それを一般の場合に拡張することは極めて容易である．本節で述べた点の集合に関する現象は $\boldsymbol{R}^n$ までいかなくても平面 $\boldsymbol{R}^2$ においてその全貌を現わす．しかも平面の場合，

§1.6 平面上の点集合

$U_\varepsilon(P)$ 　　　　　$[U_\varepsilon(P)]$

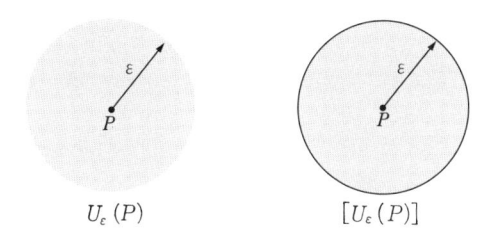

紙の上に点集合の図を描いて現象を'見る'ことができる．本節で平面上の点集合を扱った所以である．もちろん図をもって論証に代えてはならない．図は現象を symbolic に表わしているのであって現象そのものではない．たとえば $U_\varepsilon(P)$ もその閉包 $[U_\varepsilon(P)]$ も実際には図では区別できない筈であるが，上図はその区別を symbolic に示している．

数直線上の点集合　数直線 R 上では，点 $a\in R$ の ε 近傍は開区間：$U_\varepsilon(a)=(a-\varepsilon, a+\varepsilon)$ である．開区間 (a,b) は開集合，閉区間 $[a,b]$ は閉集合であって，$(a,b), [a,b]$ の境界は共に 2 点 a,b から成る集合 $\{a,b\}$ である．また (a,b) の閉包は $[a,b]$ である．集合 $S\subset R$ が上に有界なとき，S の上限は S の最大な境界点である．S が下に有界なときには，S の下限は S の最小な境界点である．

閉区間 $I=[a,b]$ は，定理 1.28 により，コンパクトである．したがって，I が無数の開区間：$U_1, U_2, U_3, \cdots$ で覆われているならば，I はそのうちの有限個：$U_1, U_2, \cdots, U_m$ で覆われる．このことを §1.5, f)で閉区間が非可算集合であることの証明に用いた．

開区間 $(a, +\infty), (-\infty, b), (-\infty, +\infty)$ も開集合である．区間 $[a, +\infty), (-\infty, b]$ は閉集合であるが，これを閉区間とはいわない．閉区間はコンパクトな区間を意味するのである．

$\{a_n\}$ を有界な $n\neq m$ のとき $a_n \neq a_m$ となる数列とする．このとき §1.5, c)で述べた $\{a_n\}$ の下極限の性質によれば，下極限 $\liminf\limits_{n\to\infty} a_n$ は項 a_n 全体から成る集合 S の最小の集積点である．同様に上極限 $\limsup\limits_{n\to\infty} a_n$ は S の最大の集積点である．

問　題

1　循環しない無限小数はすべて無理数を表わすことから無理数が数直線上到る所稠密に分布していることを導け (16 ページ).

2　任意の実数 α, β に対して $|\alpha+\beta| \leqq |\alpha|+|\beta|$ であること (21 ページ, 定理 1.11) を証明せよ.

3　数列 $\{a_n\}$ が実数 α に収束しているとき, $b_n = \dfrac{a_1+a_2+\cdots+a_n}{n}$ とおけば, 数列 $\{b_n\}$ も α に収束することを証明せよ.

4　$\displaystyle\sum_{n=1}^{\infty} \dfrac{1}{n^2} < 2$ なることを証明せよ.

5　上に有界な数列 $\{a_n\}$ はその上極限 $\displaystyle\limsup_{n\to\infty} a_n$ に収束する部分列をもつことを証明せよ.

6　有界数列が収束する部分列をもつことから有界点列が収束する部分列をもつこと (65 ページ, 定理 1.30) を導け.

7　n 次元空間 $\boldsymbol{R}^n$ の 3 点 P, Q, R に関する三角不等式:
$$|PR| \leqq |PQ| + |QR|$$
の証明を述べよ.

8　与えられた実数 a, b, $a > b > 0$, に対して $a_1 = \dfrac{1}{2}(a+b)$, $b_1 = \sqrt{ab}$, $a_2 = \dfrac{1}{2}(a_1+b_1)$, $b_2 = \sqrt{a_1 b_1}$, $\cdots$, $a_n = \dfrac{1}{2}(a_{n-1}+b_{n-1})$, $b_n = \sqrt{a_{n-1}b_{n-1}}$, $\cdots$ とおけば数列 $\{a_n\}$ と $\{b_n\}$ は同一の極限値に収束することを証明せよ (この極限値は a と b の**算術幾何平均**とよばれる).

9　与えられた実数 a, $a > 0$, に対して $a_1 = \dfrac{1}{2}\left(a + \dfrac{2}{a}\right)$, $a_2 = \dfrac{1}{2}\left(a_1 + \dfrac{2}{a_1}\right)$, $\cdots$, $a_n = \dfrac{1}{2}\left(a_{n-1} + \dfrac{2}{a_{n-1}}\right)$, $\cdots$ とおけば $\displaystyle\lim_{n\to\infty} a_n = \sqrt{2}$ となることを証明せよ (藤原松三郎 "微分積分学 I", p.132, 問 4).

10　$\displaystyle\lim_{n\to\infty} n^{1/n} = 1$ なることを証明せよ (まず $n \geqq 3$ のとき $n^{1/n} \geqq (n+1)^{1/(n+1)}$ なることを確かめよ).

第2章 関　数

§2.1 関　数

$D \subset \boldsymbol{R}$ を実数の集合としたとき，D に属するおのおのの実数 ξ にそれぞれ一つの実数 η を対応させる対応を D で定義された**関数**(function)という．f を D で定義された関数としたとき，f によって $\xi \in D$ に対応する実数 η を ξ における f の**値**(value)とよび，$f(\xi)$ で表わす：
$$f(\xi) = \eta.$$
D を関数 f の**定義域**(domain)，f の値 $f(\xi)$ の全体の集合：
$$\{f(\xi) \mid \xi \in D\}$$
を f の**値域**(range)という．D の任意の部分集合 S に対して，S に属する実数 ξ における f の値 $f(\xi)$ の全体の集合を $f(S)$ で表わす：
$$f(S) = \{f(\xi) \mid \xi \in S\}.$$
この記法を用いれば，f の値域は $f(D)$ で表わされる．

　関数 f を $f(x)$ で表わし，x を**変数**(variable)，D を x の変域，$f(x)$ を x **の関数**という．D を変域とする変数 x は D に属する実数を代表する記号であって，x を D に属する特定の実数 ξ で置き換えたとき $f(\xi)$ は ξ における関数 $f(x)$ の値を表わす．あるいは，変数 x は D に属する任意の実数 ξ を代入すべき場所を示す記号，すなわち，関数 f を $f(\ )$ と書いたときの $(\ )$ を表わす記号と考えてもよい．一般の習慣に従って，以下，簡単のため，<u>D に属する実数を変数と同じ文字 x で表わす</u>．

　$y = f(x)$ とおいて y は x の関数であるといい，x を**独立変数**(independent variable)，y を**従属変数**(dependent variable)ということがある．この'独立変数'，'従属変数'という術語は，かつて量 x が変動するのに伴って変動する量 y を x の'函数'と定義した時代の名残であって，そのニュアンスを現代式に割り切って明確に説明することは難しい．強いていえば，x は f の定義域 D に属する任意の実数 ξ を代入すべき場所を示す記号，y は x に ξ を代入したとき $f(\xi)$ を

代入すべき場所を示す記号である,とでも考えるのであろう.しかし"y は x の関数である"というとき,"y は x が変動するのに伴って変動する量である"という考えがその背景をなしているのであって,D に属する実数と変数を同じ文字 x で表わす習慣も"x は変動する量である"という考えが背景にあることの表われである.$f(x)$ と書いたとき x が変数であるか f の定義域に属する一つの実数であるかは普通その文脈によって明らかであって混乱を生じる恐れはない.

例 2.1 数列 $\{a_n\}$ が与えられたとき,$f(n)=a_n$ とおけば,自然数全体の集合 N で定義された関数 f を得る.数列はすなわち N を定義域とする関数に他ならない.

例 2.2 $0<x<1$ なる実数 x について,x が無理数のときは $f(x)=0$,x が有理数のときは x を既約分数:$x=q/p$,p, q は互いに素な自然数,の形に表わして $f(x)=1/p$ とおけば,開区間 $(0,1)$ で定義された関数 f を得る.f の値域は $\{0, 1/2, 1/3, 1/4, \cdots, 1/n, \cdots\}$ である.

例 2.3 D を $0<x<1$ なる有理数 x 全体の集合として $x \in D$ に対して,例 2.2 と同様に,x を既約分数:$x=q/p$ で表わして $f(x)=1/p$ とおけば,$D=\mathbf{Q}\cap(0,1)$ を定義域とする関数 f が定まる.f の値域は $\{1/2, 1/3, 1/4, \cdots\}$ である.——

本章では,主として,区間または区間から有限個の点を除いて得られる集合で定義された関数を考察する.関数 f が,たとえば,区間 I から 1 点 a を除いた集合:$I-\{a\}$ で定義されているとき,f を I で a を除いて定義された関数という.さらに,f が I または $I-\{a\}$ で定義されているとき,f を I で高々 a を除いて定義された関数ということにする.

関数の極限 数列の極限の明確な定義は定義 1.4 で述べた.関数の極限についても高校数学で学んだのであるが,その明確な定義を定義 1.4 と同様な方式で述べれば,それはつぎのようになる:

定義 2.1 区間 I で高々点 $a \in I$ を除いて定義された関数 $f(x)$ が与えられたとし,α を実数とする.任意の正の実数 ε に対応して正の実数 $\delta(\varepsilon)$ が定まって

(2.1) $\qquad 0<|x-a|<\delta(\varepsilon) \quad$ なるとき $\quad |f(x)-\alpha|<\varepsilon$

となるならば,$x \to a$ のとき $f(x)$ は α に収束する,α は $x \to a$ のときの $f(x)$ の極限値であるといい,

$$\lim_{x \to a} f(x) = \alpha,$$

§2.1 関　　数

あるいは
$$x \longrightarrow a \quad \text{のとき} \quad f(x) \longrightarrow \alpha$$
と書く．

"$x \to a$ のとき $f(x) \to \alpha$" を "$f(x) \to \alpha\,(x \to a)$" と略記することもある．"$x \to a$ のとき" は "x が a に近づくとき" と読むのであろう．

厳密にいえば (2.1) は
$$0 < |x-a| < \delta(\varepsilon), \quad x \in I \quad \text{なるとき} \quad |f(x)-\alpha| < \varepsilon$$
と書くべきであるが，$x \notin I$ のときには $f(x)$ が定義されていないため (2.1) は無意味である．(2.1) が意味をもつためには $x \in I$ でなければならないから '$x \in I$' を省略したのである．以下，同様に，$x \notin I$ のとき無意味な場合には条件：$x \in I$ を省略することにする．――

関数の極限と数列の極限の間には密接な関係がある．まず：

$x \to a$ のとき $f(x)$ が α に収束するならば，a に収束するすべての数列 $\{x_n\}$, $x_n \neq a$, に対して数列 $\{f(x_n)\}$ は α に収束する．［証明］$\{x_n\}$ が a に収束しているから，任意の正の実数 δ に対応して $n_0(\delta)$ が定まって
$$n > n_0(\delta) \quad \text{のとき} \quad |x_n - a| < \delta$$
となる．故に，(2.1) により，任意の正の実数 ε に対して
$$n > n_0(\delta(\varepsilon)) \quad \text{のとき} \quad |f(x_n)-\alpha| < \varepsilon.$$
すなわち，$\{f(x_n)\}$ は α に収束する．∎

a に収束するすべての数列 $\{x_n\}$, $x_n \neq a$, に対して数列 $\{f(x_n)\}$ が収束するならば，$x \to a$ のとき $f(x)$ は収束する．［証明］仮定により，a に収束するおのおのの数列 $\{x_n\}$, $x_n \neq a$, に対して $\alpha = \lim_{n\to\infty} f(x_n)$ が定まるが，この極限 α は実は数列 $\{x_n\}$ によらない．なぜかといえば，$\{x_n\}$, $x_n \neq a$, $\{y_n\}$, $y_n \neq a$, が共に a に収束するならば，x_n と y_n を交互に並べた数列：$x_1, y_1, x_2, y_2, x_3, y_3, \cdots, x_n, y_n, \cdots$ も a に収束する．この数列を $\{z_n\}$ で表わせば，
$$\lim_{n\to\infty} f(y_n) = \lim_{n\to\infty} f(z_n) = \lim_{n\to\infty} f(x_n) = \alpha.$$
すなわち，$\alpha = \lim_{n\to\infty} f(x_n)$ は $\{x_n\}$ によらない．

$x \to a$ のとき $f(x)$ が α に収束することを証明するために，$x \to a$ のとき $f(x)$ が α に収束しなかったと仮定してみよう．そうすれば，或る正の実数 ε_0 に対し

てはどんな正の実数 δ をとっても

$$0 < |x-a| < \delta \quad \text{ならば} \quad |f(x)-\alpha| < \varepsilon_0$$

とはならない，すなわち

$$0 < |x-a| < \delta \quad \text{でかつ} \quad |f(x)-\alpha| \geqq \varepsilon_0$$

なる点 x が存在する．$\delta = 1/n$，n は自然数，とおけば，

$$0 < |x_n - a| < \frac{1}{n}, \quad |f(x_n)-\alpha| \geqq \varepsilon_0$$

なる点 x_n が存在することになる．このようにして得られた数列 $\{x_n\}$，$x_n \neq a$，は a に収束するから $\lim_{n\to\infty} f(x_n) = \alpha$ であるが，これは $|f(x_n)-\alpha| \geqq \varepsilon_0$ に矛盾する．∎

Cauchy の判定法　関数の収束についても，数列の場合と同様な Cauchy の判定法がある：

定理 2.1（Cauchy の判定法）　$f(x)$ を区間 I で高々点 $a \in I$ を除いて定義された関数とする．$x \to a$ のとき $f(x)$ が収束するための必要かつ十分な条件は任意の正の実数 ε に対応して正の実数 $\delta(\varepsilon)$ が定まって

$$(2.2) \quad 0 < |x-a| < \delta(\varepsilon), \quad 0 < |y-a| < \delta(\varepsilon) \quad \text{ならば} \quad |f(x)-f(y)| < \varepsilon$$

となることである．

証明　条件が必要なことは，数列の場合と同様に，収束の定義からの直接の帰結である．十分なことを証明するために，この条件が満たされていると仮定して，a に収束する任意の数列 $\{x_n\}$，$x_n \neq a$，をとれば，任意の正の実数 δ に対して $n_0(\delta)$ が定まって

$$n > n_0(\delta) \quad \text{ならば} \quad |x_n - a| < \delta$$

となっているから，(2.2) により，任意の正の実数 ε に対して

$$m, n > n_0(\delta(\varepsilon)) \quad \text{ならば} \quad |f(x_m) - f(x_n)| < \varepsilon$$

となる．故に，数列の収束に関する Cauchy の判定法により，数列 $\{f(x_n)\}$ は収束する．したがって，上述の結果により，$x \to a$ のとき $f(x)$ は収束する．∎

関数の極限についても数列の極限の場合と同じ演算の法則が成り立つ：$x \to a$ のとき $f(x), g(x)$ が共に収束するならば，その1次結合 $c_1 f(x) + c_2 g(x)$，c_1, c_2 は定数，および積 $f(x) g(x)$ も収束し，

$$\lim_{x\to a}(c_1 f(x) + c_2 g(x)) = c_1 \lim_{x\to a} f(x) + c_2 \lim_{x\to a} g(x),$$

$$\lim_{x\to a}(f(x) g(x)) = \lim_{x\to a} f(x) \cdot \lim_{x\to a} g(x).$$

§2.1 関 数

さらに $\lim_{x\to a} g(x) \neq 0$ ならば，商 $f(x)/g(x)$ も収束し，
$$\lim_{x\to a}\left(\frac{f(x)}{g(x)}\right) = \frac{\lim_{x\to a} f(x)}{\lim_{x\to a} g(x)}.$$

これらの演算の法則を証明するには上記の関数の極限と数列の極限の関連を用いて数列の極限の演算の法則に帰着させればよい．——

上の定義 2.1 において，たとえば $I=[a,b)$ なるときには，$x \in I$ と考えているから，(2.1) は
$$0 < x-a < \delta(\varepsilon) \quad \text{のとき} \quad |f(x)-\alpha| < \varepsilon$$
と同値であって，したがって $\alpha = \lim_{x\to a} f(x)$ は，x が右から a に近づくときの

$f(x)$ の極限値である．a が I の内点であるときにも，x が右から，あるいは左から a に近づくときの極限値を考察することがある．すなわち，任意の正の実数 ε に対応して正の実数 $\delta(\varepsilon)$ が定まって

$(2.1)^+$ $\qquad 0 < x-a < \delta(\varepsilon) \quad \text{のとき} \quad |f(x)-\alpha| < \varepsilon$

となるならば，α は x が右から a に近づくときの $f(x)$ の極限値であるといい，

(2.3) $\qquad\qquad\qquad \alpha = \lim_{x\to a+0} f(x)$

と書く．x が左から a に近づくときの $f(x)$ の極限値
$$\beta = \lim_{x\to a-0} f(x)$$
も同様に定義する．

関数の極限値としての $\pm\infty$ の意味も数列の場合と同様である．たとえば，任意の実数 μ に対応して正の実数 $\delta(\mu)$ が定まって
$$|x-a| < \delta(\mu) \quad \text{ならば} \quad f(x) > \mu$$
となるとき，関数 $f(x)$ は $x \to a$ のとき $+\infty$ に発散するといい，
$$\lim_{x\to a} f(x) = +\infty$$
と書く．また，任意の正の実数 ε に対応して実数 $\nu(\varepsilon)$ が定まって
$$x > \nu(\varepsilon) \quad \text{ならば} \quad |f(x)-\alpha| < \varepsilon$$

となるとき，$f(x)$ は $x\to+\infty$ のとき α に収束するといい，
$$\lim_{x\to+\infty} f(x) = \alpha$$
と書く．

関数のグラフ 一般に実数の集合 $D\subset\mathbf{R}$ で定義された関数 f に対して，$x\in D$ と x における f の値 $f(x)$ の対：$(x,f(x))$ の全体から成る $\mathbf{R}\times\mathbf{R}=\mathbf{R}^2$ の部分集合を関数 f の**グラフ** (graph) といい，G_f で表わす：
$$G_f = \{(x,f(x))\in\mathbf{R}^2 \mid x\in D\}.$$

高校数学で学んだグラフは曲線かまたはいくつかの曲線を継ぎ合せたものであったが，たとえば上記例 2.3 の関数 $f(x)$ のグラフ G_f はばらばらな点の集合であって G_f の図は描き切れない．

§2.2 連続関数

a) 連続関数

定義 2.2 $f(x)$ を或る区間 I で定義された関数とする．このとき，点 $a\in I$ において，
$$\lim_{x\to a} f(x) = f(a)$$
ならば $f(x)$ は a で**連続**である，あるいは $x=a$ で連続であるという．関数 $f(x)$ がその定義域 I に属するすべての点で連続であるとき，$f(x)$ を**連続関数**，または x の連続関数とよぶ．

この連続関数の定義はすでに高校数学で学んだが，そこでは極限：$\lim_{x\to a} f(x)$ が明確に定義されていなかった．極限の定義までさかのぼっていえば：<u>任意の正の実数 ε に対応して正の実数 $\delta(\varepsilon)$ を選んで</u>
$$|x-a|<\delta(\varepsilon) \quad \text{ならば} \quad |f(x)-f(a)|<\varepsilon$$
<u>となるようにできるとき，$f(x)$ は a で連続であると</u>定義するのである．$x=a$ のとき $f(x)=f(a)$ であるから，この定義では (2.1) における条件 $0<|x-a|$ は不要である．

例 2.4 上記の例 2.2 の開区間 $(0,1)$ で定義された関数 $f(x)$ について考察する．a，$0<a<1$，が有理数のときには，a を既約分数：$a=q/p$ で表わせば $f(a)=1/p$ であるから，$\varepsilon=1/2p$ に対しては，どんな正の実数 δ をとっても $|x-a|<\delta$ な

§2.2 連続関数

る無理数 x が存在して $f(x)=0$, したがって $|f(x)-f(a)|=1/p>\varepsilon$ となる. 故に $f(x)$ は有理点 a では連続でない. $a, 0<a<1$, が無理数のときには, 任意に与えられた正の実数 ε に対して $p\leqq 1/\varepsilon$ なる既約分数 q/p, $0<q/p<1$, は有限個しかないから, 正の実数 δ を開区間 $(a-\delta, a+\delta)$ が $p\leqq 1/\varepsilon$ なる既約分数 q/p を一つも含まないように選ぶことができる. このように δ を選んだとき, $|x-a|<\delta$ なる x が有理数ならば x は $p>1/\varepsilon$ なる既約分数: $x=q/p$ として表わされ, $f(x)=1/p$ となる. したがって, $f(a)=0$ であるから, $|f(x)-f(a)|=1/p<\varepsilon$. x が無理数ならばもちろん $|f(x)-f(a)|=0<\varepsilon$. いずれにしても $|x-a|<\delta$ のとき $|f(x)-f(a)|<\varepsilon$ となる. 故に $f(x)$ は無理点 a で連続である. このように, $f(x)$ は開区間 $(0,1)$ 内のすべての有理点で不連続, すべての無理点で連続な関数である. ──

$f(x), g(x)$ が区間 I で定義された連続関数ならば, その1次結合: $c_1f(x)+c_2g(x)$, c_1, c_2 は定数, およびその積: $f(x)g(x)$ は区間 I で定義された連続関数である. さらに I に属する各点 x で $g(x)\neq 0$ ならば商 $f(x)/g(x)$ も I で定義された連続関数である. このことは関数の極限に関する演算の法則によって明らかである.

数直線 R 上で x は明らかに x の連続関数である. したがって $x^2=x\cdot x$, $x^3=x\cdot x^2$, $\cdots$, $x^n=x\cdot x^{n-1}$, $\cdots$ は x の連続関数, したがってそれらの1次結合, すなわち多項式:
$$f(x) = c_0 x^n + c_1 x^{n-1} + \cdots + c_n$$
は x の連続関数である. 有理式: $f(x)/g(x)$ は $g(x)=0$ なる点 x を除いて連続である.

$f(x)$ を区間 I で定義された関数としたとき, 点 $a\in I$ において
$$\lim_{x\to a+0} f(x) = f(a)$$
ならば $f(x)$ は a で**右に連続**であるといい,
$$\lim_{x\to a-0} f(x) = f(a)$$
ならば $f(x)$ は a で**左に連続**であるという. a が区間 I の左端であるとき, たとえば $I=[a,b)$ のときには $f(x)$ が a で連続であるということは a で右に連続であることと一致する. a が I の右端である場合についても同様なことが成り立

つ．──

　一般に f を実数の集合 D で定義された関数，$E \subset D$ を D の任意の部分集合としたとき，f からその定義域を E に縮小して得られる関数を f の E への**制限** (restriction) といい，$f|E$ あるいは f_E で表わす．f_E は，すなわち，E を定義域とする関数で，$x \in E$ のとき $f_E(x) = f(x)$ である．

　$f(x)$ を区間 I で定義された関数，$J \subset I$ を I の部分区間とする．$f(x)$ の J への制限 $f_J(x)$ が連続関数であるとき $f(x)$ は区間 J で連続であるという．一般に関数に関する或る性質 $\mathcal{A}$ に対して，$f_J(x)$ が $\mathcal{A}$ であるとき $f(x)$ は J で $\mathcal{A}$ であるということにする．

　たとえば，$a < c < b$ として，区間 (a, b) で関数 $f(x)$ を $a < x < c$ のとき $f(x) = x$, $c \leqq x < b$ のとき $f(x) = x - 1$ と定義すれば，$f(x)$ は c で不連続であるが区間 $[c, b)$ では連続である．$f_{[c,b)}(x)$ が c で連続であるということは $f(x)$ が c で右に連続であることを意味するからである．

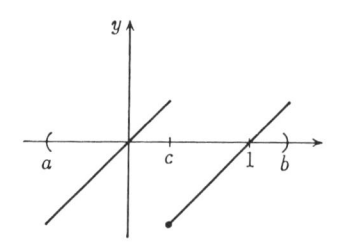

　$f_J(x)$ が $\mathcal{A}$ であるとき $f(x)$ は J で $\mathcal{A}$ であるといういい方は $J \subset I$ が部分区間であるときに限るのであって，任意の部分集合 $E \subset I$ には適用しない．たとえば $E = \{a\}$ がただ一つの点 $a \in I$ から成る集合であるとき，1 点 a で定義された関数 $f_{\{a\}}(x)$ が連続である，などといっても無意味であろう．

b) 連続関数の性質

　まず高校数学で学んだ中間値の定理の厳密な証明を述べる．

　定理 2.2（中間値の定理）　関数 $f(x)$ が閉区間 $[a, b]$ で連続で $f(a) \neq f(b)$ ならば，$f(a)$ と $f(b)$ の間にある任意の実数 μ に対して
$$f(c) = \mu, \quad a < c < b$$
なる実数 c が存在する．

§2.2 連続関数

証明 $f(a)<f(b)$ または $f(a)>f(b)$ であるが,$f(a)<f(b)$ なる場合について証明する.この場合 $f(a)<\mu<f(b)$ である.$f(x)\leqq\mu$, $a\leqq x<b$, なる実数 x 全体の集合を S とする.$f(a)<\mu$ であるから $a\in S$ である.S の上限を c とする. $c\notin S$ とすれば,c に収束する数列 $\{x_n\}$, $x_n \in S$, が存在するから $f(c)=\lim_{n\to\infty}f(x_n)$ $\leqq\mu$. 故に $c\in S$ で $f(c)\leqq\mu$ である.ここで $f(c)<\mu$ であったと仮定すれば,$f(x)$ が連続関数であるから,$|x-c|<\delta$ ならば $f(x)<\mu$ となるような正の実数 δ が定まる.したがって $c<x<c+\delta$ ならば $x\in S$ となるが,これは c が S の上限であったことに反する.故に $f(c)=\mu$. ∎

この定理 2.2 において $f(x)$ の定義域は区間 $[a,b]$ を含んでいれば何でもよいのであって,$f(x)$ が $[a,b]$ で連続,すなわち $f_{[a,b]}(x)$ が連続関数であれば定理 2.2 は成り立つ.これが "$f(x)$ が $[a,b]$ で $\mathcal{A}$ である" といういい方の便利な点である.

$f(x)$ を I で連続な関数とし,ε を任意に与えられた正の実数とすれば,おのおのの点 $a\in I$ に対して

(2.4) $\quad |x-a|<\delta(\varepsilon) \quad$ ならば $\quad |f(x)-f(a)|<\varepsilon$

となるように正の実数 $\delta(\varepsilon)$ を選ぶことができるが,しかしこの $\delta(\varepsilon)$ を a に無関係に,すなわち,(2.4) がすべての $a\in I$ について同時に成り立つように選ぶことができるとは限らない.もしもこのことができるならば $f(x)$ は I で一様連続であるという.すなわち

定義 2.3 任意の正の実数 ε に対応して一つの正の実数 $\delta(\varepsilon)$ が定まって

$$|x-y|<\delta(\varepsilon), \quad x\in I, \ y\in I \quad \text{ならば} \quad |f(x)-f(y)|<\varepsilon$$

となるとき,$f(x)$ は I で**一様連続**(uniformly continuous)であるという.

いうまでもなく,I で一様連続な関数は I で連続である.

例 2.5 区間 $(0,1]$ で連続な関数:$f(x)=1/x$ を考察する.ここで $|1/x-1/a|$ $=|x-a|/xa$ であるから,(2.4) を成立させるためには

$$\delta(\varepsilon) \leqq \frac{\varepsilon a^2}{1+\varepsilon a}$$

でなければならないが,すべての a, $0<a\leqq 1$, についてこの不等式を満たす正の実数 $\delta(\varepsilon)$ は存在しない.すなわち,$f(x)=1/x$ は区間 $(0,1]$ で一様連続でない.

定理 2.3 閉区間 $[b,c]$ で定義された連続関数はその閉区間 $[b,c]$ で一様連続

である.

証明 $f(x)$ を $I=[b,c]$ で定義された連続関数とし,ε を任意に与えられた正の実数とする.$f(x)$ は I で連続であるから,各点 $a \in I$ に対して正の実数 δ_a が定まって

$$|x-a| < \delta_a \quad \text{ならば} \quad |f(x)-f(a)| < \frac{\varepsilon}{2}$$

となる.U_a を a の $\delta_a/2$ 近傍:

$$U_a = \left(a - \frac{1}{2}\delta_a,\ a + \frac{1}{2}\delta_a\right)$$

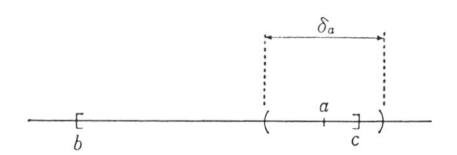

とすれば,I はこれらの近傍 U_a,$a \in I$,で覆われる.I は有界な閉集合,したがって,定理 1.28 により,コンパクトな集合である.故に I は U_a の有限個で覆われる:$I \subset \bigcup_{k=1}^{m} U_{a_k}$.$m$ 個の正の実数 $\delta_{a_k}/2$,$k=1, 2, \cdots, m$,の最小なものを δ とすれば

$$|x-y| < \delta \quad \text{のとき} \quad |f(x)-f(y)| < \varepsilon$$

となることがつぎのようにして証明される.$y \in I$ であるから,y は U_{a_k} のいずれかに属する:$y \in U_{a_k}$,すなわち

$$|y - a_k| < \frac{1}{2}\delta_{a_k}.$$

故に

$$|f(y) - f(a_k)| < \frac{\varepsilon}{2}.$$

また,$|x-y| < \delta$ としているから,

$$|x - a_k| \leq |x-y| + |y-a_k| < \delta + \frac{1}{2}\delta_{a_k} \leq \delta_{a_k}.$$

故に

$$|f(x) - f(a_k)| < \frac{\varepsilon}{2}.$$

したがって
$$|f(x)-f(y)| \leq |f(x)-f(a_k)|+|f(a_k)-f(y)| < \varepsilon.\ \blacksquare$$

一般に $D \subset \mathbf{R}$ を定義域とする関数 $f(x)$ が与えられたとき, その値域 $f(D) = \{f(x) | x \in D\}$ に属する最大数があればそれを $f(x)$ の**最大値**といい, 最小数があればそれを $f(x)$ の**最小値**という. また, $f(D)$ が有界であるとき関数 $f(x)$ は有界であるという.

例 2.6 区間 $(-1, +1)$ で $f(x)$ を $f(x)=1/(1-x^2)$ と定義すれば, $f(x)$ の最小値は 1 であるが $f(x)$ の最大値は存在しない.

定理 2.4 閉区間で定義された連続関数は最大値と最小値をもつ.

証明 $f(x)$ を $I=[b,c]$ で定義された連続関数とする. 上の定理 2.3 により, $f(x)$ は I で一様連続であるから, 正の実数 δ が定まって
$$|x-y|<\delta, \quad x \in I,\ y \in I \quad \text{ならば} \quad |f(x)-f(y)|<1$$
となる. m を $m\delta > c-b$ なる自然数とする. 任意の $x \in I$ に対して, 区間 $[b,x]$ を $m-1$ 個の点 $x_1, x_2, \cdots, x_{m-1}$ によって m 等分して $x_0=b,\ x_m=x$ とおけば,

$$0 < x_k - x_{k-1} = \frac{1}{m}(x-b) \leq \frac{1}{m}(c-b) < \delta$$

であるから
$$|f(x_k)-f(x_{k-1})| < 1.$$
したがって
$$|f(x)-f(b)| = \left| \sum_{k=1}^{m}(f(x_k)-f(x_{k-1})) \right| \leq \sum_{k=1}^{m} |f(x_k)-f(x_{k-1})| < m.$$
故に $f(x)$ は有界, すなわち $f(I)$ は有界である.

$f(I)$ の上限を β とすれば $f(x) \leq \beta$ であるが, β が $f(x)$ の最大値でなかったとすれば, $x \in I$ のとき常に $f(x) < \beta$ となる. したがって $g(x)=1/(\beta-f(x))$ とおけば, $g(x)$ も I で定義された連続関数となる. 故に, 上の結果により, $g(x)$ は有界, すなわち $g(x) < \gamma$ なる正の実数 γ が存在する:
$$\frac{1}{\beta-f(x)} = g(x) < \gamma,$$

したがって
$$f(x) < \beta - \frac{1}{\gamma}.$$

これは β が $f(I)$ の上限であったことに矛盾する．故に β は $f(x)$ の最大値である．同様に，$f(I)$ の下限を α とすれば，α は $f(x)$ の最小値である．■

定理 2.5 閉区間 I で定義された連続関数 $f(x)$ の値域 $f(I)$ は閉区間である．

証明 $f(x)$ の最小値を α，最大値を β として，$f(a)=\alpha$, $f(b)=\beta$ なる点 a, $b \in I$ をとる．中間値の定理により，$\alpha < \mu < \beta$ なる任意の実数 μ に対して $f(c) = \mu$, $a < c < b$，なる実数 c が存在する．故に $f(I) = [\alpha, \beta]$．■

区間 I を閉区間と限らないときには，つぎの定理が成り立つ．

定理 2.6 区間 I で定義された連続関数の値域 $f(I)$ は区間である．

証明 I が閉区間でないとして証明する．I を $I_1 \subset I_2 \subset I_3 \subset \cdots$ なる閉区間の列 $I_1, I_2, I_3, \cdots$ の合併集合として表わす：$I = \bigcup_{n=1}^{\infty} I_n$．定理 2.5 により $f(I_n)$ は閉区間，$f(I_1) \subset f(I_2) \subset f(I_3) \subset \cdots$ であって，$f(I)$ はこれらの閉区間の合併集合である：$f(I) = \bigcup_{n=1}^{\infty} f(I_n)$．故に $f(I)$ は区間である．■

合成関数 一般に $D \subset \boldsymbol{R}$ で定義された関数 f の値域 $f(D)$ が関数 g の定義域に含まれているとき，
$$h(x) = g(f(x))$$
を f と g の**合成関数**といい，h を $g \circ f$ で表わす．

$f(x)$ が区間 I で定義された x の連続関数，$g(y)$ が区間 J で定義された y の連続関数であって $f(I) \subset J$ ならば，合成関数 $g(f(x))$ は I で連続である．このことは容易に確かめられる．すなわち，$a \in I$, $b = f(a)$ とすれば $\lim_{x \to a} f(x) = b$, $\lim_{y \to b} g(y) = g(b)$ であるから $\lim_{x \to a} g(f(x)) = g(f(a))$．

注意 $g(x)$ が連続でない場合には，$\lim_{x \to a} f(x) = b$, $\lim_{y \to b} g(y) = c$ であっても必ずしも $\lim_{x \to a} g(f(x)) = c$ とはならない．

例 2.7 三角関数については後で述べるが，ここでは高校数学で学んだ $\sin x$ を活用することにして，$\boldsymbol{R}$ 上の関数 $f(x), g(x)$ をつぎのように定義する：$f(0) = 0$, $x \neq 0$ のとき $f(x) = x \sin(\pi/x)$, $g(0) = 0$, $x \neq 0$ のとき $g(x) = 1$．$|f(x)| \leq |x|$ であるから，$\lim_{x \to 0} f(x) = 0$，したがって $f(x)$ は $\boldsymbol{R}$ で連続な関数である．また，$0 < |x|$ ならば $g(x) = 1$ であるから，$\lim_{x \to 0} g(x) = 1$ である．$x = 1/m$, m は 0

§2.2 連続関数

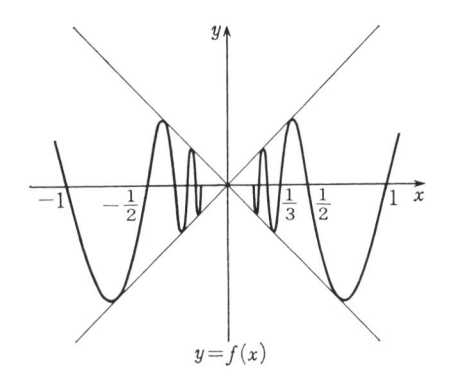

$y=f(x)$ のグラフ（$-1, -\frac{1}{2}, \frac{1}{3}, \frac{1}{2}, 1$ 付近）

でない整数，のときは $f(x)=0$，そうでないときには $f(x) \neq 0$ であるから，$x=1/m$ のときには $g(f(x))=0$，$x \neq 1/m$，$m=\pm 1, \pm 2, \pm 3, \cdots$ のときには $g(f(x))=1$．故に $\lim_{x \to 0} g(f(x))$ は存在しない．

c) 単調関数，逆関数

$f(x)$ の定義域に属する任意の x, y について，$x<y$ ならば $f(x)<f(y)$ となるとき，$f(x)$ は **単調増加** (monotone increasing) であるといい，$x<y$ ならば $f(x)>f(y)$ となるとき，$f(x)$ は **単調減少** (monotone decreasing) であるという．単調増加または単調減少な関数を **単調関数** とよぶ．

一般に $D \subset \boldsymbol{R}$ を定義域とする関数 f の値域 $f(D)$ に属するおのおのの実数 y に対して $f(x)=y$ なる実数 $x \in D$ がただ一つしかないとき，y にこの x を対応させる対応を f の **逆関数** といい，f^{-1} で表わす．f^{-1} の定義域は f の値域 $f(D)$，f^{-1} の値域は f の定義域 D である．単調関数が逆関数をもつことは明らかであろう．

定理 2.7 区間で定義された連続な単調増加(減少)関数の逆関数は，区間で定義された連続な単調増加(減少)関数である．

証明 f を区間 I で定義された連続な単調増加関数とする．f の逆関数 f^{-1} の定義域 $\varDelta=f(I)$ は，定理2.6により，一つの区間である．2点 $x, a \in I$ を任意に選んで $y=f(x)$，$b=f(a)$ とおいたとき，f が単調増加であるから，$x \geqq a$ ならば $y \geqq b$ である．故に $y<b$ ならば $x=f^{-1}(y)<a=f^{-1}(b)$，すなわち f^{-1} は単調増加関数である．f^{-1} が連続であることを証明するために，仮に f^{-1} が1点 $b \in \varDelta$ で連続でなかったとしてみる．そうすれば或る正の実数 ε に対しては，どんな

自然数 n をとっても

$$|y_n-b|<\frac{1}{n}, \quad |f^{-1}(y_n)-f^{-1}(b)|\geqq \varepsilon$$

となる $y_n\in\varDelta$ が存在する．$x_n=f^{-1}(y_n)$, $a=f^{-1}(b)$ とおけば $|x_n-a|\geqq\varepsilon$, すなわち $x_n\leqq a-\varepsilon$ であるかまたは $x_n\geqq a+\varepsilon$ である．したがって，f が単調増加であるから，$y_n=f(x_n)\leqq f(a-\varepsilon)$ であるか，または $y_n=f(x_n)\geqq f(a+\varepsilon)$ である．$f(a)=b$ であるから，したがって $y_n\leqq f(a-\varepsilon)<b$ であるか，または $y_n\geqq f(a+\varepsilon)>b$ となるが，これは $\lim_{n\to\infty}y_n=b$ に矛盾する．∎

$f(x)$ の定義域に属する任意の x,y について，$x<y$ ならば $f(x)\leqq f(y)$ となるとき，$f(x)$ は**単調非減少** (monotone non-decreasing) であるといい，$x<y$ ならば $f(x)\geqq f(y)$ となるとき，$f(x)$ は**単調非増加** (monotone non-increasing) であるという．

d) 複素数値をとる連続関数

区間 I に属するおのおのの実数 x にそれぞれ一つの複素数 w を対応させる対応 f を I で定義された複素数値をとる関数といい，f によって x に対応する複素数 w を f の x における値とよび，$f(x)$ で表わす．x を I を変域とする変数と考えたとき，$w=f(x)$ を実変数 x の複素数値をとる関数という．$f(x)$ が複素数値をとることを断わる必要がない場合には，$f(x)$ を単に関数とよぶ．

$f(x)$ を I で定義された複素数値をとる関数とする．I に属する一つの点 a に対して

$$\lim_{x\to a}|f(x)-f(a)|=0$$

であるとき，$f(x)$ は a で連続であるという．$f(x)$ が I に属するすべての点で連続であるとき，$f(x)$ は I で連続である，$f(x)$ は連続関数である，などという．

$$f(x)=u(x)+iv(x), \quad u(x)=\mathrm{Re}\,f(x), \quad v(x)=\mathrm{Im}\,f(x)$$

と表わせば，

$$|f(x)-f(a)|=\sqrt{|u(x)-u(a)|^2+|v(x)-v(a)|^2}$$

であるから，$\lim_{x\to a}|f(x)-f(a)|=0$ は $\lim_{x\to a}u(x)=u(a)$, $\lim_{x\to a}v(x)=v(a)$ が共に成り立つことと同値，したがって，$f(x)$ が連続であるということは実数値をとる x の関数 $u(x),v(x)$ が共に連続であるということに他ならない．

§2.3 指数関数，対数関数

本節では高校数学で学んだ指数関数と対数関数を厳密に扱う．

a) n 乗根，有理指数の累乗

正の実数全体の集合を $\boldsymbol{R}^+$ で表わす： $\boldsymbol{R}^+=(0,+\infty)$． n を自然数としたとき，$f(x)=x^n$ は区間 $\boldsymbol{R}^+$ で定義された連続な単調増加関数である．f の値域 $f(\boldsymbol{R}^+)$ は，定理 2.6 により，一つの区間であるが，明らかに $f(\boldsymbol{R}^+)\subset\boldsymbol{R}^+$，また，$x<1$ ならば $x^n\leqq x$，$x>1$ ならば $x^n\geqq x$ であるから $\lim_{x\to+0}f(x)=0$, $\lim_{x\to+\infty}f(x)=+\infty$．故に $f(\boldsymbol{R}^+)=\boldsymbol{R}^+$ である．f の逆関数 f^{-1} は，したがって，定理 2.7 により，$\boldsymbol{R}^+$ で定義された連続な単調増加関数である．実数 $x\in\boldsymbol{R}^+$ に対して $f^{-1}(x)$ を x の **n 乗根**とよび $x^{1/n}$ あるいは $\sqrt[n]{x}$ で表わす．$f^{-1}(\boldsymbol{R}^+)=\boldsymbol{R}^+$ であるから，$\lim_{x\to+0}x^{1/n}=0$, $\lim_{x\to+\infty}x^{1/n}=+\infty$ である．

これで正の実数 x の n 乗根 $x^{1/n}$ の存在が確立された．これに基づいて，有理数 $r=q/n$，n は自然数，q は整数，に対して，x の r 乗を
$$x^r=(x^q)^{1/n}$$
と定義する．x^r をまた x の**累乗**という．x^r が r の分数表示 q/n の選び方によらないことは，$p/m=q/n$, m は自然数，p は整数，としたとき，
$$((x^p)^{1/m})^{mn}=x^{pn}=x^{qm}=((x^q)^{1/n})^{mn}$$
となることから明らかである．x^r は $\boldsymbol{R}^+$ で定義された x の連続関数である．任意の二つの分数 $r=p/m$, $s=q/n$ に対して，
$$((x^{np+mq})^{1/mn})^{mn}=x^{np+mq}=x^{np}x^{mq}=((x^p)^{1/m}(x^q)^{1/n})^{mn}$$
であるから $(x^{r+s})^{mn}=(x^rx^s)^{mn}$，故に
$$x^{r+s}=x^rx^s.$$
同様にして
$$(x^r)^s=(x^s)^r=x^{rs}$$
を得る．また，二つの正の実数 x,y に対して
$$(xy)^r=x^ry^r$$
なることも同様にして確かめられる．

b) 指数関数

$a>1$ なる正の実数 a を一つ定めて，a^r を $\boldsymbol{Q}$ で定義された r の関数と考える．$x^{1/n}$ は x の単調増加関数であるから，分数 $r=q/n$ が正ならば $x^r=(x^q)^{1/n}$ も x

の単調増加関数である.したがって,$r>0$ ならば $a^r>1^r=1$,故に,$r>s$ ならば
$$a^r-a^s=a^s(a^{r-s}-1)>0.$$
すなわち,a^r は r の単調増加関数である.数列 $\{a^{1/n}\}$ は,したがって,単調減少であって,$a^{1/n}>1$ であるから,下に有界である.故に,定理 1.20 の (2°) により,$\{a^{1/n}\}$ はその下限 α に収束する.$\alpha\geq 1$ であるが,すべての n について,$a^{1/n}>\alpha$ であるから $a>\alpha^n$.$\alpha>1$ とすれば $\lim_{n\to\infty}\alpha^n=+\infty$ となるから矛盾を生じる.$\lim_{n\to\infty}\alpha^n=+\infty$ となることは,たとえば,2項定理により,
$$\alpha^n=(1+(\alpha-1))^n=1+\binom{n}{1}(\alpha-1)+\cdots\geq 1+n(\alpha-1)$$
であることから明らかである.故に $\alpha=1$ である.すなわち

(2.5) $$\lim_{n\to\infty}a^{1/n}=1.$$

$Q\subset R$ で定義された r の単調増加関数 a^r を R 全体で定義された関数に拡張するために,無理数 ξ に対して a^ξ を上に有界な集合 $\{a^r\,|\,r<\xi,\,r\in Q\}$ の上限と定義する:
$$a^\xi=\sup_{r<\xi,\,r\in Q}a^r.$$
このようにして R 全体で定義された x の関数 a^x は連続で単調増加である.このことを確かめるために,x,y で実数を,r,s で有理数を,ξ,η で無理数を表わすことにする.$r<\xi$ ならば,$r<s<\xi$ なる s があるから,$a^r<a^s\leq a^\xi$.$\xi<r$ ならば,$\xi<s<r$ なる s があるから $a^\xi\leq a^s<a^r$.$\xi<\eta$ ならば,$\xi<r<\eta$ なる r があるから,$a^\xi<a^r<a^\eta$.これで a^x が x の単調増加関数であることが分った.

実数 β を一つ定めたとき,$s<r<\beta$ ならば
$$a^r-a^s=a^s(a^{r-s}-1)<a^\beta(a^{r-s}-1)$$
である.正の実数 ε が任意に与えられたとき,(2.5) により,$a^\beta(a^{1/n}-1)<\varepsilon$ なる自然数 n が存在する.その一つを $n(\varepsilon)$ とし,$\delta(\varepsilon)=1/n(\varepsilon)$ とおけば,$s<r<\beta$,$r-s<\delta(\varepsilon)$ なるとき
$$a^r-a^s<a^\beta(a^{r-s}-1)<a^\beta(a^{\delta(\varepsilon)}-1)<\varepsilon.$$
$y<x<\beta$,$x-y<\delta(\varepsilon)$ ならば,$s<y<x<r<\beta$,$r-s<\delta(\varepsilon)$ なる r,s が存在するから,
$$a^x-a^y<a^r-a^s<\varepsilon.$$

§2.3 指数関数，対数関数

すなわち，
$$|x-y|<\delta(\varepsilon), \quad x<\beta, \quad y<\beta \quad ならば \quad |a^x-a^y|<\varepsilon.$$
これは x の関数 a^x が区間 $(-\infty, \beta)$ で一様連続なことを示しているが，β は任意の実数であった．故に a^x は $\boldsymbol{R}=(-\infty, +\infty)$ で連続である．

これで，$a>1$ のとき，任意の実数 x に対して a^x が定義されたのであるが，$a=1$ のときには $1^x=1$，$0<a<1$ なるときには $a^x=(1/a)^{-x}$ と定義する．x が有理数 r に等しいとき，$(1/a)^{-r}=(a^{-1})^{-r}=a^r$ であるから，ここで新しく定義した a^x はもとの a^r と一致する．a が 1 に等しくない正の実数のとき，a^x を a を**底** (base) とする**指数関数** (exponential function) とよぶ．

上で証明したように，$a>1$ のときには指数関数 a^x は $\boldsymbol{R}$ で定義された x の連続な単調増加関数であって，$\lim_{n\to\infty} a^n=+\infty$，$\lim_{n\to\infty} a^{-n}=0$ であるから $\lim_{x\to+\infty} a^x=+\infty$，$\lim_{x\to-\infty} a^x=0$．したがって，定理 2.6 により，$a^x$ の値域は $\boldsymbol{R}^+=(0,+\infty)$ である．$0<a<1$ なるときには，$a^x=(1/a)^{-x}$ は $\boldsymbol{R}$ で定義された x の連続な単調減少関数であって，その値域は $\boldsymbol{R}^+=(0,+\infty)$ である．

任意の実数 x, y に対して，$\{r_m\}, \{s_n\}$ をそれぞれ x, y に収束する有理数列とすれば，
$$(a^{r_m})^{s_n} = a^{r_m s_n}.$$
故に，a^x が x の連続関数であるから，
$$(a^x)^{s_n} = \lim_{m\to\infty}(a^{r_m})^{s_n} = \lim_{m\to\infty} a^{r_m s_n} = a^{x s_n},$$
$$(a^x)^y = \lim_{n\to\infty}(a^x)^{s_n} = \lim_{n\to\infty} a^{x s_n} = a^{xy}.$$
すなわち
$$(a^x)^y = (a^y)^x = a^{xy}.$$
同様にして
$$a^{x+y} = a^x a^y,$$
$$(ab)^x = a^x b^x$$
であることが確かめられる．したがって，$a^x=(a/b)^x b^x$ であるから，
$$\left(\frac{a}{b}\right)^x = \frac{a^x}{b^x}.$$

正の実数 α を定めたとき，x^α は $\boldsymbol{R}^+=(0,+\infty)$ で定義された x の連続な単調

増加関数であって, $\lim_{x\to+\infty} x^\alpha=+\infty$, $\lim_{x\to 0} x^\alpha=0$ である. [証明] r, s を $r<\alpha<s$ なる有理数とすれば, $x>1$ のとき $x^r<x^\alpha<x^s$, $x<1$ のとき $x^r>x^\alpha>x^s$ であって x^r, x^s は x の連続関数であるから, $\lim_{x\to 1} x^r=1$, $\lim_{x\to 1} x^s=1$. 故に
$$\lim_{x\to 1} x^\alpha = 1$$
である. したがって, 任意の $a \in \mathbf{R}^+$ について,
$$\lim_{x\to a} x^\alpha = a^\alpha \lim_{x\to a} \left(\frac{x}{a}\right)^\alpha = a^\alpha,$$
すなわち, 関数 x^α は $\mathbf{R}^+$ の各点 a で連続, したがって x^α は $\mathbf{R}^+$ で x の連続関数である.

$x>1$ ならば $x^\alpha>x^0=1$ であるから, $x<y$ ならば $y^\alpha/x^\alpha=(y/x)^\alpha>1$, したがって $x^\alpha<y^\alpha$. すなわち x^α は x の単調増加関数である. 一方, 任意の $\xi \in \mathbf{R}^+$ に対して $x=\xi^{1/\alpha}$ とおけば, $x^\alpha=\xi$ となるから, 関数 x^α の値域は $\mathbf{R}^+=(0,+\infty)$ である. 故に $\lim_{x\to+\infty} x^\alpha=+\infty$, $\lim_{x\to 0} x^\alpha=0$ でなければならない. ∎

α を負の実数としたときには, $x^\alpha=1/x^{-\alpha}$ は $\mathbf{R}^+$ で定義された x の連続な単調減少関数であって, $\lim_{x\to+\infty} x^\alpha=0$, $\lim_{x\to 0} x^\alpha=+\infty$ である.

x の関数 x^α を**巾関数**という.

例 2.8 a, k を $a>1$, $k>0$ なる実数としたとき,

(2.6) $$\lim_{x\to+\infty} \frac{a^x}{x^k} = +\infty.$$

これは §1.5, c), 例 1.2 の拡張である. [証明] $b=a^{1/k}$ とおけば, $b>1$ で $a^x/x^k=(b^x/x)^k$ である. 故に $\lim_{x\to+\infty} b^x/x=+\infty$ を証明すればよい. x に対して n を $n\leq x<n+1$ なる自然数とすれば, $b^{x-n}\geq b^0=1$ であるから
$$\frac{b^x}{x} = \frac{b^n}{n} \cdot \frac{nb^{x-n}}{x} \geq \frac{b^n}{n} \cdot \frac{n}{n+1}.$$
故に, $x\to+\infty$ のとき $n\to+\infty$ で, §1.5, c), 例 1.2 により $\lim_{n\to\infty} b^n/n=+\infty$ であるから, $\lim_{x\to+\infty} b^x/x=+\infty$. ∎

$e=\sum_{n=0}^\infty 1/n!$ を底とする指数関数 e^x は重要である. 底を指定せずに指数関数といえば, 普通それは e を底とする指数関数 e^x を意味する. e^x は

(2.7) $$e^x = \lim_{n\to\infty} \left(1+\frac{x}{n}\right)^n$$

§2.3 指数関数，対数関数

と表わされる．これを証明するために，まず

(2.8) $$e = \lim_{t \to +\infty} \left(1 + \frac{1}{t}\right)^t$$

なることを示す．(1.17)により

$$e = \lim_{n \to \infty} \left(1 + \frac{1}{n}\right)^n.$$

t に対して n を $n \leqq t < n+1$ なる自然数とすれば

$$\left(1 + \frac{1}{n+1}\right)^n < \left(1 + \frac{1}{t}\right)^t < \left(1 + \frac{1}{n}\right)^{n+1}$$

であるが，$t \to +\infty$ のとき $n \to +\infty$ となり，

$$\lim_{n \to \infty} \left(1 + \frac{1}{n}\right)^{n+1} = \lim_{n \to \infty} \left(1 + \frac{1}{n}\right)^n \left(1 + \frac{1}{n}\right) = e,$$

同様に

$$\lim_{n \to \infty} \left(1 + \frac{1}{n+1}\right)^n = e.$$

故に $\lim_{t \to +\infty} (1 + 1/t)^t = e$. つぎに

(2.9) $$e = \lim_{t \to +\infty} \left(1 - \frac{1}{t}\right)^{-t}$$

なることをいう．$(1 - 1/t)^{-1} = 1 + 1/s$ とおけば，簡単な計算で $s = t - 1$ となるから，$t \to +\infty$ のとき $s \to +\infty$ で，したがって

$$\lim_{t \to +\infty} \left(1 - \frac{1}{t}\right)^{-t} = \lim_{s \to +\infty} \left(1 + \frac{1}{s}\right)^{s+1} = e.$$

さて，$x > 0$ のときには，$s = tx$ とおけば，指数関数 u^x は u の連続関数であるから，

$$e^x = \lim_{t \to +\infty} \left(1 + \frac{1}{t}\right)^{tx} = \lim_{s \to +\infty} \left(1 + \frac{x}{s}\right)^s = \lim_{n \to \infty} \left(1 + \frac{x}{n}\right)^n.$$

$x < 0$ のときには，$x = -y$, $s = ty$ とおけば，$1/t = y/s$ となるから，

$$e^x = \lim_{t \to +\infty} \left(1 - \frac{1}{t}\right)^{-tx} = \lim_{s \to +\infty} \left(1 - \frac{y}{s}\right)^s = \lim_{n \to \infty} \left(1 + \frac{x}{n}\right)^n.$$

これで (2.7) が証明された．

(2.7) と (1.23) により指数関数の巾級数表示：

(2.10) $$e^x = \sum_{n=0}^{\infty} \frac{x^n}{n!}$$

を得る．これを拡張して，任意の複素数 z に対して，等式 (1.23) を用いて 'e の z 乗' を

(2.11) $$e^z = \lim_{n\to\infty}\left(1+\frac{z}{n}\right)^n = \sum_{n=0}^{\infty} \frac{z^n}{n!}$$

と定義する．

c) 対数関数

正の実数 a, $a\neq 1$, を一つ定めたとき，指数関数 $f(x)=a^x$ は $\boldsymbol{R}=(-\infty,+\infty)$ で定義された連続な単調関数であって，その値域 $f(\boldsymbol{R})$ は $\boldsymbol{R}^+=(0,+\infty)$ である．故に，定理 2.7 により，f の逆関数 f^{-1} は $\boldsymbol{R}^+$ で定義された連続な単調関数である．この逆関数 $f^{-1}(x)$ を $\log_a x$ で表わし，それを a を底 (base) とする**対数関数** (logarithmic function) とよぶ．$\log_a x$ は $a>1$ のときは単調増加，$0<a<1$ のときには単調減少で，その値域は $\boldsymbol{R}$ である．

定義により等式：$\log_a x = \xi$ は $x = a^\xi$ と同値である．このことから，高校数学で学んだように，つぎの公式が導き出される：

$$\log_a(xy) = \log_a x + \log_a y,$$
$$\log_a\left(\frac{y}{x}\right) = \log_a y - \log_a x,$$
$$\log_a(x^\lambda) = \lambda \log_a x, \quad \lambda \in \boldsymbol{R}.$$

$\log_a x = \xi$ とおけば $x = a^\xi$．この両辺の b を底とする対数をとれば，$\log_b x = \xi \log_b a$. すなわち

(2.12) $$\log_b x = \log_b a \cdot \log_a x.$$

$e = \sum_{n=0}^{\infty} 1/n!$ を底とする対数 $\log_e x$ を**自然対数**という．自然対数 $\log_e x$ を，底 e を略して $\log x$ と書く．$\log x$ は x の単調増加関数で，$\lim_{x\to+\infty}\log x = +\infty$, $\lim_{x\to 0}\log x = -\infty$ である．

例 2.9 $\lim_{x\to +\infty} x/\log x = +\infty$. ［証明］例 2.8 により $\lim_{t\to +\infty} e^t/t = +\infty$ であるから，$x = e^t$ とおけば

$$\lim_{x\to +\infty}\frac{x}{\log x} = \lim_{t\to +\infty}\frac{e^t}{t} = +\infty.$$

§2.4 三角関数

高校数学で学んだように，平面 $\boldsymbol{R}^2$ 上に原点 $O=(0,0)$ を中心とする半径 1 の円周 C_1 を描き，C_1 上に 1 点 $P=(c,s)$ をとったとき，半径 OP と x 軸の正の方向のなす角が θ ならば，P の座標 c, s をそれぞれ $c=\cos\theta$, $s=\sin\theta$ と表わし，

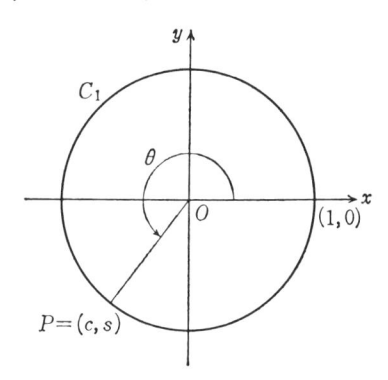

$\sin\theta$ を θ の正弦 (sine)，$\cos\theta$ を θ の余弦 (cosine) という．この $\sin\theta$, $\cos\theta$ の定義を明確に述べようと試みるとき，最大の困難となるのが角の定義である．高校数学における角の概念は小学校以来自然に体得されたものであって，これを分析して明確に述べるのは容易でない（角の厳密な取扱いについては，彌永昌吉"幾何学序説"参照）．本節では角 θ は平面の回転の量を表わす実数であると考える立場から $\sin\theta$, $\cos\theta$ の厳密な定義を述べる．

予備的考察 高校数学で学んだように，行列 $\begin{bmatrix} \cos\theta & -\sin\theta \\ \sin\theta & \cos\theta \end{bmatrix}$ の定める 1 次変換：

$$(2.13) \qquad \begin{bmatrix} x \\ y \end{bmatrix} \longrightarrow \begin{bmatrix} x' \\ y' \end{bmatrix} = \begin{bmatrix} \cos\theta & -\sin\theta \\ \sin\theta & \cos\theta \end{bmatrix} \begin{bmatrix} x \\ y \end{bmatrix}$$

は平面 $\boldsymbol{R}^2$ の原点 O を中心とする角 θ の回転である．

$1 = \begin{bmatrix} 1 & 0 \\ 0 & 1 \end{bmatrix}$, $\iota = \begin{bmatrix} 0 & -1 \\ 1 & 0 \end{bmatrix}$ とおけば

$$\begin{bmatrix} \cos\theta & -\sin\theta \\ \sin\theta & \cos\theta \end{bmatrix} = \cos\theta + \iota \sin\theta$$

であるが，

$$\iota^2 = \begin{bmatrix} 0 & -1 \\ 1 & 0 \end{bmatrix} \begin{bmatrix} 0 & -1 \\ 1 & 0 \end{bmatrix} = \begin{bmatrix} -1 & 0 \\ 0 & -1 \end{bmatrix} = -1$$

となるから,代数的には $\iota=i=\sqrt{-1}$ と考えてよい.これに対応して $\boldsymbol{R}^2$ を複素平面 $\boldsymbol{C}$ と考え,$e(\theta)=\cos\theta+i\sin\theta$,$z=x+iy$,$z'=x'+iy'$ とおけば,
$$x' = \cos\theta\cdot x - \sin\theta\cdot y,$$
$$y' = \sin\theta\cdot x + \cos\theta\cdot y$$
であるから,
$$z' = e(\theta)\cdot x + ie(\theta)\cdot y = e(\theta)\cdot z,$$
すなわち,回転 (2.13) は
$$z \longrightarrow z' = e(\theta)\cdot z$$
と表わされる.ここで $|e(\theta)|^2=\cos^2\theta+\sin^2\theta=1$ である.

a) 平面の回転

以上 $\sin\theta,\cos\theta$ について既知として回転が $z\to z'=e(\theta)\cdot z$ と表わされることを見たのであるが,目的は $\sin\theta,\cos\theta$ を新しく厳密に定義することであるから,$\sin\theta,\cos\theta$ を忘れて,絶対値が 1 に等しい任意の複素数 $e=c+is$,$|e|^2=c^2+s^2=1$,に対して,$\boldsymbol{C}$ を $\boldsymbol{C}$ に写す変換:

(2.14) $\qquad\qquad R_e: z \longrightarrow z' = e\cdot z$

を <u>0 を中心とする複素平面 $\boldsymbol{C}$ の回転と定義する</u>ことにする.変換 R_e が実際に'回転'の性質をもっていることは容易に確かめられる.まず $0=e\cdot 0$,すなわち R_e は原点 0 を動かさない.$z'=e\cdot z$,$w'=e\cdot w$ とすれば $|z'-w'|=|z-w|$,すなわち R_e は $\boldsymbol{C}$ 上の 2 点の距離を変えない.$z'=e\cdot z$ ならば $|z'|=|z|$,すなわち,C を 0 を中心とする任意の円周としたとき,R_e は C 上の点 z を C 上の点 z' に移す.しかもこのとき,C の半径を r とすれば,$|z'-z|=|e-1|r$.すなわち z' と z の距離は C だけによって定まり,C 上の点 z の位置によらない.

二つの回転 R_e と R_f を合成すれば

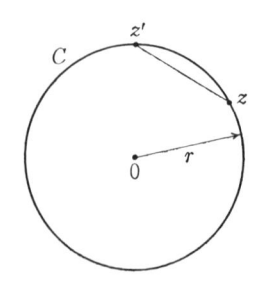

§2.4 三角関数

$$R_f \circ R_e = R_{fe}$$

となることは，$z'=e\cdot z$, $z''=f\cdot z'$ ならば $z''=fe\cdot z$ なることから明らかである．

"回転の量がその角とよばれる実数で表わされ，任意の実数 θ に対応して角 θ の回転 $R_{e(\theta)}: z \to z'=e(\theta)\cdot z$ が定まっている" ためには，まず数直線 $\boldsymbol{R}$ 上で定義された絶対値 1 の複素数値をとる θ の関数 $e(\theta)$ が存在しなければならないが，"θ が回転 $R_{e(\theta)}$ の量を表わしている" というならば，二つの実数 θ, φ の和 $\theta+\varphi$ に対応する回転 $R_{e(\theta+\varphi)}$ は $R_{e(\theta)}$ と $R_{e(\varphi)}$ の合成：$R_{e(\theta)} \circ R_{e(\varphi)}$ でなければならない，すなわち

$$R_{e(\theta+\varphi)} = R_{e(\theta)} \circ R_{e(\varphi)}$$

でなければならない．関数 $e(\theta)$ についていえば，$R_{e(\theta)} \circ R_{e(\varphi)} = R_{e(\theta)e(\varphi)}$ であるから，

$$e(\theta+\varphi) = e(\theta)e(\varphi)$$

でなければならない．また，任意の回転 R_e は'その角'を θ とすれば $R_e=R_{e(\theta)}$ と表わされる筈であるから，関数 $e(\theta)$ の値域は**単位円周**：$\{e \in \boldsymbol{C} \mid |e|=1\}$ でなければならない．さらに $e(\theta)$ は当然 θ の連続関数でなければならない．

逆に，$\boldsymbol{R}$ を定義域，単位円周：$\{e \in \boldsymbol{C} \mid |e|=1\}$ を値域とする連続関数 $e(\theta)$ で条件：

(2.15) $\qquad e(\theta+\varphi) = e(\theta)\cdot e(\varphi), \qquad \theta \in \boldsymbol{R}, \ \varphi \in \boldsymbol{R},$

を満たすものが存在すれば，$R_{e(\theta)}: z \to z'=e(\theta)\cdot z$ を角 θ の回転と定義することができる．

さて，このような関数 $e(\theta)$ が存在したとして，$e(\theta)$ がどんな形の関数になると想像されるか考えて見よう．まず，(2.15) において $\varphi=0$ とおけば，$e(\theta)=e(\theta)\cdot e(0)$，故に

$$e(0) = 1.$$

また $\varphi=-\theta$ とおけば $1=e(0)=e(\theta)\cdot e(-\theta)$，故に

(2.16) $\qquad e(-\theta) = \dfrac{1}{e(\theta)} = \overline{e(\theta)}.$

つぎに，任意の自然数 n について，(2.15) により，$e(n\theta)=e(\theta)e((n-1)\theta)$ となるから，

(2.17) $\qquad e(n\theta) = e(\theta)^n,$

したがって
$$e(\theta) = e\left(\frac{\theta}{n}\right)^n.$$

$e(\theta)$ が θ の連続関数で $e(0)=1$ であるから，実数 θ, $\theta\neq 0$, を一つ定めれば，$\lim_{n\to\infty}e(\theta/n)=1$, したがって
$$e\left(\frac{\theta}{n}\right) = 1+\sigma_n$$

とおけば，
$$e(\theta) = (1+\sigma_n)^n = \lim_{n\to\infty}(1+\sigma_n)^n, \quad \lim_{n\to\infty}\sigma_n = 0.$$

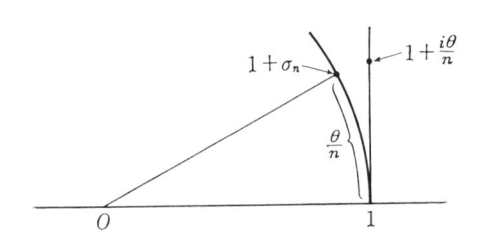

いま十分大きな自然数 n に対して微小な回転 $R_{e(\theta/n)}$ の回転量 θ/n を'円弧 $\widehat{1e(\theta/n)}$ の長さ'で計ることにすれば，'円弧の長さ'は未だ定義されていないが，σ_n はほぼ $i\theta/n$ に等しい，すなわち
$$\sigma_n = \frac{1}{n}(i\theta+\tau_n), \quad \lim_{n\to\infty}\tau_n = 0$$

と考え，したがって
$$e(\theta) = \lim_{n\to\infty}\left(1+\frac{i\theta}{n}+\frac{\tau_n}{n}\right)^n$$

としてよいであろうことは容易に想像がつく．

補題 2.1 複素数列 $\{z_n\}$ について，
$$\lim_{n\to\infty}z_n = 0 \quad \text{ならば} \quad \lim_{n\to\infty}\left(1+\frac{z_n}{n}\right)^n = 1.$$

証明 $\binom{n}{k}\frac{1}{n^k} \leqq \frac{1}{k!}$ であるから，2項定理により
$$\left|\left(1+\frac{z_n}{n}\right)^n - 1\right| = \left|\sum_{k=1}^{n}\binom{n}{k}\frac{z_n^k}{n^k}\right| \leqq \sum_{k=1}^{n}\frac{|z_n|^k}{k!} \leqq e^{|z_n|}-1.$$

§2.4 三角関数

仮定により $\lim_{n\to\infty}|z_n|=0$ であるから，$\lim_{n\to\infty}(e^{|z_n|}-1)=0$，したがって $\lim_{n\to\infty}(1+z_n/n)^n=1$．∎

$$1+\frac{i\theta}{n}+\frac{\tau_n}{n}=\left(1+\frac{i\theta}{n}\right)\left(1+\frac{z_n}{n}\right), \qquad z_n=\frac{\tau_n}{1+\dfrac{i\theta}{n}}$$

であって，$\lim_{n\to\infty}\tau_n=0$ であるから $\lim_{n\to\infty}z_n=0$，したがって，補題2.1により，

$$e(\theta)=\lim_{n\to\infty}\left(1+\frac{i\theta}{n}\right)^n\left(1+\frac{z_n}{n}\right)^n=\lim_{n\to\infty}\left(1+\frac{i\theta}{n}\right)^n.$$

このようにして関数 $e(\theta)$ の形は

$$e(\theta)=\lim_{n\to\infty}\left(1+\frac{i\theta}{n}\right)^n$$

であろうと想像されるのである．

そこで，この想像に基づいて，$e(\theta)$ を改めて

(2.18) $$e(\theta)=\lim_{n\to\infty}\left(1+\frac{i\theta}{n}\right)^n$$

と定義して，この $e(\theta)$ が絶対値1の複素数値をとる θ の連続関数であって条件 (2.15) を満たすことを証明しよう．(2.18) の右辺の極限が存在することは (1.23) で証明した．まず，補題2.1により

$$|e(\theta)|^2=\lim_{n\to\infty}\left|1+\frac{i\theta}{n}\right|^{2n}=\lim_{n\to\infty}\left(1+\frac{\theta^2}{n^2}\right)^n=1.$$

つぎに

$$e(\theta)e(\varphi)=\lim_{n\to\infty}\left(1+\frac{i\theta}{n}\right)^n\left(1+\frac{i\varphi}{n}\right)^n$$

であるが，$\psi=\theta+\varphi$ とおけば，

$$\left(1+\frac{i\theta}{n}\right)\left(1+\frac{i\varphi}{n}\right)=1+\frac{i\psi}{n}-\frac{\theta\varphi}{n^2}=\left(1+\frac{i\psi}{n}\right)\left(1+\frac{z_n}{n}\right),$$

ここで $z_n=-\theta\varphi/n(1+i\psi/n)$ である．補題2.1により $\lim_{n\to\infty}(1+z_n/n)^n=1$ であるから，

$$e(\theta)e(\varphi)=\lim_{n\to\infty}\left(1+\frac{i\psi}{n}\right)^n=e(\psi)=e(\theta+\varphi).$$

すなわち関数 $e(\theta)$ は条件 (2.15) を満たす．$e(\theta)$ が θ の連続関数であることを証明するためには，(2.15) により，

$$|e(\theta)-e(\varphi)| = |e(\varphi)(e(\theta-\varphi)-1)| = |e(\theta-\varphi)-1|$$

であるから,
$$\lim_{\theta\to 0}|e(\theta)-1| = 0$$

なることをいえばよい. (1.23) により

(2.19) $\quad e(\theta) = 1+\sum_{n=1}^{\infty}\dfrac{(i\theta)^n}{n!} = 1+\dfrac{i\theta}{1!}-\dfrac{\theta^2}{2!}-\dfrac{i\theta^3}{3!}+\dfrac{\theta^4}{4!}+\cdots$

であるから, $|\theta|<1$ とすれば,
$$|e(\theta)-1| \leqq \sum_{n=1}^{\infty}\dfrac{|\theta|^n}{n!} \leqq \sum_{n=1}^{\infty}|\theta|^n = \dfrac{|\theta|}{1-|\theta|}.$$

故に $\lim_{\theta\to 0}|e(\theta)-1|=0$, したがって $e(\theta)$ は θ の連続関数である.

$e(\theta)$ の実数部を $c(\theta)$, 虚数部を $s(\theta)$ で表わして
$$e(\theta) = c(\theta)+is(\theta)$$

と書く. $c(\theta), s(\theta)$ は θ の連続関数で, $c(\theta)^2+s(\theta)^2=1$, $c(0)=1$, $s(0)=0$ である. (2.15) は

(2.20) $\quad \begin{cases} c(\theta+\varphi) = c(\theta)c(\varphi)-s(\theta)s(\varphi), \\ s(\theta+\varphi) = c(\theta)s(\varphi)+s(\theta)c(\varphi) \end{cases}$

となる. (2.19) により

(2.21) $\quad \begin{cases} c(\theta) = 1-\dfrac{\theta^2}{2!}+\dfrac{\theta^4}{4!}-\dfrac{\theta^6}{6!}+\cdots, \\ s(\theta) = \theta-\dfrac{\theta^3}{3!}+\dfrac{\theta^5}{5!}-\dfrac{\theta^7}{7!}+\cdots. \end{cases}$

$0<\theta\leqq 1$ のとき, $\{\theta^{2n}/(2n)!\}$ は 0 に収束する単調減少数列であるから, 定理1.23により,
$$c(\theta) \geqq 1-\dfrac{\theta^2}{2!} \geqq \dfrac{1}{2}.$$

同様に, $0<\theta\leqq 1$ のとき
$$s(\theta) \geqq \theta-\dfrac{\theta^3}{3!} = \theta\left(1-\dfrac{\theta^2}{6}\right) \geqq \dfrac{5}{6}\theta.$$

$0\leqq\varphi<\psi\leqq 1$ のとき, $\theta=\psi-\varphi$ とおけば, $s(\theta)\geqq 5\theta/6>0$, $c(\theta)=\sqrt{1-s(\theta)^2}<1$, $c(\varphi)\geqq 1/2$, $s(\varphi)\geqq 0$ であるから, (2.20) により
$$c(\varphi)-c(\psi) = c(\varphi)-c(\theta)c(\varphi)+s(\theta)s(\varphi) > 0.$$

§2.4 三角関数

すなわち,閉区間 $[0,1]$ で $c(\theta)$ は θ の単調減少関数,したがって $s(\theta)=\sqrt{1-c(\theta)^2}$ は単調増加関数である.$((1+i)/\sqrt{2})^2=i$ であるから,

$$\sqrt{i} = \frac{1+i}{\sqrt{2}}$$

とおく.$s(0)=0,\ s(1)\geqq 5/6>1/\sqrt{2}$ であるから,中間値の定理(定理2.2)により $s(\gamma)=1/\sqrt{2}$ なる実数 γ,$0<\gamma<1$,がただ一つ存在する.この実数 γ の4倍を π で表わす:$\pi=4\gamma$.これがわれわれの立場における π の定義である.2π が半径1の円周の長さに等しいことは後で証明する.$\gamma=\pi/4$ であるから,$s(\pi/4)=1/\sqrt{2}$,したがって $c(\pi/4)=1/\sqrt{2}$,

$$e\left(\frac{\pi}{4}\right) = \sqrt{i}$$

となる.閉区間 $[0,\pi/4]$ で $s(\theta)$ は単調増加,$c(\theta)$ は単調減少で,$s(0)=0$,$s(\pi/4)=1/\sqrt{2}$,$c(0)=1$,$c(\pi/4)=1/\sqrt{2}$ である.

$\pi/4\leqq\theta\leqq\pi/2$ のとき $\varphi=\theta-\pi/4$ とおけば,(2.20)により,

$$c(\theta) = \frac{1}{\sqrt{2}}(c(\varphi)-s(\varphi)), \quad s(\theta) = \frac{1}{\sqrt{2}}(c(\varphi)+s(\varphi)).$$

したがって閉区間 $[\pi/4,\pi/2]$ で $c(\theta)$ は単調減少で $c(\pi/2)=0$,$s(\theta)=\sqrt{1-c(\theta)^2}$ は単調増加で $s(\pi/2)=1$ である.故に,閉区間 $[0,\pi/2]$ で $c(\theta)$ は単調減少で $c(0)=1$,$c(\pi/2)=0$,$s(\theta)$ は単調増加で $s(0)=0$,$s(\pi/2)=1$ ということになる.

$\pi/2\leqq\theta\leqq\pi$ のとき,(2.20)により,

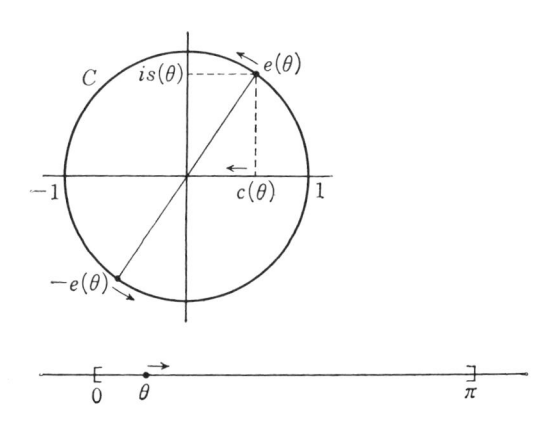

$$c(\theta) = -s\left(\theta - \frac{\pi}{2}\right), \quad s(\theta) = c\left(\theta - \frac{\pi}{2}\right)$$

であるから，閉区間 $[\pi/2, \pi]$ で $c(\theta)$ も $s(\theta)$ も単調減少で，$c(\pi) = -1$, $s(\pi) = 0$ となる．

結局閉区間 $[0, \pi]$ で $c(\theta)$ は単調減少で $c(0) = 1$, $c(\pi) = -1$，開区間 $(0, \pi)$ で $s(\theta) > 0$ である．したがって，点 θ が閉区間 $[0, \pi]$ 上を 0 から π まで右に進むとき，

$$e(\theta) = c(\theta) + is(\theta)$$

は単位円周 $C = \{e \in \mathbf{C} \mid |e| = 1\}$ の上半部分を時計の針と反対の向きに 1 から -1 まで進む．閉区間 $[\pi, 2\pi]$ では，

$$e(\theta) = e(\pi)e(\theta - \pi) = -e(\theta - \pi)$$

であるから，点 θ が π から 2π まで右に進むとき，$e(\theta)$ は C の下半部分を -1 から 1 まで進む．故に対応：$\theta \to e(\theta)$ は区間 $[0, 2\pi)$ と C の間の 1 対 1 の対応を与え，したがって関数 $e(\theta)$ の値域は C，また，$e(\theta) = 1$ となる最小の正の実数 θ が 2π である．任意の整数 m に対して，$e(2m\pi) = e(2\pi)^m = 1$ であるから，

$$e(\theta + 2m\pi) = e(\theta).$$

すなわち $e(\theta)$，したがって $c(\theta), s(\theta)$ は 2π を周期とする θ の周期関数である．

b) 円弧の長さ

$0 < \psi \leq 2\pi$ なる実数 ψ が与えられたとき，閉区間 $[0, \psi]$ に対応する C の部分集合：

$$\widehat{1e(\psi)} = \{e(\theta) \mid 0 \leq \theta \leq \psi\}$$

を**円弧**とよぶ．ここで ψ は円弧 $\widehat{1e(\psi)}$ の '長さ' に等しいことを証明しよう．このためにはまず**円弧の長さ**を定義しなければならない．区間 $[0, \psi]$ 内に

$$0 = \theta_0 < \theta_1 < \cdots < \theta_{k-1} < \theta_k < \cdots < \theta_m = \psi$$

なる多数の点 $\theta_0, \theta_1, \cdots, \theta_k, \cdots, \theta_m$ をとり，円周 C 上の点 $e(\theta_k)$ と $e(\theta_{k-1})$ を結ぶ線分を L_k，L_k の長さを l_k とする．そして $L_1, L_2, \cdots, L_k, \cdots, L_m$ を継ぎ合せてつくった折線を L とすれば，L の長さは $l = \sum_{k=1}^{m} l_k$ である．折線 L，したがってその長さ l は $\varDelta = \{\theta_0, \theta_1, \cdots, \theta_m\}$ によって定まるから，l を $l_\varDelta$ と書くことにする．$\varDelta \subsetneq \varDelta'$ ならば $l_\varDelta < l_{\varDelta'}$ となることは明らかであろう．円弧 $\widehat{1e(\psi)}$ の長さをあらゆる $\varDelta$ の選び方に対する $l_\varDelta$ の上限と定義する：

§2.4 三角関数

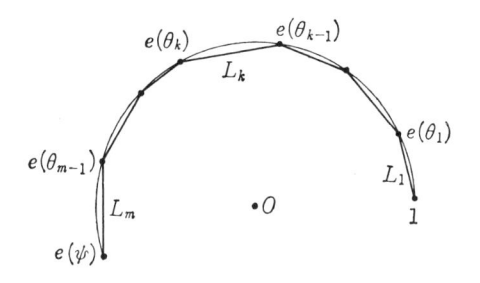

$$\widehat{1e(\psi)} \text{ の長さ} = \sup_{\varDelta} l_{\varDelta}.$$

この定義において変数 θ は円弧 $\widehat{1e(\psi)}$ 上の点の順序を指定するためにだけ用いられている.

$\psi = \sup_{\varDelta} l_{\varDelta}$ を証明するには，任意の正の実数 ε, $\varepsilon < 1$, に対応して一つの正の実数 $\delta(\varepsilon)$ が存在して，

(2.22) $\qquad |\theta_k - \theta_{k-1}| < \delta(\varepsilon), \qquad k = 1, 2, \cdots, m,$

ならば

$$|l_{\varDelta} - \psi| < \varepsilon$$

となることをいえばよい．なぜなら，$\varDelta \subset \varDelta'$ ならば $l_{\varDelta} \leq l_{\varDelta'}$ であるから，$\varDelta$ を条件 (2.22) を満たすものに限っても $\sup_{\varDelta} l_{\varDelta}$ は変わらない，したがって

$$|\sup_{\varDelta} l_{\varDelta} - \psi| \leq \varepsilon$$

となり，ε が任意の正の実数であるから，$\sup_{\varDelta} l_{\varDelta} = \psi$ となるからである．

さて，$e(\theta_k) - e(\theta_{k-1}) = e(\theta_{k-1})(e(\theta_k - \theta_{k-1}) - 1)$ であるから

$$l_k = |e(\theta_k) - e(\theta_{k-1})| = |e(\theta_k - \theta_{k-1}) - 1|.$$

そこで，$0 < \theta < \delta < 1$ として $|e(\theta) - 1|$ を評価する．(2.19) により

$$e(\theta) - 1 = i\theta + \sum_{n=2}^{\infty} \frac{(i\theta)^n}{n!}$$

であるから，

$$e(\theta) - 1 = i\theta(1 + \rho)$$

とおけば

$$|\rho| = \left| \sum_{n=1}^{\infty} \frac{(i\theta)^n}{(n+1)!} \right| < \sum_{n=1}^{\infty} \left(\frac{\theta}{2}\right)^n = \frac{\theta}{2-\theta} < \delta.$$

故に
$$\theta(1-\delta) < |e(\theta)-1| < \theta(1+\delta),$$
したがって，$|\theta_k-\theta_{k-1}|<\delta$, $k=1, 2, \cdots, m$, ならば
$$(\theta_k-\theta_{k-1})(1-\delta) < l_k < (\theta_k-\theta_{k-1})(1+\delta).$$
$l_\varDelta = \sum_{k=1}^{m} l_k$, $\psi = \sum_{k=1}^{m}(\theta_k-\theta_{k-1})$ であるから
$$\psi(1-\delta) < l_\varDelta < \psi(1+\delta),$$
したがって
$$|l_\varDelta - \psi| < \psi\delta \leqq 2\pi\delta.$$
故に，$\delta(\varepsilon) = \varepsilon/2\pi$ とおけば，$\varDelta$ が条件 (2.22) を満たすとき
$$|l_\varDelta - \psi| < \varepsilon$$
となる．これで ψ が円弧 $\widehat{1e(\psi)}$ の長さに等しいことが証明された．特に 2π は半径 1 の円周 C の長さに等しいことが証明されたのである．

c) 三角関数

以上の結果に基づいて，任意の実数 θ に対して，変換
$$R_{e(\theta)}: z \longrightarrow z' = e(\theta)z$$

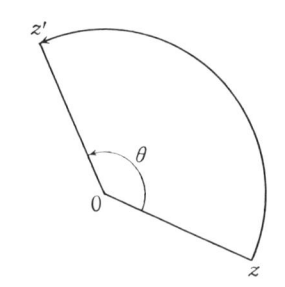

を(複素)平面の原点 0 を中心とする**角 θ の回転**と定義し，θ を線分 $0z'$ が $0z$ となす角とよぶ．$s(\theta)$ を θ の**正弦**，$c(\theta)$ を θ の**余弦**といい，それぞれ $\sin\theta$, $\cos\theta$ で表わす:
$$\sin\theta = s(\theta), \quad \cos\theta = c(\theta).$$
これで三角関数 $\sin\theta$, $\cos\theta$ が厳密に定義されたのである．$\sin\theta$, $\cos\theta$ の主な性質は上の定義の過程で既に証明されている．すなわち，$\sin\theta$, $\cos\theta$ は数直線 R 上で定義された θ の連続関数で，2π を周期とする周期関数である．

§2.4 三角関数

$$\cos^2\theta+\sin^2\theta=1.$$

また，(2.16) により，$e(-\theta)=\overline{e(\theta)}$ であるから，

$$\cos(-\theta)=\cos\theta,\quad \sin(-\theta)=-\sin\theta.$$

(2.20) はすなわち加法定理：

(2.23) $$\begin{cases}\cos(\theta+\varphi)=\cos\theta\cos\varphi-\sin\theta\sin\varphi,\\ \sin(\theta+\varphi)=\sin\theta\cos\varphi+\cos\theta\sin\varphi\end{cases}$$

である．(2.11) の記法を用いれば

$$c(\theta)+is(\theta)=e(\theta)=e^{i\theta}$$

であるから

$$\cos\theta+i\sin\theta=e^{i\theta}.$$

さらに

(2.24) $$\cos\theta=1-\frac{\theta^2}{2!}+\frac{\theta^4}{4!}-\frac{\theta^6}{6!}+\cdots,$$

(2.25) $$\sin\theta=\theta-\frac{\theta^3}{3!}+\frac{\theta^5}{5!}-\frac{\theta^7}{7!}+\cdots.$$

$0,\pi/2,-\pi/2,\pi$ における $e(\theta)$ の値はそれぞれ $1,i,-i,-1$，$\sin\theta$ の値は $0,1,-1,0$，$\cos\theta$ の値は $1,0,0,-1$ である．高校数学で学んだ $\sin(\pi/2-\theta)=\cos\theta$，$\cos(\pi-\theta)=-\cos\theta$，のような公式は加法定理から直ちに導かれる．

$\tan\theta=\sin\theta/\cos\theta$，$\cot\theta=\cos\theta/\sin\theta$ と定義して，$\tan\theta$，$\cot\theta$ をそれぞれ θ の正接 (tangent)，余接 (cotangent) ということも高校で学んだ．$\tan\theta$ は数直線 $\boldsymbol{R}$ 上で $\cos\theta=0$ となる点 θ，すなわち $\pi/2+m\pi$，m は整数，を除いて定義された連続関数であり，$\cot\theta$ は $m\pi$，m は整数，を除いて定義された連続関数である．

問　題

11　x の関数 $\sin\dfrac{1}{x}$ は区間 $(0,+\infty)$ において連続ではあるが一様連続でないことを示せ．

12　有界数列が収束する部分列をもつこと (定理 1.30) から閉区間で定義された連続関数は最大値と最小値をもつこと (定理 2.4) を導け．

13　有界数列が収束する部分列をもつことから閉区間で定義された連続関数は一様連続であること (定理 2.3) を導け．

14 x の関数 $f(x)$ が区間 $[a, +\infty)$ において連続で $\lim_{x\to+\infty}[f(x+1)-f(x)]=l$ ならば $\lim_{x\to+\infty}\dfrac{f(x)}{x}=l$ となることを証明せよ.

15 $f(x)$ は区間 $[a,b]$ で連続な x の関数であるとする. 任意の x,y, $a\leq x\leq b$, $a\leq y\leq b$, に対してつねに等式
$$f\left(\frac{x+y}{2}\right)=\frac{1}{2}(f(x)+f(y))$$
が成り立つならば $f(x)$ は x の1次式であることを証明せよ (x の1次式 $g(x)=Ax+B$ を $g(a)=f(a)$, $g(b)=f(b)$ となるように定めて,まず $[a,b]$ の到る所稠密な或る部分集合において $f(x)$ と $g(x)$ が一致することを示せ).

16 $P_0(x), P_1(x), \cdots, P_n(x)$ は x の多項式であるとする. すべての実数 x に対して
$$P_0(x)e^{nx}+P_1(x)e^{(n-1)x}+\cdots+P_{n-1}(x)e^x+P_n(x)=0$$
となるのは恒等的に $P_0(x)=P_1(x)=\cdots=P_n(x)=0$ である場合に限ることを証明せよ (92 ページの (2.6) を応用せよ).

17 数列 $\{a_n\}$, $a_n>0$, について $\lim_{n\to\infty}a_n=\alpha$, $\alpha>0$, ならば $\lim_{n\to\infty}(a_1a_2a_3\cdots a_n)^{1/n}=\alpha$ なることを証明せよ.

18 極限 $\lim_{n\to\infty}\dfrac{(n!)^{1/n}}{n}$ の値を求めよ (前問 17 の a_n に $\left(1+\dfrac{1}{n}\right)^n$ を代入せよ).

19 $a>0$ なるとき $\lim_{n\to\infty}n(a^{1/n}-1)=\log a$ なることを証明せよ (藤原松三郎 "微分積分学 I", p.120, 例題 1).

20 $\cos(nx)$, $\sin(nx)$, n は自然数, を $\cos x$, $\sin x$ の多項式として表わす公式を求めよ.

第3章 微 分 法

§3.1 微分係数, 導関数

$f(x)$ を或る区間 I で定義された関数とし, a を I に属する一つの点とすれば $(f(x)-f(a))/(x-a)$ は I で a を除いて定義された x の関数となる. このとき極限:

$$\lim_{x \to a} \frac{f(x)-f(a)}{x-a}$$

が存在するならば, $f(x)$ は a で**微分可能** (differentiable) である, あるいは $x=a$ で微分可能であるという. そしてこの極限を a における $f(x)$ の**微分係数** (differential coefficient) といい, $f'(a)$ で表わす:

(3.1) $$f'(a) = \lim_{x \to a} \frac{f(x)-f(a)}{x-a}.$$

$f(x)$ が I に属するすべての点 x で微分可能であるとき, $f(x)$ は微分可能である, あるいは $f(x)$ は x について微分可能であるという. このとき $f'(x)$ も I で定義された x の関数となる. $f'(x)$ を $f(x)$ の**導関数** (derived function, derivative) とよび, $f(x)$ から $f'(x)$ を求めることを $f(x)$ を**微分する**, あるいは $f(x)$ を x について微分するという. (3.1) の a を x で, x を $x+h$ で置き換えれば,

(3.2) $$f'(x) = \lim_{h \to 0} \frac{f(x+h)-f(x)}{h}.$$

$y=f(x)$ とおいたとき, $f'(x)$ を dy/dx で表わす. dy/dx を**微分商** (differential quotient) ということもある. $\Delta x=h$, $\Delta y=f(x+\Delta x)-f(x)$ とおけば

$$\frac{dy}{dx} = f'(x) = \lim_{\Delta x \to 0} \frac{\Delta y}{\Delta x}.$$

このとき, 独立変数 x が Δx だけ増加して $x+\Delta x$ となるとき従属変数 y が Δy だけ増加して $y+\Delta y$ となる, という意味で, $\Delta x, \Delta y$ をそれぞれ x, y の**増分** (increment) という.

$f(x)$ が x で微分可能なとき

$$\frac{f(x+h)-f(x)}{h} = f'(x)+\varepsilon(h,x)$$

とおけば，$\varepsilon(h,x)$ は h, $h \neq 0$, の関数であって，$\lim_{h \to 0} \varepsilon(h,x)=0$ である．$\varepsilon(h,x)$ は $h \neq 0$ として定義された h の関数であるが，$h=0$ のとき $\varepsilon(0,x)=0$ と定義すれば，$h=0$ の場合も含めて

(3.3) $\qquad f(x+h)-f(x) = f'(x)h+\varepsilon(h,x)h, \quad \lim_{h \to 0} \varepsilon(h,x)=0$

が成り立つ．$y=f(x)$ とおけば，すなわち

$$\varDelta y = \frac{dy}{dx}\varDelta x+\varepsilon(\varDelta x,x)\varDelta x.$$

一般に $\lim_{x \to 0}\alpha(x)=\alpha(0)=0$ なる関数 $\alpha(x)$ を**無限小**といい，$\varepsilon(x), \alpha(x)$ が無限小であるとき，無限小 $\varepsilon(x)\alpha(x)$ を記号 $o(\alpha(x))$ で表わす．小文字の o で $\varepsilon(x)$ を代表するわけである．記号 $o(\alpha(x))$ は関数 $\varepsilon(x)$ の具体的な形に関心がない場合には便利である．この記号を用いれば，上の式は

(3.4) $\qquad\qquad \varDelta y = \frac{dy}{dx}\varDelta x+o(\varDelta x),$

その上の式 (3.3) は

(3.5) $\qquad\qquad f(x+h)-f(x) = f'(x)h+o(h)$

と書かれる．x を a, $x+h$ を x で置き換えれば

(3.6) $\qquad\qquad f(x) = f(a)+f'(a)(x-a)+o(x-a).$

a で微分可能な関数 $f(x)$ に対して，1次方程式

(3.7) $\qquad\qquad y = f(a)+f'(a)(x-a)$

の定める直線：

$$\{(x,y) \mid y=f(a)+f'(a)(x-a), \ x \in \boldsymbol{R}\}$$

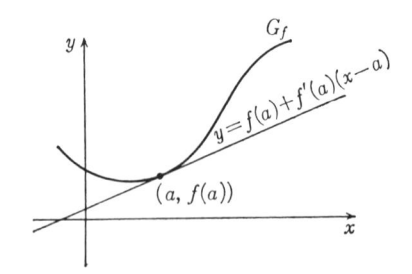

§3.1 微分係数,導関数

を関数 $f(x)$ のグラフ: $G_f=\{(x,f(x))|x\in I\}$ の点 $(a,f(a))$ における**接線** (tangent line) とよぶ．高校数学では点 $(a,f(a))$ におけるグラフ G_f の接線というものがあって，その方程式が (3.7) であると考えたが，われわれの立場では，方程式 (3.7) の定める直線を $(a,f(a))$ における G_f の接線と定義するのである．——
関数 $y=f(x)$ の微分係数を表わす記号は $f'(x),dy/dx$ の他に $y',\dot{y},df(x)/dx,$ $(d/dx)f(x),Df(x)$, 等，いろいろある．$dy/dx=\lim_{\Delta x\to 0}\Delta y/\Delta x$ の分母 dx, 分子 dy はそれぞれ '無限に小さくなった' 増分 $\Delta x,\Delta y$ を示唆するのであろうが，上記の定義では，dx,dy には意味はない．dx,dy に意味を与える一つの方法として，x の関数 $y=f(x)$ の**微分** (differential) $dy=df(x)$ を

(3.8) $$dy=df(x)=f'(x)\Delta x$$

と定義する．微分 $dy=df(x)=f'(x)\Delta x$ を変数 x と変数 Δx の両方の関数と考えるのである．そうすれば，x を x の関数と見たときその微分係数は $x'=\lim_{\Delta x\to 0}\Delta x/\Delta x=1$ であるから，

$$dx=\Delta x,$$

したがって

$$\frac{dy}{dx}=\frac{f'(x)\Delta x}{\Delta x}=f'(x).$$

定理 3.1 点 x で $f(x)$ が微分可能ならば，その点 x で $f(x)$ は連続である．

証明 $y=f(x)$ とおけば，(3.4) により，$\Delta x\to 0$ のとき $\Delta y\to 0$, すなわち, $f(x+\Delta x)-f(x)\to 0$. 故に $f(x)$ は x で連続である．∎

この証明で点 x の x は区間 I に属する一つの点, $f(x)$ の x は変数, Δx は x とは関係のない別な変数 h であって，はじめは混乱し易いが，このような記号の用法は少数の文字で間に合い，式が短く書けるので経済的であり，また，考察している情況を示唆する，たとえば Δx は $x+h$ の h であって $t+h$ の h ではないことを示唆する，ということもあって，慣れれば便利である．

系 或る区間で定義された微分可能な関数は連続関数である．

上の定理 3.1 が示すように, $f(x)$ が点 x で微分可能ならば $f(x)$ はその点 x で連続であるが, x 以外の点における $f(x)$ の連続性については何もいえない.

例 3.1 区間 $(0,1)$ で関数 $f(x)$ をつぎのように定義する．x が無理数のときは $f(x)=0, x$ が有理数のときは x を既約分数: $x=q/p, p$ と q は互に素な自然数,

の形に表わして $f(x)=1/p^3$ とおく．この関数 $f(x)$ が区間 $(0,1)$ 内のすべての有理点で不連続なことは明らかであろう．α を区間 $(0,1)$ 内の $\alpha=b\sqrt{2}/a, a$ と b は自然数，の形の無理数とすれば $f(x)$ は $x=\alpha$ で微分可能である．[証明]

$$\lim_{x\to\alpha}\frac{f(x)-f(\alpha)}{x-\alpha}=0$$

であることを証明するのであるが，まず既約分数 $q/p, 0<q/p<1$，に対して $|q/p-\alpha|$ を下から評価する．

$$\left(\frac{q}{p}+\alpha\right)\left(\frac{q}{p}-\alpha\right)=\frac{q^2}{p^2}-\alpha^2=\frac{q^2}{p^2}-\frac{2b^2}{a^2},$$

したがって

$$a^2p^2\left(\frac{q}{p}+\alpha\right)\left(\frac{q}{p}-\alpha\right)=a^2q^2-2b^2p^2.$$

この等式の左辺は 0 でなく，右辺は整数である．ゆえに

$$a^2p^2\left(\frac{q}{p}+\alpha\right)\left|\frac{q}{p}-\alpha\right|\geq 1.$$

q/p も α も 0 と 1 の間にあるから $q/p+\alpha<2$，したがって

(3.9) $$\left|\frac{q}{p}-\alpha\right|>\frac{1}{2a^2p^2}.$$

$x, x\neq\alpha$，が無理数ならば

$$\frac{f(x)-f(\alpha)}{x-\alpha}=0$$

となることは関数 $f(x)$ の定義によって明らかであるから，x は既約分数：$x=q/p$ であるとする．そうすれば

$$\frac{f(q/p)-f(\alpha)}{q/p-\alpha}=f\left(\frac{q}{p}\right)\bigg/\left(\frac{q}{p}-\alpha\right)=\left(\frac{1}{p^3}\right)\bigg/\left(\frac{q}{p}-\alpha\right),$$

したがって (3.9) により

$$\left|\frac{f(q/p)-f(\alpha)}{q/p-\alpha}\right|=\left(\frac{1}{p^3}\right)\bigg/\left|\frac{q}{p}-\alpha\right|<\left(\frac{1}{p^3}\right)\bigg/\left(\frac{1}{2a^2p^2}\right)=\frac{2a^2}{p}.$$

任意の正の実数 M に対して $p<M$ なる既約分数 $q/p, 0<q/p<1$，は有限個しかないから，$q/p\to\alpha$ のとき $p\to+\infty$，したがって $2a^2/p\to 0$ となる．ゆえに

$$\lim_{\frac{q}{p}\to\alpha}\frac{f(q/p)-f(\alpha)}{q/p-\alpha}=0.$$

すなわち $f(x)$ は $x=\alpha$ で微分可能で $f'(\alpha)=0$ である．■

無理点 α は明らかに区間 $(0,1)$ で到る所稠密に分布している．ゆえに $f(x)$ が不連続な点と微分可能な点がそれぞれ区間 $(0,1)$ で到る所稠密に分布している．このような奇妙な現象を観察することは微分の精密な意味の把握に有効である．

微分係数の定義: $f'(a)=\lim_{x\to a}(f(x)-f(a))/(x-a)$ において，a が $f(x)$ の定義域 I の左端である場合，たとえば $I=[a,b]$ なる場合には，§2.1 で述べたように，$\lim_{x\to a}$ は x が右から a に近づいたときの極限: $\lim_{x\to a+0}$ を意味するから，

$$f'(a)=\lim_{x\to a+0}\frac{f(x)-f(a)}{x-a}.$$

一般に，a が I の内点であっても，極限: $\lim_{x\to a+0}(f(x)-f(a))/(x-a)$ が存在するならば，この極限を $f(x)$ の a における**右微分係数** (right differential coefficient) といい，$D^+f(a)$ で表わす:

$$D^+f(a)=\lim_{x\to a+0}\frac{f(x)-f(a)}{x-a}.$$

そして，このとき，$f(x)$ は a で右へ微分可能である，あるいは**右微分可能** (right differentiable) であるという．

$$D^+f(x)=\lim_{h\to +0}\frac{f(x+h)-f(x)}{h},$$

また，$y=f(x)$ とおけば

$$D^+y=\lim_{\Delta x\to +0}\frac{\Delta y}{\Delta x}$$

であることはいうまでもない．**左微分係数** $D^-f(x)$ も同様に定義される．

たとえば $f(x)$ が区間 $I=[a,b]$ で定義された微分可能な関数ならば，$f'(a)=D^+f(a)$, $f'(b)=D^-f(b)$ である．また，区間 I で定義された関数 $f(x)$ が I の内点 a で右へも左へも微分可能で $D^+f(a)=D^-f(a)$ ならば，$f(x)$ は a で微分可能で $f'(a)=D^+f(a)=D^-f(a)$ である．

§3.2 微分の方法

前節では一つの定まった区間 I で定義された関数 $f(x)$ を考察したが，一般に

は，$f(x)$ はその定義域が I を含む関数とし，$f(x)$ を区間 I で考察する，すなわち $f(x)$ の I への制限 $f_I(x)$ を考察することが多い．この場合，§2.2, a) で述べた規約に従って，<u>$f_I(x)$ が微分可能であるとき，$f(x)$ は I で微分可能である</u>，あるいは <u>I で x について微分可能である</u>という．

たとえば，$I=[a,b]$ とすれば，$f(x)$ が I で微分可能であるということは，$f(x)$ が開区間 (a,b) の各点 x で微分可能で a で右微分可能であることを意味する．このとき，$f(x)$ を $[a,b]$ で考察する限り，<u>$f'(a)$ は $D^+f(a)$ を表わす</u>ものと約束する．$f(x)$ が a で微分可能ならば $D^+f(a)$ は $f(x)$ の a における微分係数と一致するから，この約束によって混乱が生じる恐れはない．

a) 関数の1次結合，積，商の微分法

つぎの定理は高校数学で学んだ．

定理 3.2 関数 $f(x), g(x)$ が或る区間で微分可能ならば，その1次結合 $c_1f(x)+c_2g(x)$，c_1, c_2 は定数，およびその積 $f(x)g(x)$ もその区間で微分可能であって，

$$(3.10) \quad \frac{d}{dx}(c_1f(x)+c_2g(x)) = c_1f'(x)+c_2g'(x),$$

$$(3.11) \quad \frac{d}{dx}(f(x)g(x)) = f'(x)g(x)+f(x)g'(x).$$

さらにその区間で $g(x) \neq 0$ ならば商 $f(x)/g(x)$ もその区間で微分可能であって，

$$(3.12) \quad \frac{d}{dx}\left(\frac{f(x)}{g(x)}\right) = \frac{f'(x)g(x)-f(x)g'(x)}{g(x)^2}.$$

証明も高校数学で学んだ通りであるが，念のため積と商の微分法について証明を述べる．$y=f(x), z=g(x)$ とおけば，x の増分 Δx に対応する yz の増分は

$$\Delta(yz) = (y+\Delta y)(z+\Delta z) - yz = \Delta y \cdot z + y \cdot \Delta z + \Delta y \Delta z.$$

したがって

$$\frac{\Delta(yz)}{\Delta x} = \frac{\Delta y}{\Delta x}z + y\frac{\Delta z}{\Delta x} + \Delta y \cdot \frac{\Delta z}{\Delta x}$$

であるが，仮定により，$\Delta x \to 0$ のとき $\Delta y/\Delta x \to f'(x)$, $\Delta z/\Delta x \to g'(x)$, また (3.4) により，$\Delta y \to 0$ であるから，

$$\frac{d(yz)}{dx} = \lim_{\Delta x \to 0}\frac{\Delta(yz)}{\Delta x} = f'(x) \cdot z + y \cdot g'(x),$$

すなわち

§3.2 微分の方法

$$\frac{d}{dx}(f(x)g(x)) = f'(x)g(x) + f(x)g'(x).$$

$z = g(x) \neq 0$ ならば

$$\varDelta\left(\frac{1}{z}\right) = \frac{1}{z+\varDelta z} - \frac{1}{z} = \frac{-\varDelta z}{(z+\varDelta z)z},$$

したがって

$$\frac{\varDelta\left(\frac{1}{z}\right)}{\varDelta x} = -\frac{1}{(z+\varDelta z)z} \cdot \frac{\varDelta z}{\varDelta x}.$$

故に

$$\frac{d}{dx}\left(\frac{1}{g(x)}\right) = \lim_{\varDelta x \to 0} \frac{\varDelta\left(\frac{1}{z}\right)}{\varDelta x} = -\frac{1}{z^2}g'(x) = -\frac{g'(x)}{g(x)^2}.$$

$f(x)/g(x) = f(x) \cdot 1/g(x)$ と考えて上で証明した (3.11) を用いれば,

$$\frac{d}{dx}\left(\frac{f(x)}{g(x)}\right) = f'(x) \cdot \frac{1}{g(x)} - f(x) \cdot \frac{g'(x)}{g(x)^2} = \frac{f'(x)g(x) - f(x)g'(x)}{g(x)^2}. \quad \blacksquare$$

この証明における極限の計算は, $f(x), g(x)$ が一つの点 x で微分可能ならば, その点において成り立つ. 故に:

定理 3.2′ 或る区間で定義された関数 $f(x), g(x)$ がその区間に属する一つの点 x で微分可能ならば, その点 x で $c_1 f(x) + c_2 g(x), f(x)g(x)$ は微分可能で, その微分係数はそれぞれ (3.10), (3.11) で与えられる. さらにもしもその点 x で $g(x) \neq 0$ ならば, $f(x)/g(x)$ も点 x で微分可能で, その微分係数は (3.12) で与えられる.

b) 合成関数の微分法

$f(x)$ を区間 I で定義された x の関数, $g(y)$ を区間 J で定義された y の関数とし, $f(x)$ の値域 $f(I)$ が $g(y)$ の定義域 J に含まれているとして, f と g の合成関数 $g(f(x))$ を考察する.

定理 3.3 $f(x)$ が I で x について微分可能, $g(y)$ が J で y について微分可能ならば, 合成関数 $g(f(x))$ は I で x について微分可能であって

(3.13) $$\frac{d}{dx}g(f(x)) = g'(f(x))f'(x).$$

証明 $y = f(x), z = g(y) = g(f(x))$ とおいて, x の増分 $\varDelta x$ に対応する y, z の

増分を $\Delta y, \Delta z$ とすれば，(3.4) により，
$$\Delta y = f'(x)\Delta x + o(\Delta x), \qquad \Delta z = g'(y)\Delta y + o(\Delta y),$$
ここで
$$o(\Delta x) = \varepsilon_1(\Delta x)\Delta x, \qquad \lim_{\Delta x \to 0}\varepsilon_1(\Delta x) = \varepsilon_1(0) = 0,$$
$$o(\Delta y) = \varepsilon_2(\Delta y)\Delta y, \qquad \lim_{\Delta y \to 0}\varepsilon_2(\Delta y) = \varepsilon_2(0) = 0.$$
故に
$$\Delta z = (g'(y) + \varepsilon_2(\Delta y))\Delta y = (g'(y) + \varepsilon_2(\Delta y))(f'(x) + \varepsilon_1(\Delta x))\Delta x.$$
したがって
$$\varepsilon(\Delta x) = (g'(y) + \varepsilon_2(\Delta y))\varepsilon_1(\Delta x) + f'(x)\varepsilon_2(\Delta y)$$
とおけば
$$\Delta z = g'(y)f'(x)\Delta x + \varepsilon(\Delta x)\Delta x.$$
$\Delta x \to 0$ のとき $\Delta y \to 0$, $\varepsilon_1(\Delta x) \to 0$, また $\Delta y \to 0$ のとき $\varepsilon_2(\Delta y) \to 0$, さらに $\varepsilon_2(0) = 0$ であるから，$\Delta x \to 0$ のとき $\varepsilon_2(\Delta y) \to 0$, したがって
$$\lim_{\Delta x \to 0}\varepsilon(\Delta x) = 0.$$
故に
$$\lim_{\Delta x \to 0}\frac{\Delta z}{\Delta x} = g'(y)f'(x).$$
すなわち $g(f(x))$ は x について微分可能であって
$$\frac{d}{dx}g(f(x)) = g'(y)f'(x), \qquad y = f(x). \qquad \blacksquare$$

$y = f(x), z = g(y)$ とおけば，(3.13) は

(3.14) $$\frac{dz}{dx} = \frac{dz}{dy}\cdot\frac{dy}{dx}$$

と書かれる．微分の記号を用いれば

(3.15) $$dz = g'(y)f'(x)dx.$$

この結果によれば，dz を求めるには $dz = g'(y)dy$ に機械的に $dy = f'(x)dx$ を代入すればよい．

　注意　上記の定理 3.3 の証明において，$\Delta x \to 0$ のとき $\Delta y \to 0$ であるが，$\Delta x \neq 0$ でも $\Delta y = 0$ となることがある．このために極限の計算：

$$\lim_{\Delta x \to 0} \frac{\Delta z}{\Delta x} = \lim_{\Delta x \to 0} \left(\frac{\Delta z}{\Delta y} \frac{\Delta y}{\Delta x}\right) = \lim_{\Delta y \to 0} \left(\frac{\Delta z}{\Delta y}\right) \lim_{\Delta x \to 0} \left(\frac{\Delta y}{\Delta x}\right)$$

から (3.14) を導く証明は一般には成立しない．なぜなら，$\Delta y=0$ となったとき $\Delta z/\Delta y$ は無意味となるからである．上記の証明では，$\Delta x \neq 0$, $\Delta y=0$ となっても $\varepsilon_2(\Delta y) = \varepsilon_2(0) = 0$ となるから，$\Delta x \to 0$ のとき $\varepsilon_2(\Delta y) \to 0$，したがって $\varepsilon(\Delta x) \to 0$ となったのである．

定理 3.3′ $f(x)$ が $x=a$ で微分可能，$g(y)$ が $y=f(a)$ で微分可能ならば，合成関数 $\sigma(x) = g(f(x))$ は $x=a$ で微分可能であって
$$\sigma'(a) = g'(f(a))f'(a).$$

証明 定理 3.3 の証明において，x を a，y を $b=f(a)$ で置き換えればよい．∎

c) 逆関数の微分法

$y=f(x)$ を区間 I で定義された x の連続な単調関数としたとき，その逆関数 $x=f^{-1}(y)$ は，定理 2.7 により，区間 $f(I)$ で定義された y の連続な単調関数である．このとき

定理 3.4 区間 I で $y=f(x)$ が x について微分可能で $f'(x) \neq 0$ ならば，$x=f^{-1}(y)$ は区間 $f(I)$ で y について微分可能であって

(3.16) $$\frac{dx}{dy} = 1\bigg/\left(\frac{dy}{dx}\right).$$

証明 y の増分 Δy に対応する x の増分を Δx とすれば，$f^{-1}(y)$ が連続で単調であるから，$\Delta y \to 0$ のとき $\Delta x \to 0$ で $\Delta y \neq 0$ のとき $\Delta x \neq 0$ である．故に

$$\frac{dx}{dy} = \lim_{\Delta y \to 0} \frac{\Delta x}{\Delta y} = \lim_{\Delta x \to 0} \left(1\bigg/\left(\frac{\Delta y}{\Delta x}\right)\right) = 1\bigg/\left(\frac{dy}{dx}\right).$$ ∎

$y=f(x)$ が連続な単調増加関数であっても或る点 x で $f'(x)=0$ となることはしばしば起こる．たとえば $f(x)=x^3$ とおけば $f'(0) = \lim_{\Delta x \to 0} (\Delta x)^3/\Delta x = \lim_{\Delta x \to 0} (\Delta x)^2 = 0$. このとき $\Delta y = (\Delta x)^3$ であるから

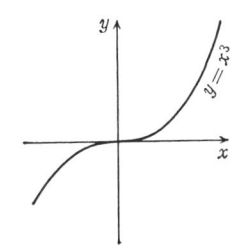

$$\lim_{\Delta y \to 0}\frac{\Delta x}{\Delta y} = \lim_{\Delta x \to 0}\frac{1}{(\Delta x)^2} = +\infty,$$

すなわち $f^{-1}(y) = y^{1/3}$ は $y=0$ で微分可能でない.

d) 初等関数の導関数

(1°) **多項式と有理式** x の関数 x^n, n は自然数, の導関数が nx^{n-1} であることは高校数学で学んだが, このことは n に関する帰納法によって直ぐに確かめられる. すなわち, $n=1$ のときは $dx/dx = 1$. $n \geq 2$ のとき $(d/dx)x^{n-1} = (n-1)\cdot x^{n-2}$ と仮定すれば, 積の微分法により, $(d/dx)x^n = (d/dx)(x\cdot x^{n-1}) = 1\cdot x^{n-1} + x\cdot(n-1)x^{n-2} = nx^{n-1}$. 故に, 帰納法により,

$$\frac{d}{dx}x^n = nx^{n-1}.$$

したがって多項式:

$$f(x) = a_0 x^n + a_1 x^{n-1} + \cdots + a_{n-1}x + a_n$$

の導関数は

$$f'(x) = na_0 x^{n-1} + (n-1)a_1 x^{n-2} + \cdots + a_{n-1}.$$

有理式 $f(x)/g(x)$, $f(x)$, $g(x)$ は多項式, の導関数を求めるにはまず $f'(x)$, $g'(x)$ を求め, つぎに商の微分法を適用すればよい.

(2°) **対数関数** a を 1 でない正の実数として, 対数関数 $\log_a x$ を考察する. x の変域は $\boldsymbol{R}^+ = (0, +\infty)$ である. (2.8), (2.9) により

$$e = \lim_{t \to +\infty}\left(1+\frac{1}{t}\right)^t = \lim_{t \to -\infty}\left(1+\frac{1}{t}\right)^t,$$

したがって $s = 1/t$ とおけば

(3.17) $$e = \lim_{s \to 0}(1+s)^{1/s}.$$

さて

$$\frac{1}{h}(\log_a(x+h) - \log_a x) = \frac{1}{h}\log_a\left(\frac{x+h}{x}\right) = \log_a\left(1+\frac{h}{x}\right)^{1/h}$$

であるから, $s = h/x$ とおけば

$$\frac{1}{h}(\log_a(x+h) - \log_a x) = \log_a(1+s)^{1/sx} = \frac{1}{x}\log_a(1+s)^{1/s}.$$

故に, (3.17) と $\log_a x$ の連続性により,

§3.2 微分の方法

$$\lim_{h\to 0}\frac{1}{h}(\log_a(x+h)-\log_a x) = \frac{1}{x}\lim_{s\to 0}\log_a(1+s)^{1/s} = \frac{1}{x}\log_a e.$$

すなわち

(3.18) $$\frac{d}{dx}\log_a x = (\log_a e)\frac{1}{x},$$

特に, $a=e$ とおけば

(3.19) $$\frac{d}{dx}\log x = \frac{1}{x}.$$

対数関数の底として e をとるのが自然である理由は等式 (3.19) にある.

(3°) **指数関数, 巾関数** 1 でない正の実数 a を底とする指数関数 $y=a^x$ は数直線 R 上で定義された連続な単調関数であって, その逆関数は対数関数: $x=\log_a y$ である. (3.18) により $dx/dy=\log_a e\cdot 1/y$, また, (2.12) により, $\log_a e\cdot \log_e a=1$ であるから, 逆関数の微分法により

$$\frac{dy}{dx} = 1\Big/\left(\frac{dx}{dy}\right) = (\log a)y,$$

すなわち

(3.20) $$\frac{d}{dx}a^x = (\log a)a^x,$$

特に

(3.21) $$\frac{d}{dx}e^x = e^x.$$

以上対数関数の導関数を用いて指数関数の導関数を求めたが, e^x の巾級数表示 (2.10) を用いれば, (3.21) をつぎのようにして直接証明することができる.

$$\frac{e^{x+h}-e^x}{h} = e^x\cdot\frac{e^h-1}{h}$$

であるから, (3.21) を証明するには $\lim_{h\to 0}(e^h-1)/h=1$ であることをいえばよい. (2.10) により

$$e^h = 1+h+\sum_{n=2}^\infty \frac{h^n}{n!},$$

したがって

$$\frac{e^h-1}{h} = 1+\sum_{n=2}^\infty \frac{h^{n-1}}{n!}$$

であるが，$|h|<1$ のとき

$$\left|\sum_{n=2}^{\infty}\frac{h^{n-1}}{n!}\right| \leq \sum_{n=1}^{\infty}|h|^n = \frac{|h|}{1-|h|}.$$

故に

$$\lim_{h\to 0}\frac{e^h-1}{h}=1.$$

これで (3.21) が証明された．つぎに，$a^x=(e^{\log a})^x=e^{x\log a}$ であるから，$y=x\cdot\log a$ とおけば $a^x=e^y$，したがって合成関数の微分法により，

$$\frac{d}{dx}a^x = \frac{dy}{dx}\frac{d}{dy}e^y = \log a\cdot e^y = \log a\cdot a^x.$$

これで (3.20) が証明された．

任意に与えられた実数 α に対して，巾関数 x^α，x の変域は $\boldsymbol{R}^+=(0,+\infty)$，は $x^\alpha=e^{\alpha\log x}$ と表わされる．$y=\alpha\log x$ とおけば，$x^\alpha=e^y$，したがって，(3.19)，(3.21) により

$$\frac{dx^\alpha}{dx} = \frac{de^y}{dy}\cdot\frac{dy}{dx} = e^y\alpha\frac{1}{x} = \alpha x^\alpha x^{-1} = \alpha x^{\alpha-1},$$

すなわち

(3.22) $$\frac{d}{dx}x^\alpha = \alpha x^{\alpha-1}.$$

(4°) **三角関数** 加法定理 (2.23) により

$$\sin(x+h) = \sin h\cos x + \cos h\sin x$$

であるから

$$\frac{\sin(x+h)-\sin x}{h} = \frac{\sin h}{h}\cos x + \frac{\cos h-1}{h}\sin x.$$

したがって $\sin x$ の導関数を求めるには $h\to 0$ のときの $\sin h/h$ と $(\cos h-1)/h$ の極限を求めればよい．(2.25) により

$$\frac{\sin h}{h} = 1 - \frac{h^2}{3!} + \frac{h^4}{5!} - \frac{h^6}{7!} + \cdots.$$

$0<|h|<1$ のとき，この右辺の交代級数の項の絶対値の成す数列 $\{h^{2n}/(2n+1)!\}$ は単調減少で 0 に収束する．故に，定理 1.23 により，

$$1-\frac{h^2}{6} < \frac{\sin h}{h} < 1, \quad 0<|h|<1,$$

したがって

(3.23) $$\lim_{h \to 0} \frac{\sin h}{h} = 1.$$

$\sin^2 h = 1 - \cos^2 h = (1+\cos h)(1-\cos h)$ であるから

$$\frac{1-\cos h}{h} = \frac{\sin h}{1+\cos h} \cdot \frac{\sin h}{h}.$$

したがって, $h \to 0$ のとき $\cos h \to 1$, $\sin h \to 0$ であるから, (3.23) により,

(3.24) $$\lim_{h \to 0} \frac{1-\cos h}{h} = 0.$$

故に

$$\lim_{h \to 0} \frac{\sin(x+h) - \sin x}{h} = \cos x,$$

すなわち

(3.25) $$\frac{d}{dx} \sin x = \cos x.$$

加法定理 (2.23) により

$$\frac{\cos(x+h) - \cos x}{h} = \frac{\cos h - 1}{h} \cos x - \frac{\sin h}{h} \sin x$$

であるから, 同様に

(3.26) $$\frac{d}{dx} \cos x = -\sin x.$$

商の微分法を用いれば, (3.25), (3.26) から直ちに

(3.27) $$\frac{d}{dx} \tan x = \frac{1}{\cos^2 x}, \quad x \neq \frac{\pi}{2} \pm m\pi, \ m \text{ は整数},$$

を得る.

§3.3 導関数の性質

定理 3.5(平均値の定理) $f(x)$ が閉区間 $[a, b]$ で連続, 開区間 (a, b) で微分可能ならば

(3.28) $$f'(\xi) = \frac{f(b) - f(a)}{b - a}, \quad a < \xi < b,$$

なる点 ξ が存在する.

関数 f のグラフ G_f についていえば, (3.28) は G_f の点 $(\xi, f(\xi))$ における接線が G_f の両端 $(a, f(a))$ と $(b, f(b))$ を通る直線 l に平行であることを意味する.

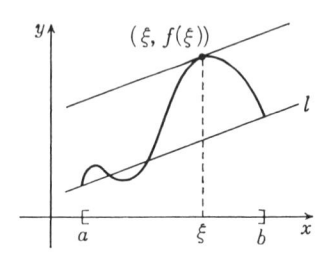

まずこの定理の特別な場合を補題として証明する.

補題 3.1 (Rolle の定理)　$f(x)$ が $[a, b]$ で連続, (a, b) で微分可能で $f(a) = f(b)$ ならば, $f'(\xi) = 0$, $a < \xi < b$, なる点 ξ が存在する.

証明　$\gamma = f(a) = f(b)$ とおく. $[a, b]$ で $f(x)$ が常に γ に等しい場合にはすべての ξ, $a < \xi < b$, について $f'(\xi) = 0$ であるから, この場合を除いて考える. 定理 2.4 により, 閉区間 $[a, b]$ で定義された連続関数 $f(x)$ は最大値 $\beta = f(\xi)$, $a \leq \xi \leq b$, と最小値 $\alpha = f(\eta)$, $a \leq \eta \leq b$, をもつ. $\beta = \alpha = \gamma$ なる場合は除いているから, $\beta > \gamma$ または $\alpha < \gamma$ である. $\beta = f(\xi) > \gamma$ ならば $a < \xi < b$, したがって, 仮定により,

$$f'(\xi) = \lim_{h \to 0} \frac{f(\xi + h) - f(\xi)}{h}$$

が存在する. $f(\xi + h) - f(\xi) \leq 0$ であるから, $h > 0$ か $h < 0$ かにしたがって, $(f(\xi + h) - f(\xi))/h \leq 0$ か ≥ 0 かとなる. したがって

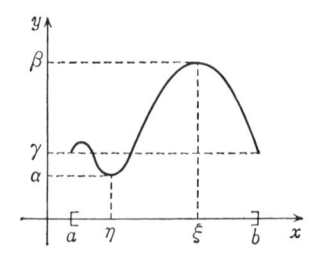

§3.3 導関数の性質

$$f'(\xi) = \lim_{h \to +0} \frac{f(\xi+h)-f(\xi)}{h} \leqq 0,$$

$$f'(\xi) = \lim_{h \to -0} \frac{f(\xi+h)-f(\xi)}{h} \geqq 0.$$

故に $f'(\xi)=0$ である.

$\alpha=f(\eta)<\gamma$ ならば $a<\eta<b$ であって,同様にして $f'(\eta)=0$ であることが証明される.∎

定理 3.5 の証明

$$q = \frac{f(b)-f(a)}{b-a}$$

とおけば,f のグラフ G_f の両端 $(a,f(a)), (b,f(b))$ を通る直線 l の方程式は

$$y = f(a) + q(x-a)$$

である.$f(x)$ とこの方程式の右辺の差を

$$g(x) = f(x) - f(a) - q(x-a)$$

とおく.$g(x)$ は $[a,b]$ で連続,(a,b) で微分可能で,$g(a)=g(b)=0$ である.故に,補題 3.1 により,$g'(\xi)=0$, $a<\xi<b$, なる ξ が存在する.$g'(x)=f'(x)-q$ であるから,$f'(\xi)=q$.∎

定理 3.6 $f(x)$ を或る区間 I で定義された微分可能な関数とする.このとき I で常に $f'(x)>0$ ならば $f(x)$ は単調増加であり,つねに $f'(x)<0$ ならば $f(x)$ は単調減少である.また,I でつねに $f'(x)=0$ ならば $f(x)$ は定数である.

証明 I に属する 2 点 s,t, $s<t$, が任意に与えられたとき,平均値の定理により

$$f(t) - f(s) = f'(\xi)(t-s), \quad s<\xi<t,$$

なる ξ が存在するから,I で常に $f'(x)>0$ ならば $f(s)<f(t)$,常に $f'(x)<0$ ならば $f(s)>f(t)$,また常に $f'(x)=0$ ならば $f(s)=f(t)$ である.∎

区間 I で $f(x)$ が微分可能で単調増加であっても,必ずしも I で常に $f'(x)>0$ とは限らない.たとえば,$f(x)=x^3$ は $\boldsymbol{R}$ で単調増加であるが $f'(0)=0$ となる.すなわち,つねに $f'(x)>0$ であることは単調増加であるための十分条件ではあるが必要条件ではない.

定理 3.7 $f(x)$ を区間 I で定義された微分可能な関数とする.$f(x)$ が単調非

減少であるための必要かつ十分な条件は I で常に $f'(x) \geqq 0$ なることである. $f(x)$ が単調非増加であるための必要かつ十分な条件は I でつねに $f'(x) \leqq 0$ なることである.

証明 $y=f(x)$ が単調非減少ならば $\varDelta x>0$ のとき $\varDelta y \geqq 0$, $\varDelta x<0$ のとき $\varDelta y \leqq 0$ であるから,

$$f'(x) = \lim_{\varDelta x \to 0} \frac{\varDelta y}{\varDelta x} \geqq 0.$$

逆に, I で常に $f'(x) \geqq 0$ ならば, I に属する任意の 2 点 s,t, $s<t$, に対して, 平均値の定理により

$$f(t)-f(s) = f'(\xi)(t-s), \quad s<\xi<t,$$

なる ξ が存在するから, $f(t) \geqq f(s)$, すなわち $f(x)$ は単調非減少である. 単調非増加であるための条件についても証明は同様である. ∎

定理 3.8 区間 I で定義された微分可能な関数 $f(x)$ が単調増加であるための必要かつ十分な条件は, I で常に $f'(x) \geqq 0$ で, $f'(x)>0$ なる点 x の集合が I で稠密であることである.

証明 $f(x)$ が単調増加であるとすれば, 前定理により, I で常に $f'(x) \geqq 0$ であるが, $f'(x)>0$ なる点 x の集合が I で稠密でなかったと仮定すれば, 閉区間 $[s,t] \subset I$, $s<t$, で $f'(x)>0$ なる点 x を一つも含まないものが存在する. すなわち, $s<x<t$ ならば $f'(x)=0$. したがって, 定理 3.6 により, $f(s)=f(t)$ となって, $f(x)$ が単調増加であることに矛盾する. 故に $f'(x)>0$ なる点 x の集合は I で稠密である.

逆に, I でつねに $f'(x) \geqq 0$ で $f'(x)>0$ なる点 x の集合が I で稠密であると仮定すれば, まず, 前定理により, $f(x)$ は単調非減少であるが, $f(x)$ が単調増加でなかったとすれば, I に属する或る 2 点 s,t, $s<t$, について $f(s)=f(t)$, したがって $s<x<t$ のとき, $f(x)=f(s)$, 故に $f'(x)=0$ となって仮定に矛盾する. 故に $f(x)$ は単調増加である. ∎

単調減少であるための条件についても同様な定理が成り立つことはいうまでもない.

例 3.2 $f(x)=\log x/x$ とおけば $f'(x)=(1-\log x)/x^2$. したがって $x<e$ のとき $f'(x)>0$, $x>e$ のとき $f'(x)<0$, 故に $\log x/x$ は区間 $(0,e]$ で単調増加,

§3.3 導関数の性質

$[e, +\infty)$ で単調減少である．§2.3, c), 例2.9 により, $\lim_{x \to +\infty} \log x/x = 0$, $t = 1/x$ とおけば $x \to +0$ のとき $t \to +\infty$ となるから, $\lim_{x \to +0} \log x/x = -\lim_{t \to +\infty} t \log t = -\infty$. $(0, +\infty)$ で定義された関数 $\log x/x$ は $x = e$ で最大値 $1/e$ をとる．——

つぎの定理は平均値の定理の拡張である：

定理 3.9 $f(x), g(x)$ は閉区間 $[a, b]$ で連続，開区間 (a, b) で微分可能で，(a, b) 内のどの点 x においても $f'(x), g'(x)$ が同時に 0 になることはないとする．このとき，$g(a) \neq g(b)$ ならば，

$$(3.29) \quad \frac{f'(\xi)}{g'(\xi)} = \frac{f(b) - f(a)}{g(b) - g(a)}, \quad a < \xi < b,$$

なる点 ξ が存在する．

証明 $\lambda = f(b) - f(a)$, $\mu = g(b) - g(a)$ とおいて，関数:

$$\varphi(x) = \mu(f(x) - f(a)) - \lambda(g(x) - g(a))$$

を考察する．$\varphi(x)$ は $[a, b]$ で連続，(a, b) で微分可能であって，明らかに $\varphi(a) = \varphi(b) = 0$ である．故に，補題3.1 により，$\varphi'(\xi) = 0$, $a < \xi < b$, なる ξ が存在する．$\varphi'(x) = \mu f'(x) - \lambda g'(x)$ であるから $\mu f'(\xi) = \lambda g'(\xi)$, すなわち

$$(g(b) - g(a))f'(\xi) = (f(b) - f(a))g'(\xi).$$

もしもここで $g'(\xi) = 0$ とすれば，$g(b) - g(a) \neq 0$ であるから，$f'(\xi) = 0$ となって仮定に反する．故に $g'(\xi) \neq 0$, したがって

$$\frac{f'(\xi)}{g'(\xi)} = \frac{f(b) - f(a)}{g(b) - g(a)}.\quad\blacksquare$$

微分可能性と連続性の関係について二，三の注意を述べる．或る区間で微分可能な関数はその区間で連続である（定理3.1 の系）．しかし連続な関数は必ずしも微分可能でない．

例 3.3 関数 $f(x)$ を, $x \neq 0$ のとき $f(x) = x \sin(1/x)$, $x = 0$ のとき $f(0) = 0$ と定義すれば，$x \neq 0$ のとき $f(x)$ は明らかに連続，また $|f(x) - f(0)| \leq |x|$ であるから $f(x)$ は $x = 0$ でも連続である．しかし

$$\lim_{h \to 0} \frac{f(h) - f(0)}{h} = \lim_{h \to 0} \sin \frac{1}{h}$$

は存在しないから，$f(x)$ は $x = 0$ では微分可能でない．$x \neq 0$ のとき $f(x)$ は微分可能で

$$f'(x) = \sin\frac{1}{x} - \frac{1}{x}\cos\frac{1}{x}.$$

例 3.4
$$f(x) = \sum_{n=1}^{\infty} \frac{1}{2^n} |\sin(\pi n! x)|$$

とおく．任意の実数 x に対してこの等式の右辺の級数が絶対収束することは明らかである．$f(x)$ は数直線 $\boldsymbol{R}$ 上で定義された x の連続関数であるが，各有理点 r において微分可能でない．[証明] $f(x)$ が連続関数であることは第5章で証明する．$|\sin(\pi x)|$ は x の連続関数であって，数直線 $\boldsymbol{R}$ 上整数を除いて微分可能，各整数 k においては左および右に微分可能で

$$D^+|\sin(\pi k)| = \pi, \quad D^-|\sin(\pi k)| = -\pi.$$

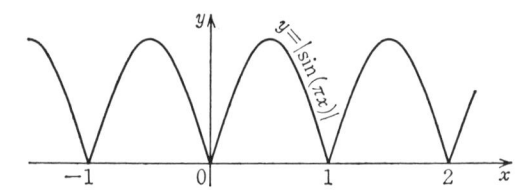

$f(x)$ が或る一つの有理点 r で微分可能であったと仮定して，$n!r$ が整数となる自然数 n の最小なものを m とする．そうすれば $n<m$ のとき，$n!r$ は整数でないから，$|\sin(\pi n! x)|$ は $x=r$ において微分可能，したがって

$$f_m(x) = \sum_{n=m}^{\infty} \frac{1}{2^n} |\sin(\pi n! x)|$$

も $x=r$ において微分可能でなければならない．一方 $\sigma_m(x) = |\sin(\pi m! x)|/2^m$ とおけば

$$f_m(x) \geqq \sigma_m(x), \quad f_m(r) = \sigma_m(r) = 0$$

となるから，$x \to r+0$ のときは $x-r>0$，$x \to r-0$ のときは $x-r<0$ なることに留意すれば，

$$f_m'(r) = \lim_{x \to r+0} \frac{f_m(x)}{x-r} \geqq \lim_{x \to r+0} \frac{\sigma_m(x)}{x-r} = D^+\sigma_m(r) = \frac{m!\pi}{2^m},$$

$$f_m'(r) = \lim_{x \to r-0} \frac{f_m(x)}{x-r} \leqq \lim_{x \to r-0} \frac{\sigma_m(x)}{x-r} = D^-\sigma_m(r) = -\frac{m!\pi}{2^m}.$$

これは矛盾である．∎

§3.3 導関数の性質

Weierstrass は，たとえば

$$f(x) = \sum_{n=1}^{\infty} \frac{1}{2^n} \cos(k^n \pi x), \quad k \text{ は奇数, } k \geq 13,$$

で定義された連続関数 $f(x)$ は数直線 $\boldsymbol{R}$ 上の各点 x で微分可能でないことを示した[1].

或る区間で微分可能，したがって連続な関数の導関数は必ずしもその区間で連続でない．

例 3.5 関数 $f(x)$ を，$x \neq 0$ のとき $f(x) = x^2 \sin(1/x)$，$x=0$ のとき $f(0)=0$ と定義する.

$$f'(0) = \lim_{h \to 0} \frac{f(h)-f(0)}{h} = \lim_{h \to 0} h \sin \frac{1}{h} = 0,$$

$x \neq 0$ のときには

$$f'(x) = 2x \sin \frac{1}{x} - \cos \frac{1}{x}.$$

すなわち $f(x)$ は $\boldsymbol{R}$ 上の各点 x で微分可能である．しかし，$h_n = 1/n\pi$，n は自然数，とおけば，$n \to \infty$ のとき $h_n \to 0$ で，$f'(h_n) = (-1)^{n+1}$. したがって $f'(x)$ は $x=0$ で連続でない．さらに，$\lim_{x \to +0} f'(x)$ は存在しない．$\lim_{x \to -0} f'(x)$ も存在しない．

定理 3.10 区間 $[c, b)$ で定義された連続関数 $f(x)$ が，(c, b) で微分可能で $\lim_{x \to c+0} f'(x)$ が存在するならば，$f(x)$ は c においても微分可能で

$$f'(c) = \lim_{x \to c+0} f'(x).$$

証明 $c < x < b$ とすれば，平均値の定理により，

$$\frac{f(x)-f(c)}{x-c} = f'(\xi), \quad c < \xi < x,$$

なる ξ が存在する．ξ はもちろんただ一つとは限らないが，おのおのの x に対応して ξ を一つ選んでおけば，$x \to c+0$ のとき $\xi \to c+0$ であるから，

$$\lim_{x \to c+0} \frac{f(x)-f(c)}{x-c} = \lim_{\xi \to c+0} f'(\xi).$$

すなわち $f(x)$ は c において微分可能で $f'(c) = \lim_{x \to c+0} f'(x)$. ∎

同様に，$(a, c]$ で定義された連続関数 $f(x)$ が (a, c) で微分可能で $\lim_{x \to c-0} f'(x)$

---

1) 藤原松三郎 "微分積分学 I", pp. 160-164 参照.

が存在すれば，$f(x)$ は c においても微分可能で $f'(c) = \lim_{x \to c-0} f'(x)$ である．

系 $f(x)$ が区間 (a, b) で連続でその区間内の 1 点 c を除いて微分可能であるとする．このとき $\lim_{x \to c} f'(x)$ が存在するならば，$f(x)$ は c においても微分可能であって，$f'(c) = \lim_{x \to c} f'(x)$．──

$f(x)$ は (a, b) で微分可能，$a<c<b$ とする．このとき $\lim_{x \to c+0} f'(x)$, $\lim_{x \to c-0} f'(x)$ が共に存在すれば，$\lim_{x \to c+0} f'(x) = f'(c)$, $\lim_{x \to c-0} f'(x) = f'(c)$，すなわち $f'(x)$ は c において連続である．導関数 $f'(x)$ は $\lim_{x \to c+0} f'(x)$, $\lim_{x \to c-0} f'(x)$ が共に存在して $\lim_{x \to c+0} f'(x) \neq \lim_{x \to c-0} f'(x)$ であるというような単純な不連続点をもたないのである．

滑らかな関数 関数 $f(x)$ が或る区間 I で微分可能でその導関数 $f'(x)$ が I で連続であるとき，$f(x)$ は I で**滑らか** (smooth) である，あるいは**連続微分可能**であるという．

有限の幅をもつ区間 I で連続な関数 $f(x)$ がつぎの条件を満たすとき，$f(x)$ は I で**区分的に滑らか** (piecewise smooth) であるという：$f(x)$ は I で有限個の点 $a_1, a_2, \cdots, a_k, \cdots, a_m$ を除いて滑らかで，各 a_k では左右へ微分可能で

$$\lim_{x \to a_k+0} f'(x) = D^+f(a_k), \qquad \lim_{x \to a_k-0} f'(x) = D^-f(a_k).$$

このとき，たとえば $I = (a, b]$ とし，$a_1 < \cdots < a_{k-1} < a_k < \cdots < a_m$ とすれば，I は $m+1$ 個の部分区間：$I_1 = (a, a_1], \cdots, I_k = [a_{k-1}, a_k], \cdots, I_{m+1} = [a_m, b]$ に分割され，各部分区間 I_k で $f(x)$ は滑らかである．区分的に滑らかというゆえんである．応用上は単に微分可能な関数よりも滑らかな関数，あるいは区分的に滑らかな関数を扱うことが多い．

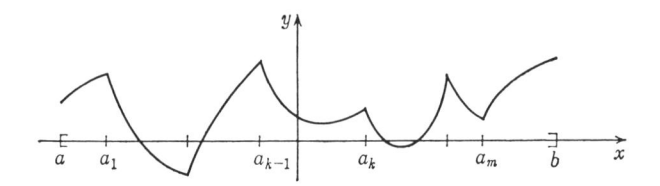

無限の幅をもつ区間，たとえば $[0, +\infty)$ で連続な関数 $f(x)$ については，$[0, +\infty)$ に含まれる有限の幅をもつ如何なる区間 I に対しても $f(x)$ が I で区分的に滑らかであるとき，$f(x)$ は $[0, +\infty)$ で区分的に滑らかであるということにする．たとえば $|\sin x|$ は $(-\infty, +\infty)$ で区分的に滑らかである．

§3.4 高次微分法

a) 高次導関数

或る区間 I で定義された微分可能な関数 $f(x)$ の導関数 $f'(x)=(d/dx)f(x)$ がまた I で微分可能であるとき, $f(x)$ は I で2回微分可能であるといい, $f'(x)$ の導関数 $(d/dx)f'(x)$ を $f(x)$ の **2次導関数**(second derivative)とよぶ. $f(x)$ の2次導関数を $f''(x)$ あるいは $(d^2/dx^2)f(x)$ で表わす. $(d^2/dx^2)f(x)$ はもちろん $(d/dx)((d/dx)f(x))$ を意味する. さらに, $f''(x)$ が I で微分可能ならば, $f(x)$ は I で3回微分可能であるといい, $f''(x)$ の導関数 $(d/dx)f''(x)$ を $f(x)$ の **3次導関数**(third derivative)とよび, それを $f'''(x)$ あるいは $(d^3/dx^3)f(x)$ で表わす. 以下同様に4次, 5次, …, n 次, … の導関数を定義する. すなわち, 一般に, $f(x)$ の $n-1$ 次導関数 $f^{(n-1)}(x)=(d^{n-1}/dx^{n-1})f(x)$ が I で微分可能ならば, $f(x)$ は I で n 回微分可能であるといい, $f^{(n-1)}(x)$ の導関数 $(d/dx)f^{(n-1)}(x)$ を $f(x)$ の **n 次導関数**(n-th derivative, n-th derived function)とよび, それを $f^{(n)}(x)$ あるいは $(d^n/dx^n)f(x)$ で表わす. n 次導関数をまた**第 n 階**の導関数という. I に属する点 a における $f^{(n)}(x)$ の値 $f^{(n)}(a)$ を $f(x)$ の a における **n 次微分係数**とよぶ.

$y=f(x)$ の n 次導関数を表わす記号は, $f^{(n)}(x), (d^n/dx^n)f(x)$ の他に d^ny/dx^n, $y^{(n)}, (d/dx)^nf(x), D^nf(x)$ 等がある.

一般に, 関数 $f(x)$ の定義域が区間 I を含むとき, §2.2, a)で述べた規約に従って, $f(x)$ の I への制限 $f_I(x)$ が I で n 回微分可能であるとき, $f(x)$ は I で n 回微分可能である, あるいは I で x について n 回微分可能であるという.

定理 3.11 関数 $y=f(x), z=g(x)$ が区間 I で n 回微分可能ならば, その1次結合 $c_1y+c_2z=c_1f(x)+c_2g(x)$, c_1,c_2 は定数, およびその積 $yz=f(x)g(x)$ も I で n 回微分可能であって,

$$(3.30) \qquad \frac{d^n}{dx^n}(c_1y+c_2z) = c_1y^{(n)}+c_2z^{(n)},$$

$$(3.31) \qquad \frac{d^n}{dx^n}(yz) = y^{(n)}z+\binom{n}{1}y^{(n-1)}z'+\cdots+\binom{n}{k}y^{(n-k)}z^{(k)}+\cdots+yz^{(n)}.$$

さらに区間 I で $g(x)\ne 0$ ならば商 $f(x)/g(x)$ も I で n 回微分可能である.

証明 c_1y+c_2z が n 回微分可能で(3.30)が成り立つことは明らかである.

yz が n 回微分可能で(3.31)が成り立つことは n に関する帰納法によって容易に証明される.すなわち,yz が $n-1$ 回微分可能で

$$\frac{d^{n-1}}{dx^{n-1}}(yz) = \sum_{k=0}^{n-1}\binom{n-1}{k}y^{(n-1-k)}z^{(k)}$$

であることが証明されたと仮定する.ただしここで $y^{(0)}=y$, $z^{(0)}=z$ とする.y, z は仮定により n 回微分可能,したがってこの式の右辺の $y^{(n-1-k)}$, $z^{(k)}$ はすべて少なくとも1回微分可能であるから,$(d^{n-1}/dx^{n-1})(yz)$ は微分可能,すなわち yz は n 回微分可能である.

$$\frac{d}{dx}(y^{(n-1-k)}z^{(k)}) = y^{(n-k)}z^{(k)} + y^{(n-k-1)}z^{(k+1)}$$

であるから,公式:$\binom{n-1}{k}+\binom{n-1}{k-1}=\binom{n}{k}$ を用いて,

$$\begin{aligned}\frac{d^n}{dx^n}(yz) &= \sum_{k=0}^{n-1}\binom{n-1}{k}y^{(n-k)}z^{(k)} + \sum_{k=0}^{n-1}\binom{n-1}{k}y^{(n-k-1)}z^{(k+1)}\\ &= y^{(n)}z + \sum_{k=1}^{n-1}\left[\binom{n-1}{k}+\binom{n-1}{k-1}\right]y^{(n-k)}z^{(k)} + yz^{(n)}\\ &= y^{(n)}z + \sum_{k=1}^{n-1}\binom{n}{k}y^{(n-k)}z^{(k)} + yz^{(n)}\end{aligned}$$

を得る.すなわち(3.31)が成り立つ.

$z=g(x)\neq 0$ のとき $y/z=f(x)/g(x)$ が n 回微分可能であることを証明するためには $1/z$ が n 回微分可能なことをいえばよい.$(d/dx)(1/z)=-z'/z^2$ であるから

$$\frac{d^2}{dx^2}\left(\frac{1}{z}\right) = -\frac{z''}{z^2} + \frac{2z'^2}{z^3} = \frac{-zz''+2z'^2}{z^3},$$

同様に

$$\frac{d^3}{dx^3}\left(\frac{1}{z}\right) = \frac{6zz'z''-z^2z'''-6z'^3}{z^4}.$$

ここまで計算してみれば,$m=4,5,6,\cdots,n$ に対して,$1/z$ は m 回微分可能でその m 次導関数は,$z,z',z'',\cdots,z^{(m)}$ の或る多項式 $P_m(z,z',z'',\cdots,z^{(m)})$ を用いて,

(3.32) $$\frac{d^m}{dx^m}\left(\frac{1}{z}\right) = \frac{P_m(z,z',z'',\cdots,z^{(m)})}{z^{m+1}}$$

と表わされることが予想されるが,このことは m に関する帰納法によって容易

§3.4 高次微分法

に確かめられる．すなわち $1/z$ が $m-1$ 回微分可能で
$$\frac{d^{m-1}}{dx^{m-1}}\left(\frac{1}{z}\right) = \frac{P_{m-1}(z, z', \cdots, z^{(m-1)})}{z^m}$$
であると仮定すれば，$z \neq 0$, $m \leq n$ としているから，この式の右辺は微分可能，したがって $(d^{m-1}/dx^{m-1})(1/z)$ も微分可能，すなわち $1/z$ は m 回微分可能であって
$$\frac{d^m}{dx^m}\left(\frac{1}{z}\right) = \frac{1}{z^{m+1}}\left(z\frac{d}{dx}P_{m-1} - mz'P_{m-1}\right).$$
この右辺の $z(d/dx)P_{m-1}(z, z', \cdots, z^{(m-1)}) - mz'P_{m-1}(z, z', \cdots, z^{(m-1)})$ は明らかに z, $z', z'', \cdots, z^{(m)}$ の多項式となるから，それを $P_m(z, z', z'', \cdots, z^{(m)})$ で表わせば直ちに (3.32) が得られる．∎

積の高次導関数に関する公式 (3.31) を **Leibniz の法則** という．多項式 $P_m(z, z', \cdots, z^{(m)})$ を簡単な見易い形に表わすことはできない．

$f(x)$ を区間 I で定義された x の関数，$g(y)$ を区間 J で定義された y の関数とし，$f(I)$ が J に含まれているとして合成関数 $g(f(x))$ を考察する．

定理 3.12 $f(x)$ が I で n 回微分可能，$g(y)$ が J で n 回微分可能ならば，合成関数 $g(f(x))$ は I で n 回微分可能な x の関数であって，その n 次導関数： $(d^n/dx^n)g(f(x))$ は $f'(x), f''(x), \cdots, f^{(n)}(x), g'(f(x)), g''(f(x)), \cdots, g^{(n)}(f(x))$ の多項式として表わされる．

証明 $y = f(x)$ とおけば，合成関数の微分法により，
$$\frac{d}{dx}g(f(x)) = g'(f(x))f'(x) = g'(y)y'.$$
$(d/dx)g'(y) = g''(y)y'$ であるから，$(d/dx)g(f(x))$ は微分可能で
$$\frac{d^2}{dx^2}g(f(x)) = g''(y)y'^2 + g'(y)y''.$$
同様に
$$\frac{d^3}{dx^3}g(f(x)) = g'''(y)y'^3 + 3g''(y)y'y'' + g'(y)y'''.$$
以下，$m = 4, 5, 6, \cdots, n$ に対して，$g(f(x))$ が m 回微分可能で，m 次導関数 $(d^m/dx^m)g(f(x))$ が $f'(x), f''(x), \cdots, f^{(m)}(x), g'(f(x)), \cdots, g^{(m)}(f(x))$ の多項式として表わされることは m に関する帰納法によって明らかである．∎

$y=f(x)$ を区間 I で定義された x の微分可能な単調関数とし，I でつねに $f'(x) \neq 0$ とすれば，§2.2, c), 定理2.7 および §3.2, c), 定理3.4 により，逆関数 $x=f^{-1}(y)$ は区間 $f(I)$ で定義された y の微分可能な単調関数である．このとき

定理 3.13 $y=f(x)$ が I で x について n 回微分可能ならば，$x=f^{-1}(y)$ は $f(I)$ で n 回微分可能な y の関数であって，その n 次導関数は，$f', f'', \cdots, f^{(n)}$ の或る多項式 $\Phi_n(f', f'', \cdots, f^{(n)})$ を用いて，

$$(3.33) \quad \frac{d^n x}{dy^n} = \frac{\Phi_n(f'(x), f''(x), \cdots, f^{(n)}(x))}{(f'(x))^{2n-1}}, \quad x=f^{-1}(y),$$

と表わされる．

証明 (3.16) により

$$\frac{dx}{dy} = \frac{1}{f'(x)}, \quad x=f^{-1}(y),$$

であるから，$f(x)$ が 2 回以上微分可能ならば $1/f'(x)$ は x について微分可能，したがって，$x=f^{-1}(y)$ は y について微分可能だから，dx/dy は y について微分可能であって，

$$\frac{d^2 x}{dy^2} = \frac{d}{dy}\left(\frac{1}{f'(x)}\right) = \frac{dx}{dy}\frac{d}{dx}\left(\frac{1}{f'(x)}\right) = \frac{1}{f'(x)}\left(\frac{-f''(x)}{(f'(x))^2}\right) = \frac{-f''(x)}{(f'(x))^3}.$$

以下 n に関する帰納法を用いることとし，いま $f(x)$ が $n-1$ 回微分可能ならば $x=f^{-1}(y)$ は y について $n-1$ 回微分可能で

$$(3.34) \quad \frac{d^{n-1} x}{dy^{n-1}} = \frac{\Phi_{n-1}(f'(x), \cdots, f^{(n-1)}(x))}{(f'(x))^{2n-3}}, \quad x=f^{-1}(y),$$

であると仮定すれば，$f(x)$ が n 回微分可能であるとき，(3.34) の右辺は x について微分可能，$x=f^{-1}(y)$ は y について微分可能だから $d^{n-1}x/dy^{n-1}$ は y について微分可能，すなわち $x=f^{-1}(y)$ は y について n 回微分可能である．そして

$$\frac{d^n x}{dy^n} = \frac{dx}{dy}\frac{d}{dx}\left(\frac{\Phi_{n-1}}{(f')^{2n-3}}\right) = \frac{1}{(f')^{2n-1}}\left(f'\frac{d}{dx}\Phi_{n-1} - (2n-3)f''\Phi_{n-1}\right).$$

$\Phi_{n-1}(f', f'', \cdots, f^{(n-1)})$ は $f', f'', \cdots, f^{(n-1)}$ の多項式であるから

$$f'(x)\frac{d}{dx}\Phi_{n-1}(f'(x), \cdots, f^{(n-1)}(x)) - (2n-3)f''(x)\Phi_{n-1}(f'(x), \cdots, f^{(n-1)}(x))$$

は $f'(x), \cdots, f^{(n-1)}(x), f^{(n)}(x)$ の多項式として表わされる．それを $\Phi_n(f'(x),$

§3.4 高次微分法

$f''(x), \cdots, f^{(n)}(x))$ と書けば直ちに (3.33) が得られる. ∎

多項式 $\Phi_n(f', f'', \cdots, f^{(n)})$ を簡単な見易い形に表わすことはできない.

b) 初等関数の高次導関数. 多項式, 有理式

x の巾 x^k, k は自然数, については, $(d/dx)x^k = kx^{k-1}$ であるから,

$n \leq k$ のとき $\dfrac{d^n}{dx^n} x^k = k(k-1)(k-2)\cdots(k-n+1) x^{k-n}$,

$n > k$ のとき $\dfrac{d^n}{dx^n} x^k = 0$.

したがって k 次の多項式 $f(x) = a_0 + a_1 x + a_2 x^2 + \cdots + a_k x^k$ は数直線 $\boldsymbol{R}$ 上で何回でも微分可能で, $n > k$ のとき $(d^n/dx^n)f(x) = 0$ である. 定理 3.11 により, 有理式 $f(x)/g(x)$, $f(x), g(x)$ は多項式, は $\boldsymbol{R}$ 上で方程式 $g(x) = 0$ の根を除いて何回でも微分可能である.

巾関数 任意の実数 α に対して, $\boldsymbol{R}^+ = (0, +\infty)$ で定義された巾関数 x^α は, $(d/dx)x^\alpha = \alpha x^{\alpha-1}$ であるから, 何回でも微分可能であって

(3.35) $\qquad \dfrac{d^n}{dx^n} x^\alpha = \alpha(\alpha-1)(\alpha-2)\cdots(\alpha-n+1) x^{\alpha-n}$.

指数関数, 対数関数 $(d/dx)e^x = e^x$ であるから, 指数関数 e^x は何回微分しても変わらない:

$$\dfrac{d^n}{dx^n} e^x = e^x.$$

$(d/dx)\log x = x^{-1}$ であるから, 対数関数 $\log x$ も何回でも微分可能である. (3.35) により, $(d^{n-1}/dx^{n-1})x^{-1} = (-1)^{n-1}(n-1)! x^{-n}$ であるから,

(3.36) $\qquad \dfrac{d^n}{dx^n} \log x = \dfrac{(-1)^{n-1}(n-1)!}{x^n}$.

三角関数 $(d/dx)\sin x = \cos x$, $(d/dx)\cos x = -\sin x$ であるから, $\sin x$, $\cos x$ は何回でも微分可能であって,

(3.37) $\qquad \dfrac{d^{2n-1}}{dx^{2n-1}} \sin x = (-1)^{n-1} \cos x, \qquad \dfrac{d^{2n}}{dx^{2n}} \sin x = (-1)^n \sin x$,

(3.38) $\qquad \dfrac{d^{2n-1}}{dx^{2n-1}} \cos x = (-1)^n \sin x, \qquad \dfrac{d^{2n}}{dx^{2n}} \cos x = (-1)^n \cos x$.

したがって, 定理 3.11 により, $\tan x = \sin x/\cos x$ は $\cos x = 0$ となる点 x, す

なわち $\pi/2+m\pi$, m は整数, を除いて何回でも微分可能である.

c) Taylor の公式

定理 3.14 $f(x)$ を区間 I で n 回微分可能な関数とし, a を I に属する点とする. このとき, I に属する任意の点 x に対して, x と a の間に

$$f(x) = f(a) + \sum_{k=1}^{n-1} \frac{f^{(k)}(a)}{k!}(x-a)^k + \frac{f^{(n)}(\xi)}{n!}(x-a)^n$$

となる点 ξ が存在する. ──

この式を **Taylor の公式**という. この公式の最後の項 $(f^{(n)}(\xi)/n!)(x-a)^n$ を **剰余項**(remainder)といい, R_n で表わす. ξ が x と a の間にあることを $\xi = a + \theta(x-a)$, $0<\theta<1$, と書いて表わす習慣がある. これに従えば Taylor の公式は

$$(3.39) \quad f(x) = f(a) + \frac{f'(a)}{1!}(x-a) + \frac{f''(a)}{2!}(x-a)^2 + \cdots$$

$$\cdots + \frac{f^{(n-1)}(a)}{(n-1)!}(x-a)^{n-1} + R_n,$$

$$R_n = \frac{f^{(n)}(\xi)}{n!}(x-a)^n, \quad \xi = a + \theta(x-a), \quad 0<\theta<1,$$

と書かれる. $n=1$ なる場合には (3.39) は平均値の定理 (3.28) に帰着する. Taylor の公式は平均値の定理の拡張と考えられる.

定理 3.14 の証明

$$F(x) = R_n = f(x) - f(a) - \sum_{k=1}^{n-1} \frac{f^{(k)}(a)}{k!}(x-a)^k$$

とおいて, $F(x)$ を x の関数として考察する. $F(x)$ は I で n 回微分可能である. $m \leqq k$ のとき

$$\frac{d^m}{dx^m}\left(\frac{(x-a)^k}{k!}\right) = \frac{(x-a)^{k-m}}{(k-m)!}$$

であるから, $m \leqq n-1$ のとき

$$F^{(m)}(x) = f^{(m)}(x) - f^{(m)}(a) - \frac{f^{(m+1)}(a)}{1!}(x-a) - \cdots$$

$$\cdots - \frac{f^{(n-1)}(a)}{(n-1-m)!}(x-a)^{n-1-m}.$$

故に

§3.4 高次微分法

$$F(a) = F'(a) = F''(a) = \cdots = F^{(n-1)}(a) = 0.$$

$F(x)$ はすなわち剰余項 R_n であるから，$F(x)/(x-a)^n$ が $f^{(n)}(\xi)/n!$ と表わされることを証明すればよい．このために $G(x)=(x-a)^n$ とおけば，$m \leqq n-1$ のとき

$$G^{(m)}(x) = n(n-1)\cdots(n-m+1)(x-a)^{n-m},$$

$m=n$ のときには $G^{(n)}(x)=n!$ である．故に

$$G(a) = G'(a) = G''(a) = \cdots = G^{(n-1)}(a) = 0,$$

また，$x \neq a$ ならば

$$G(x) \neq 0, \quad G'(x) \neq 0, \quad \cdots, \quad G^{(n-1)}(x) \neq 0.$$

さて，$a<x$ と $x<a$ の二つの場合があるが，どちらの場合も証明は同じであるから，$a<x$ なる場合を考える．$F(a)=G(a)=0$，$x \neq a$ のとき $G'(x) \neq 0$ であるから，§3.3，定理3.9により

$$\frac{F(x)}{G(x)} = \frac{F(x)-F(a)}{G(x)-G(a)} = \frac{F'(\xi_1)}{G'(\xi_1)}, \quad a<\xi_1<x,$$

なる ξ_1 が存在する．再び定理3.9により，

$$\frac{F'(\xi_1)}{G'(\xi_1)} = \frac{F'(\xi_1)-F'(a)}{G'(\xi_1)-G'(a)} = \frac{F''(\xi_2)}{G''(\xi_2)}, \quad a<\xi_2<\xi_1,$$

なる ξ_2 が存在する．同様に，$m=3,4,5,\cdots,n-1$ に対して，

$$\frac{F^{(m-1)}(\xi_{m-1})}{G^{(m-1)}(\xi_{m-1})} = \frac{F^{(m)}(\xi_m)}{G^{(m)}(\xi_m)}, \quad a<\xi_m<\xi_{m-1},$$

なる ξ_m が存在する．故に

$$\frac{F(x)}{G(x)} = \frac{F^{(n-1)}(\xi_{n-1})}{G^{(n-1)}(\xi_{n-1})}, \quad a<\xi_{n-1}<x.$$

$F^{(n-1)}(x)=f^{(n-1)}(x)-f^{(n-1)}(a)$，$G^{(n-1)}(x)=n!(x-a)$ であるから，平均値の定理により

$$\frac{F^{(n-1)}(\xi_{n-1})}{G^{(n-1)}(\xi_{n-1})} = \frac{f^{(n-1)}(\xi_{n-1})-f^{(n-1)}(a)}{n!(\xi_{n-1}-a)} = \frac{f^{(n)}(\xi)}{n!}, \quad a<\xi<\xi_{n-1},$$

なる ξ が存在する．故に

$$\frac{F(x)}{(x-a)^n} = \frac{F(x)}{G(x)} = \frac{f^{(n)}(\xi)}{n!}, \quad a<\xi<x. \quad\blacksquare$$

上記の証明の最終段で平均値の定理を用いたが，その代りに (3.6) を用いれば

$$\frac{f^{(n-1)}(\xi_{n-1})-f^{(n-1)}(a)}{\xi_{n-1}-a} = f^{(n)}(a)+\varepsilon(\xi_{n-1}-a),$$

ここで $\varepsilon(h)$ は $\lim_{h\to 0}\varepsilon(h)=\varepsilon(0)=0$ なる関数を表わす. ξ_{n-1} は x と a の間にあるから $(1/n!)\varepsilon(\xi_{n-1}-a)(x-a)^n = o((x-a)^n)$, 故に

$$F(x) = \frac{f^{(n)}(a)}{n!}(x-a)^n + o((x-a)^n).$$

したがって

(3.40) $\quad f(x) = f(a) + \frac{f'(a)}{1!}(x-a) + \cdots + \frac{f^{(n)}(a)}{n!}(x-a)^n + o((x-a)^n).$

この式の証明に用いた (3.6) は $f^{(n-1)}(x)$ が点 a で微分可能ならば成り立つから, 公式 (3.40) は $f(x)$ が I で $n-1$ 回微分可能で $f^{(n-1)}(x)$ が点 a で微分可能ならば成立する. (3.40) は (3.6) の拡張である.

$f(x)$ が区間 I で微分可能で $f'(x)$ が I の一つの内点 a で微分可能ならば, $a+h, a-h$ が共に I に属するとき, (3.40) により

$$f(a+h) = f(a) + f'(a)h + \frac{f''(a)}{2}h^2 + o(h^2),$$

$$f(a-h) = f(a) - f'(a)h + \frac{f''(a)}{2}h^2 + o(h^2),$$

したがって

$$f(a+h) + f(a-h) - 2f(a) = f''(a)h^2 + o(h^2).$$

故に

(3.41) $\quad f''(a) = \lim_{h\to 0}\frac{f(a+h)+f(a-h)-2f(a)}{h^2}.$

Taylor の公式 (3.39) の剰余項 R_n は, また, $0\leqq q\leqq n-1$ なる整数 q を一つ定めたとき,

(3.42) $\quad R_n = \frac{f^{(n)}(\xi)(1-\theta)^q}{(n-1)!(n-q)}(x-a)^n, \quad \xi = a+\theta(x-a), \quad 0<\theta<1,$

と表わされる. [証明] 点 x を定めて

$$R_n = f(x) - f(a) - \frac{f'(a)}{1!}(x-a) - \cdots - \frac{f^{(n-1)}(a)}{(n-1)!}(x-a)^{n-1}$$

を a の関数として考察するのであるが, 見易くするために x と a を入れ替えて

§3.4 高次微分法

$$F(x) = f(a) - f(x) - \frac{f'(x)}{1!}(a-x) - \cdots - \frac{f^{(n-1)}(x)}{(n-1)!}(a-x)^{n-1}$$

とおく.仮定により $f(x)$ は区間 I で n 回微分可能であるから,$F(x)$ は I で微分可能な x の関数である.

$$F'(x) = -f'(x) + \frac{f'(x)}{1!} - \frac{f''(x)}{1!}(a-x) + \frac{f''(x)}{1!}(a-x)$$
$$- \frac{f'''(x)}{2!}(a-x)^2 + \cdots$$

であるから

$$F'(x) = -\frac{f^{(n)}(x)}{(n-1)!}(a-x)^{n-1}.$$

また明らかに $F(a)=0$ である.$G(x)=(a-x)^{n-q}$ とおけば,したがって,§3.3,定理3.9により,x と a の間に

$$\frac{F(x)}{(a-x)^{n-q}} = \frac{F(x)-F(a)}{G(x)-G(a)} = \frac{F'(\xi)}{G'(\xi)}$$

なる点 ξ が存在する.$G'(\xi) = -(n-q)(a-\xi)^{n-q-1}$ であるから,

$$F(x) = \frac{F'(\xi)}{G'(\xi)}(a-x)^{n-q} = \frac{f^{(n)}(\xi)}{(n-1)!}\frac{(a-\xi)^q}{(n-q)}(a-x)^{n-q}.$$

故に,再び x と a を入れ替えて元に戻せば

$$R_n = \frac{f^{(n)}(\xi)}{(n-1)!}\frac{(x-\xi)^q}{(n-q)}(x-a)^{n-q}.$$

ここで $\xi = a + \theta(x-a),\ 0<\theta<1$,とおけば,$x-\xi = (1-\theta)(x-a)$ となるから

$$R_n = \frac{f^{(n)}(\xi)}{(n-1)!}\frac{(1-\theta)^q}{(n-q)}(x-a)^n$$

を得る. ∎

(3.42) の右辺を **Schlömilch の剰余項**という.$q=n-1$ とおけば,(3.42) は

(3.43) $$R_n = \frac{f^{(n)}(\xi)}{(n-1)!}(1-\theta)^{n-1}(x-a)^n,$$

$$\xi = a + \theta(x-a), \quad 0 < \theta < 1,$$

となる.この式の右辺を **Cauchy の剰余項**という.$q=0$ なる場合には,(3.42) は

$$R_n = \frac{f^{(n)}(\xi)}{n!}(x-a)^n, \quad \xi = a+\theta(x-a), \quad 0<\theta<1,$$

となる.この右辺を **Lagrange の剰余項**という.Taylor の公式 (3.39) の剰余項は,すなわち Lagrange の剰余項であって,$q=0$ なる場合,(3.42) の上記の証明は Taylor の公式 (3.39) の別証を与える.しかしこの方法では $f^{(n-1)}(x)$ が 1 点 a で微分可能であるという仮定のもとで (3.40) を証明することはできない.

$f(x)$ を区間 I で何回でも微分可能な関数とすれば任意の自然数 n に対して Taylor の公式:

$$f(x) = f(a) + \frac{f'(a)}{1!}(x-a) + \cdots + \frac{f^{(n-1)}(a)}{(n-1)!}(x-a)^{n-1} + R_n$$

が成り立つ.このとき I の各点 x において

$$\lim_{n\to\infty} R_n = 0$$

ならば,$f(x)$ は I において $x-a$ の巾級数の和として

(3.44) $$f(x) = f(a) + \frac{f'(a)}{1!}(x-a) + \frac{f''(a)}{2!}(x-a)^2 + \cdots$$
$$\cdots + \frac{f^{(n)}(a)}{n!}(x-a)^n + \cdots$$

と表わされる.この巾級数を a を中心とする **Taylor 級数**,あるいは $f(x)$ の a を中心とする **Taylor 展開** (Taylor expansion) という.また,$f(x)$ を (3.44) の形に表わすことを区間 I において $f(x)$ を a を中心とする Taylor 級数に**展開する**という.

例 3.6 e^x を $a=0$ を中心とする Taylor 級数に展開して見る.$f(x)=e^x$ とおけば,$f^{(n)}(x)=e^x$ であるから,$f^{(n)}(0)=1$,したがって $R_n=(e^\xi/n!)x^n$ となる.ξ は x と 0 の間にあるから,$|\xi|<|x|$,したがって

$$|R_n| < e^{|x|}\frac{|x|^n}{n!} \longrightarrow 0 \quad (n\to\infty).$$

故に e^x は数直線 $\mathbf{R}$ 上で 0 を中心とする Taylor 級数:

$$e^x = 1 + x + \frac{x^2}{2!} + \cdots + \frac{x^n}{n!} + \cdots$$

に展開される.これはすなわち,すでに §2.3, b) で得た e^x の巾級数表示 (2.10) に他ならない.――

同様に, $\cos x$, $\sin x$ の 0 を中心とする Taylor 展開は, すなわち, その巾級数表示 (2.24), (2.25) である.

例 3.7 $\log x$ の Taylor 展開. $f(x) = \log x$ とおけば, (3.36) により, $f^{(n)}(x) = (-1)^{n-1}(n-1)!/x^n$, したがって $f^{(n)}(a)/n! = (-1)^{n-1}/na^n$, $R_n = ((-1)^{n-1}/n) \cdot ((x-a)/\xi)^n$ である. $\log x$ の定義域は $\boldsymbol{R}^+ = (0, +\infty)$ であるから, $x > 0$, $a > 0$ であるが, $a < x$ のときは $a < \xi < x$, したがって $x \leqq 2a$ ならば
$$\frac{x-a}{\xi} < \frac{x-a}{a} \leqq 1,$$
$x < a$ のときは, $x < \xi < a$ であるから, $x \geqq a/2$ ならば
$$\left|\frac{x-a}{\xi}\right| = \frac{a-x}{\xi} < \frac{a-x}{x} \leqq 1.$$
すなわち, $a/2 \leqq x \leqq 2a$ ならば $|(x-a)/\xi| \leqq 1$, したがって
$$|R_n| = \frac{1}{n}\left|\frac{x-a}{\xi}\right|^n \longrightarrow 0 \quad (n \to \infty).$$
$0 < x < a/2$ なる場合にも $R_n \to 0$ $(n \to \infty)$ となることを示すために, Cauchy の剰余項 (3.43) を用いれば,
$$R_n = \frac{(-1)^{n-1}}{\xi^n}(1-\theta)^{n-1}(x-a)^n, \quad \xi = a + \theta(x-a), \quad 0 < \theta < 1.$$
$0 < x < a$ として $r = (a-x)/a$ とおけば, $0 < r < 1$ であって,
$$\left|\frac{x-a}{\xi}\right| = \frac{a-x}{a+\theta(x-a)} = \frac{r}{1-\theta r} \leqq \frac{r}{1-\theta},$$
したがって
$$|R_n| \leqq \left|\frac{x-a}{\xi}\right| r^{n-1} = \left(\frac{a-x}{\xi}\right) r^{n-1} \leqq \left(\frac{a-x}{x}\right) r^{n-1} \longrightarrow 0 \quad (n \to \infty).$$
故に区間 $(0, 2a]$ において $\log x$ は a を中心とする Taylor 級数:
$$(3.45) \qquad \log x = \log a + \sum_{n=1}^{\infty}(-1)^{n-1}\frac{1}{n}\left(\frac{x-a}{a}\right)^n$$
に展開される.

$x > 2a$ ならば $(x-a)/a > 1$, したがって $n \to \infty$ のとき $(1/n)((x-a)/a)^n \to +\infty$ となるから, Taylor 展開 (3.45) は成り立たない. すなわち $x > 2a$ ならば $n \to \infty$ のとき $R_n \to 0$ とならないのである. (3.45) において $a = 1$, $x = 2$ とおけば

(3.46) $$\log 2 = 1 - \frac{1}{2} + \frac{1}{3} - \frac{1}{4} + \frac{1}{5} - \frac{1}{6} + \cdots$$

を得る．

d) 凸関数，凹関数

x の関数 $f(x)$ が与えられたとし，I を $f(x)$ の定義域に含まれている区間とする．I に属する任意の2点 x_1, x_2, $x_1 \neq x_2$, と $\lambda + \mu = 1$ なる任意の正の実数 λ, μ に対して，つねに不等式：

(3.47) $$f(\lambda x_1 + \mu x_2) \leqq \lambda f(x_1) + \mu f(x_2)$$

が成り立つならば，関数 $f(x)$ は区間 I で**凸** (convex) である，あるいは下に凸であるといい，つねに不等式：

(3.48) $$f(\lambda x_1 + \mu x_2) < \lambda f(x_1) + \mu f(x_2)$$

が成り立つならば，$f(x)$ は I で**狭義に凸** (strictly convex) であるという．

関数 $f(x)$ のグラフを G_f とし，$P_1 = (x_1, f(x_1))$, $P_2 = (x_2, f(x_2))$ とおけば，
$$P = (\lambda x_1 + \mu x_2, \lambda f(x_1) + \mu f(x_2))$$
は線分 $P_1 P_2$ 上の点，
$$Q = (\lambda x_1 + \mu x_2, f(\lambda x_1 + \mu x_2))$$
は G_f 上の点である．したがって，不等式 (3.47) がつねに成り立つということは

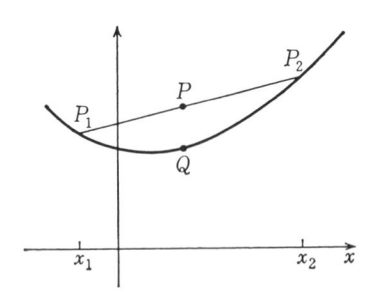

線分 $P_1 P_2$ 上の各点 P がグラフ G_f の'上側'にあるか，または G_f 上にあることを意味し，不等式 (3.48) がつねに成り立つということは線分 $P_1 P_2$ 上の各点 P，$P \neq P_1, \neq P_2$，が G_f の'上側'にあることを意味する．

I に属する任意の2点 x_1, x_2 と $\lambda + \mu = 1$ なる任意の正の実数 λ, μ に対して，(3.47) の不等号の向きを逆にした不等式：

§3.4 高次微分法

$$f(\lambda x_1+\mu x_2) \geqq \lambda f(x_1)+\mu f(x_2)$$

がつねに成り立つならば,$f(x)$ は I で**凹** (concave) である,あるいは上に凸であるといい,不等式:

$$f(\lambda x_1+\mu x_2) > \lambda f(x_1)+\mu f(x_2)$$

がつねに成り立つならば,$f(x)$ は I で**狭義に凹** (strictly concave) であるという. $f(x)$ が I で凹である,あるいは狭義に凹であるということは,すなわち $-f(x)$ が I で凸である,あるいは狭義に凸であることに他ならないから,以下主として凸な関数について考察する.

区間 I で定義された関数 $f(x)$ が I で凸であるとき,$f(x)$ を**凸関数** (convex function) とよぶ. さらに $f(x)$ が I で狭義に凸ならば,$f(x)$ を**狭義の凸関数** (strictly convex function) とよぶ. **凹関数,狭義の凹関数**の定義も同様である.

定理 3.15 関数 $f(x)$ は区間 I で 2 回微分可能であるとする. (1°) $f(x)$ が I で凸であるための必要かつ十分な条件は I の内点 x でつねに $f''(x) \geqq 0$ なることである. (2°) I の内点 x でつねに $f''(x) > 0$ ならば $f(x)$ は I で狭義に凸である.

証明 (1°) まず $f(x)$ が I で凸であると仮定して I の内点 x でつねに $f''(x) \geqq 0$ となることを示す. 仮定により不等式 (3.47),すなわち

$$f(\lambda x_1+\mu x_2) \leqq \lambda f(x_1)+\mu f(x_2)$$

が成り立つ. x を I の内点として,$x_1=x-h$, $x_2=x+h$, $\lambda=\mu=1/2$ とおけば,$\lambda x_1+\mu x_2=x$ となるから

$$f(x) \leqq \frac{1}{2}f(x-h)+\frac{1}{2}f(x+h)$$

を得る. 故に, (3.41) により,

$$f''(x) = \lim_{h \to 0} \frac{f(x+h)+f(x-h)-2f(x)}{h^2} \geqq 0.$$

逆に I の内点 x でつねに $f''(x) \geqq 0$ であると仮定して関数 $f(x)$ が I で凸であることを証明する. このために不等式 (3.47) の両辺の差を

$$\varDelta = \lambda f(x_1)+\mu f(x_2)-f(\lambda x_1+\mu x_2)$$

と表わす. $x_1 < x_2$ として $a = \lambda x_1+\mu x_2$ とおけば,Taylor の公式 (3.39) により

$$f(x_1)-f(a) = f'(a)(x_1-a)+\frac{1}{2}f''(\xi_1)(x_1-a)^2, \quad x_1 < \xi_1 < a,$$

$$f(x_2)-f(a) = f'(a)(x_2-a)+\frac{1}{2}f''(\xi_2)(x_2-a)^2, \quad a < \xi_2 < x_2.$$

この二つの等式にそれぞれ λ, μ を掛けて辺々加えれば,$\lambda(x_1-a)+\mu(x_2-a)$ $=\lambda x_1+\mu x_2-a=0$ であるから,

$$(3.49) \qquad \Delta = \frac{1}{2}\lambda f''(\xi_1)(x_1-a)^2+\frac{1}{2}\mu f''(\xi_2)(x_2-a)^2$$

を得る.ξ_1, ξ_2 は共に I の内点であるから,仮定により $f''(\xi_1) \geqq 0, f''(\xi_2) \geqq 0$. 故に $\Delta \geqq 0$,すなわち不等式 (3.47) が成り立つ.したがって $f(x)$ は I で凸である.

(2°) I の内点 x でつねに $f''(x) > 0$ であると仮定すれば,(3.49) において $f''(\xi_1) > 0, f''(\xi_2) > 0$ であるから $\Delta > 0$,すなわち不等式 (3.48) が成り立つ.故に $f(x)$ は I で狭義に凸である.∎

系 $f(x)$ は区間 I で2回微分可能であるとする.(1°) $f(x)$ が I で凹であるための必要かつ十分な条件は I の内点 x でつねに $f''(x) \leqq 0$ なることである. (2°) I の内点 x でつねに $f''(x) < 0$ ならば $f(x)$ は I で狭義に凹である.

e) 極大,極小

極大,極小についてはすでに高校数学で学んだ.$f(x)$ を区間 I で連続な関数とし,a を I の内点とする.或る正の実数 ε に対して,

$$0 < |x-a| < \varepsilon \quad \text{ならば} \quad f(x) < f(a)$$

となるとき,$f(a)$ を関数 $f(x)$ の**極大値**,

$$0 < |x-a| < \varepsilon \quad \text{ならば} \quad f(x) > f(a)$$

となるとき,$f(a)$ を関数 $f(x)$ の**極小値**といい,極大値,極小値を総称して**極値**という.ここで,a は I の内点であるとしているから,a の ε 近傍 $(a-\varepsilon, a+\varepsilon)$ は I に含まれていると考えてよい.そうすれば,$f(a)$ が $f(x)$ の極大値なるときは $f(a)$ は区間 $(a-\varepsilon, a+\varepsilon)$ における $f(x)$ の最大値であり,$f(a)$ が $f(x)$ の極小値なるときは $f(a)$ は $(a-\varepsilon, a+\varepsilon)$ における $f(x)$ の最小値である.このことから,§3.3,補題 3.1(Rolle の定理) の証明と全く同じ論法によって,つぎの定理を得る:

§3.4 高次微分法

定理 3.16 区間 I で微分可能な関数 $f(x)$ が I の内点 a で極値をとるならば $f'(a)=0$ である. ——

このように, $f'(a)=0$ は $f(a)$ が関数 $f(x)$ の極値であるための必要条件であるが, それは十分条件ではない. いま区間 I で $f(x)$ が 2 回微分可能であるとすれば, Taylor の公式 (3.40) により, $f'(a)=0$ のとき

$$f(x)=f(a)+\frac{f''(a)}{2}(x-a)^2+o((x-a)^2).$$

$f''(a)<0$ なる場合には, 正の実数 ε を十分小さくとれば,

$$0<|x-a|<\varepsilon \quad \text{のとき} \quad \frac{f''(a)}{2}(x-a)^2+o((x-a)^2)<0,$$

したがって $f(a)$ は $f(x)$ の極大値である. 同様に $f''(a)>0$ ならば $f(a)$ は $f(x)$ の極小値である.

つぎに, $f''(a)=0$ なる場合にどうなるかをみるために, $a=0$ として, $f'(0)=f''(0)=0$ なる関数の典型的な例として, $f(x)=x^n$, n は 3 以上の自然数, を考察する.

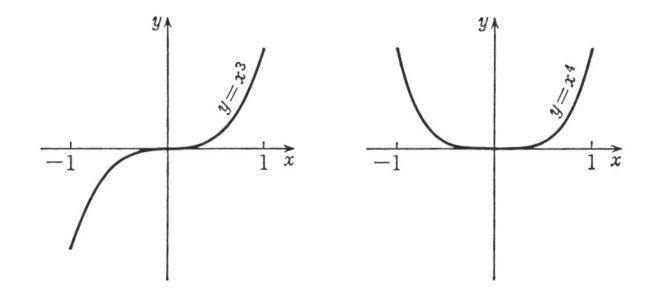

$f^{(k)}(x)=n(n-1)\cdots(n-k+1)x^{n-k}$ であるから,

$$f(0)=f'(0)=f''(0)=\cdots=f^{(n-1)}(0)=0, \quad f^{(n)}(0)=n!,$$

であって, n が奇数のときは $x>0$ ならば $x^n>0$, $x<0$ ならば $x^n<0$ であるから, $f(0)=0$ は関数 $f(x)=x^n$ の極値でない. n が偶数のときは, $x\neq 0$ ならば $x^n>0$ であるから, $f(0)=0$ は $f(x)=x^n$ の極小値である.

一般に

定理 3.17 $f(x)$ は区間 I で n 回微分可能, $n\geqq 2$, で I の一つの内点 a にお

いて
$$f'(a) = f''(a) = \cdots = f^{(n-1)}(a) = 0, \quad f^{(n)}(a) \neq 0,$$
であったとする．このとき，n が奇数ならば $f(a)$ は関数 $f(x)$ の極値でない．n が偶数ならば $f^{(n)}(a)>0$ のとき $f(a)$ は $f(x)$ の極小値，$f^{(n)}(a)<0$ ならば $f(a)$ は $f(x)$ の極大値である．

証明 Taylor の公式 (3.40) により
$$f(x) = f(a) + \frac{f^{(n)}(a)}{n!}(x-a)^n + o((x-a)^n).$$
したがって，正の実数 ε を十分小さくとれば，$0<|x-a|<\varepsilon$ のとき，$f(x)-f(a)$ の符号は $(f^{(n)}(a)/n!)(x-a)^n$ の符号と一致する．定理 3.17 が成り立つことはこのことから直ぐにわかる．■

$f(x)$ が区間 I で n 回微分可能で，I の一つの内点 a において $f'(a)=f''(a)=\cdots=f^{(n-1)}(a)=0, f^{(n)}(a)\neq 0$，で n が 3 以上の奇数のとき，$f(a)$ を関数 $f(x)$ の**停留値**(stationary value)，a を $f(x)$ の**停留点**という．$f(a)$ が $f(x)$ の停留値であるとき，Taylor の公式 (3.40) により
$$f''(x) = \frac{f^{(n)}(a)}{(n-2)!}(x-a)^{n-2} + o((x-a)^{n-2}).$$
故に，$f^{(n)}(a)>0$ とすれば，a の近傍において，$x>a$ のとき $f''(x)>0$，$x<a$ のとき $f''(x)<0$，したがって，正の実数 ε を十分小さくとれば，定理 3.15 とその系により，$f(x)$ は区間 $[a, a+\varepsilon]$ で狭義に凸，$[a-\varepsilon, a]$ で狭義に凹である．$f^{(n)}(a)<0$ とすれば，同様に，$f(x)$ は $[a, a+\varepsilon]$ で狭義に凹，$[a-\varepsilon, a]$ で狭義に凸である．このように，停留点 a の近傍においては，$x<a$ のときと $x>a$ のときと関数 $f(x)$ の凹凸は逆になる．──

高校数学で学んだように，関数 $f(x)$ が与えられたとき，$f(x)$ の増・減，極値，凹・凸を調べてそのグラフ G_f の概略の形を描くと $f(x)$ の性質が見易くなる．

例 3.8 区間 $(0, +\infty)$ で定義された関数 $f(x)=\log x/x^2$ を考察する．§2.3, c), 例 2.9 により
$$\lim_{x\to+\infty}\frac{\log x}{x^2} = \lim_{x\to+\infty}\frac{1}{x}\cdot\frac{\log x}{x} = 0,$$
$t=1/x$ とおけば

$$\lim_{x\to +0}\frac{\log x}{x^2}=-\lim_{t\to +\infty}t^2\log t=-\infty,$$

また，明らかに，$f(1)=0$ である．

$$f'(x)=\frac{1-2\log x}{x^3}, \quad f''(x)=\frac{6\log x-5}{x^4}$$

であるから，$f'(\sqrt{e})=0$ で，$x<\sqrt{e}$ のとき $f'(x)>0$，$x>\sqrt{e}$ のとき $f'(x)<0$，したがって，§3.3，定理3.6により，$f(x)$ は区間 $(0,\sqrt{e}\,]$ で単調増加，$(\sqrt{e},+\infty)$ で単調減少，$f(\sqrt{e})=1/(2e)$ は $f(x)$ の最大値である．さらに，$x<e^{5/6}$ のとき $f''(x)<0$，$x>e^{5/6}$ のとき $f''(x)>0$ であるから，定理3.15とその系により，$f(x)$ は区間 $(0,e^{5/6}]$ で狭義に凹，$[e^{5/6},+\infty)$ で狭義に凸であって，$f(e^{5/6})=(5/6)(1/e^{5/3})$．

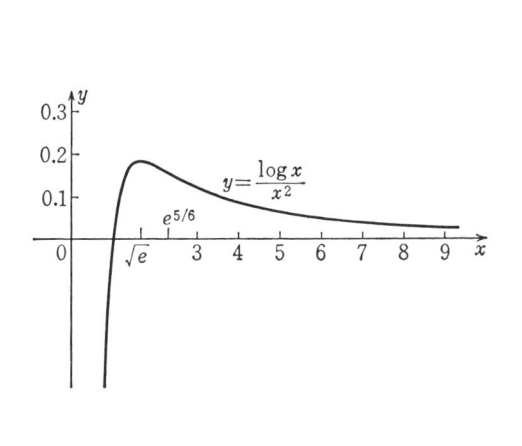

x	$f(x)$
0.8	-0.349
0.9	-0.130
1	0.000
1.1	0.079
1.2	0.127
1.3	0.155
1.4	0.172
1.5	0.180
$\sqrt{e}=1.65$	0.184
2	0.173
$e^{5/6}=2.3$	0.157
2.5	0.147
3	0.122
4	0.087
5	0.064
6	0.050
7	0.040
8	0.032
9	0.027

f) 関数の級

或る区間 I で定義された関数 $f(x)$ が n 回微分可能でその n 次導関数 $f^{(n)}(x)$ が連続であるとき，$f(x)$ は I で n **回連続微分可能**(n-times continuously differentiable)であるといい，$f(x)$ を $\mathcal{C}^n$ **級の関数**(function of class $\mathcal{C}^n$)とよぶ．$\mathcal{C}^1$ 級の関数はすなわち滑らかな関数である．$f(x)$ が何回でも微分可能であるとき，$f(x)$ は**無限回微分可能**(infinitely differentiable)であるといい，$f(x)$ を $\mathcal{C}^\infty$ **級の関数**(function of class $\mathcal{C}^\infty$)，あるいは $\mathcal{C}^\infty$ **関数**とよぶ．

現代の数学では n 回微分可能な関数よりも n 回連続微分可能な関数を扱うことが多い. n 次導関数の存在を仮定する以上はその連続性まで仮定する方が自然であると考えられるからであろう. C^∞ 級の関数は多様体論等で広く応用される.

上記の定理 3.11, 3.12, 3.13 は 'n 回微分可能' を 'n 回連続微分可能' で置き換えてもそのまま成り立つ. すなわち

定理 3.18 (1°) $f(x)$, $g(x)$ が C^n 級の関数ならば, その 1 次結合 $c_1 f(x) + c_2 g(x)$ およびその積 $f(x)g(x)$ は C^n 級の関数である. さらにつねに $g(x) \neq 0$ ならば, 商 $f(x)/g(x)$ も C^n 級の関数である.

(2°) $f(x)$ が x の C^n 級の関数, $g(y)$ が y の C^n 級の関数ならば, 合成関数 $g(f(x))$ は x の C^n 級の関数である.

(3°) $y = f(x)$ が x の C^n 級の単調関数でつねに $f'(x) \neq 0$ ならば, 逆関数 $x = f^{-1}(y)$ は y の C^n 級の単調関数である.

ここで f, g の定義域について定理 3.11, 3.12, 3.13 におけると同様な仮定をしていることはいうまでもない.

証明 (1°) 定理 3.11 と (3.32) により $c_1 f(x) + c_2 g(x)$, $f(x)g(x)$, $f(x)/g(x)$ は n 回微分可能でその n 次導関数は $f(x), f'(x), \cdots, f^{(n)}(x), g(x), g'(x), \cdots, g^{(n)}(x)$ の多項式または $(g(x))^{n+1}$ を分母とする有理式である. 故にそれは連続関数である.

(2°) $g(f(x))$ は, 定理 3.12 により, n 回微分可能で $(d^n/dx^n)g(f(x))$ は $f'(x), \cdots, f^{(n)}(x), g'(f(x)), \cdots, g^{(n)}(f(x))$ の多項式である. 仮定により $f'(x), \cdots, f^{(n)}(x), g'(y), \cdots, g^{(n)}(y)$ は連続関数であるから, $(d^n/dx^n)g(f(x))$ も連続関数である.

(3°) $x = f^{-1}(y)$ は, 定理 3.13 により, y について n 回微分可能であって

$$\frac{d^n x}{dy^n} = \frac{\Phi_n(f'(x), \cdots, f^{(n)}(x))}{(f'(x))^{2n-1}}, \quad x = f^{-1}(y),$$

である. 仮定により $f'(x), \cdots, f^{(n)}(x)$ は x の連続関数, $f'(x) \neq 0$, $x = f^{-1}(y)$ は y の連続関数であるから, $d^n x/dy^n$ は y の連続関数である. ∎

すべての自然数 n について C^n 級である関数がすなわち C^∞ 級の関数であるから, この定理 3.18 は 'C^n 級' を 'C^∞ 級' で置き換えてもそのまま成り立つ.

数直線 $\boldsymbol{R}$ 上の点 a に対して, a を含む開区間 $U = (\alpha, \beta)$, $\alpha < a < \beta$, を a の近

傍という．a の ε 近傍 $U_\varepsilon(a)=(a-\varepsilon, a+\varepsilon)$ は a の一つの近傍である．

$f(x)$ を或る開区間 I で定義された C^∞ 級の関数とする．$f(x)$ が I に属するおのおのの点 a を中心として a の或る近傍で Taylor 級数に展開されるとき，$f(x)$ を**実解析関数**(real analytic function) とよぶ．また，このとき $f(x)$ は I で**実解析的**(real analytic)であるという．

例 3.9 §3.4, c), 例 3.6 で e^x を 0 を中心とする Taylor 級数に展開したが，同様にして e^x を任意の点 a を中心とする Taylor 級数に展開することができる．すなわち，$f(x)=e^x$ とおけば，$f^{(n)}(x)=e^x$ であるから，Taylor の公式 (3.39) により，

$$e^x = e^a + \frac{e^a}{1!}(x-a) + \cdots + \frac{e^a}{(n-1)!}(x-a)^{n-1} + \frac{e^\xi}{n!}(x-a)^n$$

であって，ξ は a と x の間にあるから，$x>a$ のときは $e^\xi < e^x$，$x \leq a$ のときには $e^\xi \leq e^a$，いずれにしても $\lim_{n\to\infty}(e^\xi/n!)(x-a)^n = 0$ となる．故に

$$e^x = e^a + \frac{e^a}{1!}(x-a) + \frac{e^a}{2!}(x-a)^2 + \cdots + \frac{e^a}{n!}(x-a)^n + \cdots.$$

したがって e^x は数直線 $\boldsymbol{R}$ 上で定義された実解析関数である．——

同様に $\sin x, \cos x$ も $\boldsymbol{R}$ 上の実解析関数である．

$\log x$ は，例 3.7 で述べたように，任意の点 $a \in \boldsymbol{R}^+ = (0, +\infty)$ を中心として a の近傍 $(0, 2a)$ で Taylor 級数に展開される．すなわち，$\log x$ は $\boldsymbol{R}^+$ で定義された実解析関数である．

<u>C^∞ 級の関数は必ずしも実解析関数であるとは限らない．</u>

例 3.10 数直線 $\boldsymbol{R}$ 上で関数 $\psi(x)$ をつぎのように定義する：

$$\begin{cases} x \leq 0 \text{ のとき } & \psi(x) = 0, \\ x > 0 \text{ のとき } & \psi(x) = e^{-1/x}. \end{cases}$$

この関数 $\psi(x)$ は C^∞ 級の関数である．[証明] $\lim_{x\to +0} e^{-1/x} = 0$ であるから，$\psi(x)$ は数直線 $\boldsymbol{R}$ 上で連続な関数である．定理 3.18 により，$\psi(x)=e^{-1/x}$ は区間 $(0, +\infty)$ で C^∞ 級の関数である．区間 $(-\infty, 0]$ では $\psi(x)$ はもちろん C^∞ 級の関数であって，すべての自然数 n に対して $\psi^{(n)}(x)=0$ である．$x>0$ のとき

$$\psi'(x) = \frac{1}{x^2}e^{-1/x}, \qquad \psi''(x) = \frac{1-2x}{x^4}e^{-1/x},$$

一般に

$$(3.50)_n \qquad \psi^{(n)}(x) = \frac{\Psi_n(x)}{x^{2n}} e^{-1/x}, \qquad \Psi_n(x) は x の多項式.$$

このことは n に関する帰納法によって容易に確かめられる.すなわち $(3.50)_{n-1}$ を仮定すれば,簡単な計算により

$$\psi^{(n)}(x) = \frac{d}{dx}\left(\frac{\Psi_{n-1}(x)}{x^{2n-2}} e^{-1/x}\right) = \frac{[1-(2n-2)x]\Psi_{n-1}(x) + x^2 \Psi_{n-1}'(x)}{x^{2n}} \cdot e^{-1/x}$$

を得る.故に

$$(3.51) \qquad \Psi_n(x) = [1-(2n-2)x]\Psi_{n-1}(x) + x^2 \Psi_{n-1}'(x)$$

とおけば $(3.50)_n$ が成り立つ. $\Psi_1(x)=1$, $\Psi_2(x)=-2x+1$, 一般に $\Psi_n(x)$ は

$$(3.52)_n \qquad \Psi_n(x) = (-1)^{n-1} n! x^{n-1} + \cdots + 1$$

なる形の x の $n-1$ 次の多項式である.なぜなら, $(3.52)_{n-1}$ を仮定すれば, (3.51) により

$$\begin{aligned}\Psi_n(x) &= [1-(2n-2)x]\Psi_{n-1}(x) + x^2 \Psi_{n-1}'(x) \\ &= [1-(2n-2)x]((-1)^n(n-1)! x^{n-2} + \cdots + 1) \\ &\quad + x^2((-1)^n(n-1)!(n-2)x^{n-3} + \cdots) \\ &= (-1)^{n-1} n! x^{n-1} + \cdots + 1\end{aligned}$$

となるからである.

$x>0$ のとき $\psi'(x)>0$ であるから, $\psi(x)$ は区間 $(0,+\infty)$ で単調増加で,明らかに $\lim_{x\to+\infty} e^{-1/x} = 1$ である.また, $0<x<1/2$ のとき $\psi''(x)>0$, $x>1/2$ のとき $\psi''(x)<0$ であるから, $\psi(x)$ は $(0,1/2]$ で狭義に凸で, $[1/2,+\infty)$ で狭義に凹である.

$t=1/x$ とおけば, §2.3, b) の (2.6) により,任意の自然数 m に対して

$$\lim_{x\to+0} \frac{1}{x^m} e^{-1/x} = \lim_{t\to+\infty} \frac{t^m}{e^t} = 0.$$

故に, $(3.50)_n$, $(3.52)_n$ により, $\lim_{x\to+0} \psi^{(n)}(x) = 0$ となるが, $x\leqq 0$ のときには $\psi^{(n)}(x) = 0$ であるから,

$$\lim_{x\to 0} \psi^{(n)}(x) = 0.$$

この結果を用いれば $\psi(x)$ が $\mathscr{C}^\infty$ 級の関数であることはつぎのようにして確かめられる.まず, $\psi(x)$ は $\boldsymbol{R}$ 上で連続, $x=0$ を除いて連続微分可能で, $\lim_{x\to 0} \psi'(x)$

§3.4 高次微分法

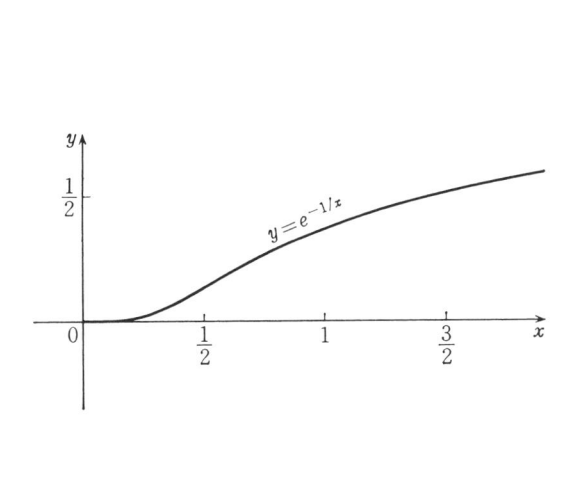

x	$\psi(x)=e^{-1/x}$
0.1	0.000
0.2	0.007
0.3	0.036
0.4	0.082
0.5	0.135
0.6	0.189
0.7	0.240
0.8	0.287
0.9	0.329
1.0	0.368
1.1	0.403
1.2	0.435
1.3	0.463
1.4	0.490
1.5	0.513
1.6	0.535
1.7	0.555
1.8	0.574
1.9	0.591
2.0	0.607

$=0$ であるから，§3.3，定理3.10の系により，$\psi(x)$ は $x=0$ においても微分可能で $\psi'(0)=\lim_{x\to 0}\psi'(x)=0$ である．すなわち $\psi(x)$ は $\boldsymbol{R}$ 上で $\mathcal{C}^1$ 級の関数である．そこでいま $\psi(x)$ が $\boldsymbol{R}$ 上で $\mathcal{C}^{n-1}$ 級の関数であることがすでに証明されたと仮定する．そうすれば $\psi^{(n-1)}(x)$ は $\boldsymbol{R}$ 上で連続，$x=0$ を除けば連続微分可能で，$\lim_{x\to 0}\psi^{(n)}(x)=0$ である．故に，再び定理3.10の系により，$\psi^{(n-1)}(x)$ は $x=0$ においても微分可能で，$\psi^{(n)}(0)=\lim_{x\to 0}\psi^{(n)}(x)=0$．すなわち，$\psi(x)$ は $\boldsymbol{R}$ 上で $\mathcal{C}^n$ 級の関数である．故に，n に関する帰納法により，$\psi(x)$ は $\mathcal{C}^\infty$ 級の関数であることがわかる．∎

このように $\psi(x)$ は $\mathcal{C}^\infty$ 関数であるが，0 の如何なる近傍 $(-\varepsilon, \varepsilon)$，$\varepsilon>0$，においても $\psi(x)$ を 0 を中心とする Taylor 級数に展開することはできない．なぜなら，$(-\varepsilon, \varepsilon)$ で 0 を中心とする Taylor 級数:

$$\psi(x) = \psi(0) + \frac{\psi'(0)}{1!}x + \cdots + \frac{\psi^{(n)}(0)}{n!}x^n + \cdots$$

に展開できたとすれば，$\psi(0), \psi'(0), \cdots, \psi^{(n)}(0), \cdots$ はすべて 0 であるから，$-\varepsilon < x < \varepsilon$ のとき $\psi(x)=0$ となって，$x>0$ のとき $\psi(x)=e^{-1/x}>0$ であることに矛盾するからである．故に $\psi(x)$ は実解析関数でない．もちろん Taylor の公式:

$$\psi(x) = \frac{\psi^{(n)}(\xi)}{n!}x^n, \quad \xi = \theta x, \quad 0 < \theta < 1,$$

は成立しているが，$n \to \infty$ のとき $(\psi^{(n)}(\xi)/n!)x^n \to 0$ とならないのである．

定理 3.19 数直線 R 上の任意の 2 点 $a, b, a<b$, に対して，つぎの条件を満たす R 上の C^∞ 関数 $\rho(x)$ が存在する：

(3.53) $\begin{cases} x \leq a & \text{のとき} \quad \rho(x) = 0, \\ a < x < b & \text{のとき} \quad 0 < \rho(x) < 1, \\ x \geq b & \text{のとき} \quad \rho(x) = 1. \end{cases}$

証明 上記例 3.10 の関数 $\psi(x)$ を用いて

$$\rho(x) = \frac{\psi(x-a)}{\psi(x-a) + \psi(b-x)}$$

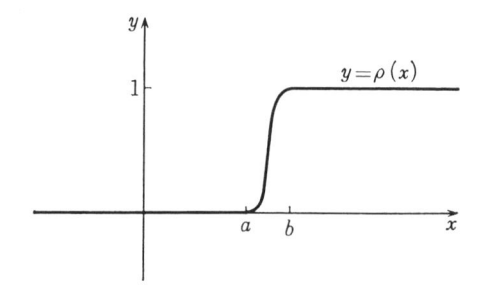

とおく．$x>a$ ならば $\psi(x-a)>0$, $x<b$ ならば $\psi(b-x)>0$, つねに $\psi(x-a) \geq 0$, $\psi(b-x) \geq 0$ であるから，任意の x に対して $\psi(x-a)+\psi(b-x)>0$, 故に，定理 3.18 により，$\rho(x)$ は R 上の C^∞ 関数である．$\rho(x)$ が条件 (3.53) を満たすことは明らかであろう．∎

系 R 上の任意の 2 点 $a, b, a<b$, と任意の正の実数 ε に対して，つぎの条件を満たす R 上の C^∞ 関数 $\rho(x)$ が存在する：つねに $0 \leq \rho(x) \leq 1$ であって

$\begin{cases} a \leq x \leq b & \text{のとき} \quad \rho(x) = 1, \\ x \leq a-\varepsilon & \text{のとき} \quad \rho(x) = 0, \\ x \geq b+\varepsilon & \text{のとき} \quad \rho(x) = 0. \end{cases}$

証明 $\rho_1(x)$ をつねに $0 \leq \rho_1(x) \leq 1$ で $x \leq a-\varepsilon$ のとき $\rho_1(x)=0$, $x \geq a$ のとき $\rho_1(x)=1$ なる C^∞ 関数，$\rho_2(x)$ をつねに $0 \leq \rho_2(x) \leq 1$ で $x \leq b$ のとき $\rho_2(x)=0$,

$x \geqq b+\varepsilon$ のとき $\rho_2(x)=1$ なる $\mathcal{C}^\infty$ 関数として
$$\rho(x) = \rho_1(x)(1-\rho_2(x))$$
とおけばよい. ∎

$\boldsymbol{R}$ 上の $\mathcal{C}^\infty$ 関数 $f(x), g(x)$ が任意に与えられたとき, 上記の系の条件を満たす関数 $\rho(x)$ を一つ選んで
$$h(x) = (1-\rho(x))f(x)+\rho(x)g(x)$$
とおけば, $h(x)$ も $\boldsymbol{R}$ 上の $\mathcal{C}^\infty$ 関数であって,
$$\begin{cases} a \leqq x \leqq b & \text{のとき} \quad h(x) = g(x), \\ x \leqq a-\varepsilon & \text{のとき} \quad h(x) = f(x), \\ x \geqq b+\varepsilon & \text{のとき} \quad h(x) = f(x). \end{cases}$$

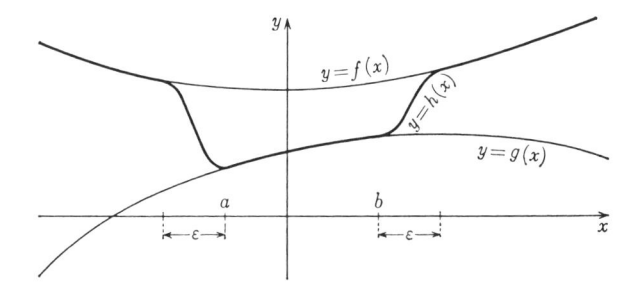

このように, $\mathcal{C}^\infty$ 級の関数については, 与えられた $\mathcal{C}^\infty$ 関数 $f(x)$ を区間 $(a-\varepsilon, b+\varepsilon)$ の上にある部分だけ '変形' して新しい $\mathcal{C}^\infty$ 関数 $h(x)$ を作り, 区間 $[a,b]$ 上においては $h(x)$ があらかじめ与えられた $\mathcal{C}^\infty$ 関数 $g(x)$ と一致するようにできる. すなわち, $\mathcal{C}^\infty$ 関数は自由に変形することができるのである.

実解析関数をこのように変形することはできない. すなわち

定理 3.20 $f(x), g(x)$ を共に或る開区間 I で定義された実解析関数とする. I に属する一つの点 a の一つの近傍において $f(x)$ と $g(x)$ が一致するならば, 区間 I 全体で $f(x)$ と $g(x)$ は一致する.

証明 $I=(b,c)$, $b<a<c$, として, まず区間 $[a,c)$ で $f(x)$ と $g(x)$ が一致することを証明する. 仮定により正の実数 ε が存在して
$$a \leqq x < a+\varepsilon \quad \text{ならば} \quad f(x) = g(x)$$
となる. そこで

$$a \leq x < t \quad \text{ならば} \quad f(x) = g(x)$$

となる t, $a < t \leq c$, の全体の集合を T とし，T の上限を s とする：$s = \sup_{t \in T} t$. 明らかに $a + \varepsilon \leq s \leq c$ であって，$a \leq x < s$ ならば，$x < t < s$ なる $t \in T$ が存在するから，$f(x) = g(x)$ となる．すなわち区間 $[a, s)$ で $f(x)$ と $g(x)$ は一致する．$s = c$ であることをいうために $s < c$ と仮定してみる．そうすれば，仮定により，$f(x)$, $g(x)$ は s の或る近傍 $(s - \delta, s + \delta)$, $\delta > 0$, で s を中心とする Taylor 級数に展開される：

$$f(x) = f(s) + \frac{f'(s)}{1!}(x-s) + \cdots + \frac{f^{(n)}(s)}{n!}(x-s)^n + \cdots,$$

$$g(x) = g(s) + \frac{g'(s)}{1!}(x-s) + \cdots + \frac{g^{(n)}(s)}{n!}(x-s)^n + \cdots.$$

$a \leq x < s$ のとき $f(x) = g(x)$ であるから，すべての自然数 n について，$a \leq x < s$ のとき $f^{(n)}(x) = g^{(n)}(x)$，したがって，$f(x), g(x), f^{(n)}(x), g^{(n)}(x)$ の連続性により，$f(s) = g(s)$, $f^{(n)}(s) = g^{(n)}(s)$ となる．すなわち上記の $f(x)$ の Taylor 級数と $g(x)$ の Taylor 級数は一致する．故に $a \leq x < s + \delta$ のとき $f(x) = g(x)$ となるが，これは s が T の上限であることに矛盾する．故に $s = c$, すなわち区間 $[a, c)$ で $f(x)$ と $g(x)$ は一致する．同様に区間 $(b, a]$ で $f(x)$ と $g(x)$ が一致するから，$I = (b, c)$ で $f(x)$ と $g(x)$ は一致する．

以上 I は幅が有限な開区間であるとしたが，$I = (b, +\infty)$ である場合には，任意の c, $a < c < +\infty$, に対して区間 (b, c) で $f(x)$ と $g(x)$ が一致するから，I で $f(x)$ と $g(x)$ は一致する．$I = (-\infty, c)$, あるいは $I = (-\infty, +\infty)$ である場合についても同様にして I で $f(x)$ と $g(x)$ が一致することがわかる．∎

系 $f(x), g(x)$ を開区間 I で定義された実解析関数，a を I に属する点とする．このとき $f(a) = g(a)$ で，すべての自然数 n について $f^{(n)}(a) = g^{(n)}(a)$ ならば，I 全体で $f(x)$ と $g(x)$ は一致する．

証明 仮定により，$f(x)$ と $g(x)$ の a を中心とする Taylor 展開は一致するから，a の或る近傍で $f(x)$ と $g(x)$ は一致する．故に I 全体で $f(x)$ と $g(x)$ は一致する．∎

問 題

21 x の関数 x^n, n は自然数, の導関数が nx^{n-1} であること (116 ページ) を直接極限 $\lim_{h \to 0} \dfrac{(x+h)^n - x^n}{h}$ を計算して証明せよ.

22 関数 $f(x)$ が区間 $[a, +\infty)$ において微分可能で $\lim_{x \to +\infty} f(x) = f(a)$ ならば $f'(\xi) = 0$, $a < \xi < +\infty$, なる ξ が存在する (Rolle の定理の拡張). このことを証明せよ.

23 $f(x), g(x)$ は区間 $[a, b)$ で連続で $f(a) = g(a) = 0$, (a, b) では微分可能で $g'(x) \neq 0$ であるとする. このとき極限 $l = \lim_{x \to a+0} \dfrac{f'(x)}{g'(x)}$ が存在すれば $\lim_{x \to a+0} \dfrac{f(x)}{g(x)} = l$ となることを証明せよ.

24 $a > 0$, $b > 0$ なるとき極限 $\lim_{x \to +0} \left(\dfrac{a^x + b^x}{2} \right)^{1/x}$ を求めよ.

25 方程式 $x - \cos x = 0$ はただ一つの解をもつことを証明せよ.

26 $\dfrac{d^n}{dx^n} e^{-x^2} = (-1)^n H_n(x) e^{-x^2}$ とおけば $H_1(x) = 2x$, $H_2(x) = 4x^2 - 2$, 一般に $H_n(x)$ は x の n 次の多項式であることを示し, 代数方程式 $H_n(x) = 0$ は n 個の相異なる実根をもつことを証明せよ (Rolle の定理とその拡張 (問題 22) を応用せよ). $H_n(x)$ を **Hermite 多項式**という.

27 $f(x)$ は或る区間で定義された 2 回微分可能な関数でその区間においてつねに $f''(x) \neq 0$ であるとする. このとき平均値の定理:
$$f(x+h) = f(x) + f'(x+\theta h)h, \quad 0 < \theta < 1,$$
における θ は x と h によってただ一通りに定まり, x を固定して考えれば $\lim_{h \to 0} \theta = \dfrac{1}{2}$ となることを証明せよ.

28 区間 $[a, b]$ において関数 $f(x)$ は 2 回微分可能で $f''(x) > 0$, $f(a) < 0$, $f(b) > 0$ であるとする. このとき $b_1 = b - \dfrac{f(b)}{f'(b)}$, $b_2 = b_1 - \dfrac{f(b_1)}{f'(b_1)}$, 一般に
$$b_n = b_{n-1} - \dfrac{f(b_{n-1})}{f'(b_{n-1})}, \quad n = 3, 4, 5, \cdots,$$
とおけば数列 $\{b_n\}$ は方程式 $f(x) = 0$ の a と b の間にあるただ一つの解に収束することを証明せよ (関数 $f(x)$ のグラフを描いて考察せよ). $f(x) = 0$ の解の近似値 b_n を求めるこの方法を **Newton の近似法**という.

29 区間 $[a, b]$ において関数 $f(x)$ は 2 回連続微分可能で $f''(x) > 0$ であるとする. このとき任意の x_k, $a \leq x_k \leq b$, $k = 1, 2, 3, \cdots, n$, に対して不等式:
$$f\left(\dfrac{x_1 + x_2 + \cdots + x_n}{n} \right) \leq \dfrac{f(x_1) + f(x_2) + \cdots + f(x_n)}{n}$$
が成り立つ. そして等号 $=$ が成り立つのは $x_1 = x_2 = x_3 = \cdots = x_n$ なる場合に限る. このことを証明せよ.

30 正の実数 $a_1, a_2, \cdots, a_n$ の相乗平均 $(a_1 a_2 a_3 \cdots a_n)^{1/n}$ は相加平均 $\dfrac{a_1 + a_2 + \cdots + a_n}{n}$ を越さないことを証明せよ (前問 29 の不等式の $f(x)$ に $-\log x$ を代入せよ).

第4章 積 分 法

§4.1 定 積 分

積分法についてもすでに高校数学で一応学んだのであるが，本節では改めて定積分の定義から始めることにする．

a) 定積分の定義

$f(x)$ を閉区間 $[a,b]$ で連続な関数とする．区間 $[a,b]$ に属する $m+1$ 個の点 $x_0, x_1, x_2, \cdots, x_m$ を

$$a = x_0 < x_1 < x_2 < \cdots < x_{k-1} < x_k < \cdots < x_{m-1} < x_m = b$$

なるようにとり，区間 $[a,b]$ を m 個の区間 $[x_{k-1}, x_k]$, $k=1,2,3,\cdots,m$, に分割する．そして $m+1$ 個の点の集合 $\Delta = \{x_0, x_1, x_2, \cdots, x_{m-1}, x_m\}$ によって定まるこの分割を分割 Δ とよぶことにする．分割 Δ が与えられたとき，各 k について点 ξ_k, $x_{k-1} \leq \xi_k \leq x_k$, を一つ選んで

$$\sigma_\Delta = \sum_{k=1}^{m} f(\xi_k)(x_k - x_{k-1})$$

とおく．区間 $[a,b]$ でつねに $f(x)>0$ である場合には $f(\xi_k)(x_k - x_{k-1})$ は矩形：

$$R_k = [x_{k-1}, x_k] \times [0, f(\xi_k)] = \{(x,y) \mid x_{k-1} \leq x \leq x_k,\ 0 \leq y \leq f(\xi_k)\}$$

の面積であるから，σ_Δ はいずれの二つも内点を共有しない m 個の矩形の合併集

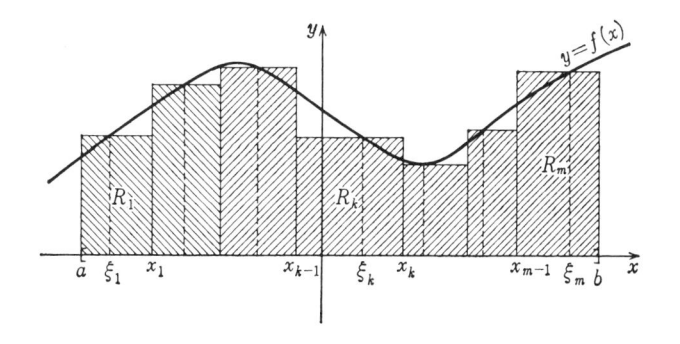

合：$R_1 \cup R_2 \cup \cdots \cup R_k \cup \cdots \cup R_m$, すなわち上図の斜線をほどこした部分の面積である．厳密にいえば，われわれはまだ平面上の点集合の面積を定義していないから，$\sigma_\varDelta$ を $R_1 \cup R_2 \cup \cdots \cup R_m$ の面積と定義するのである．§2.2, b), 定理2.4により $f(x)$ は閉区間 $[x_{k-1}, x_k]$ において最大値と最小値をとる．$f(x)$ の $[x_{k-1}, x_k]$ における最大値を M_k, 最小値を μ_k として

$$S_\varDelta = \sum_{k=1}^m \mathsf{M}_k (x_k - x_{k-1}),$$

$$s_\varDelta = \sum_{k=1}^m \mu_k (x_k - x_{k-1})$$

とおく．$\mu_k \leqq f(\xi_k) \leqq \mathsf{M}_k$ であるから

(4.1) $$s_\varDelta \leqq \sigma_\varDelta \leqq S_\varDelta.$$

仮定により $f(x)$ は区間 $[a, b]$ で連続であるから，§2.2, b), 定理2.3により，$f(x)$ は $[a, b]$ で一様連続である．すなわち，任意の正の実数 ε に対応して一つの正の実数 $\delta(\varepsilon)$ が定まって，$[a, b]$ に属する2点 x, x' について，

$$|x - x'| < \delta(\varepsilon) \quad \text{ならば} \quad |f(x) - f(x')| < \varepsilon$$

となる．$\mu_k = f(\alpha_k)$, $\mathsf{M}_k = f(\beta_k)$, $x_{k-1} \leqq \alpha_k \leqq x_k$, $x_{k-1} \leqq \beta_k \leqq x_k$, であるから，したがって，

$$x_k - x_{k-1} < \delta(\varepsilon) \quad \text{ならば} \quad \mathsf{M}_k - \mu_k < \varepsilon.$$

故に，m 個の区間 $[x_{k-1}, x_k]$ の幅の最大値を

$$\delta[\varDelta] = \max_k (x_k - x_{k-1})$$

で表わせば，$\delta[\varDelta] < \delta(\varepsilon)$ ならば

$$S_\varDelta - s_\varDelta = \sum_{k=1}^m (\mathsf{M}_k - \mu_k)(x_k - x_{k-1}) < \varepsilon \sum_{k=1}^m (x_k - x_{k-1}) < \varepsilon(b-a).$$

$\delta(\varepsilon/(b-a))$ を改めて $\delta(\varepsilon)$ と書くことにすれば，すなわち，

(4.2) $$\delta[\varDelta] < \delta(\varepsilon) \quad \text{ならば} \quad S_\varDelta - s_\varDelta < \varepsilon.$$

区間 $[a, b]$ の任意の分割 $\varDelta' = \{x_0', x_1', \cdots, x_{n-1}', x_n'\}$, $a = x_0' < x_1' < x_2' < \cdots < x_n' = b$, に対して $\varDelta$ と $\varDelta'$ の分点を合併して得られる $[a, b]$ の分割を $\varDelta'' = \varDelta \cup \varDelta'$

§4.1 定積分

$$= \{x_0'', x_1'', x_2'', \cdots, x_{q-1}'', x_q''\}, \quad a = x_0'' < x_1'' < \cdots < x_p'' < \cdots < x_{q-1}'' < x_q'' = b,$$

とし，各 p について ξ_p'', $x_{p-1}'' \leq \xi_p'' \leq x_p''$, を一つ選んで

$$\sigma_{\Delta''} = \sum_{p=1}^{q} f(\xi_p'')(x_p'' - x_{p-1}'')$$

とおく．いま $x_{k-1} = x_h''$, $x_k = x_j''$ であったとすれば，区間 $[x_{k-1}, x_k]$ は分割 Δ'' においては $j-h$ 個の区間 $[x_{p-1}'', x_p'']$, $p = h+1, h+2, \cdots, j$, に分割されていて，$\mu_k \leq f(\xi_p'')$ であるから，

$$\mu_k(x_k - x_{k-1}) = \sum_{p=h+1}^{j} \mu_k(x_p'' - x_{p-1}'') \leq \sum_{p=h+1}^{j} f(\xi_p'')(x_p'' - x_{p-1}'')$$

である．故に

$$s_\Delta \leq \sigma_{\Delta''}.$$

Δ と Δ' を入れ替えて同様に考えれば

$$\sigma_{\Delta''} \leq S_{\Delta'}$$

を得る．したがって

$$s_\Delta \leq S_{\Delta'}.$$

故に，区間 $[a,b]$ のあらゆる分割 Δ を考えれば，対応する s_Δ の全体の集合は上に有界であって，したがってその上限 s が定まる：

$$s = \sup_\Delta s_\Delta.$$

明らかに $s \leq S_{\Delta'}$ であるが，Δ' は任意の分割であったから，

$$s_\Delta \leq s \leq S_\Delta.$$

故に，(4.1) と (4.2) により，

$$\delta[\Delta] < \delta(\varepsilon) \quad \text{ならば} \quad |\sigma_\Delta - s| < \varepsilon.$$

すなわち，任意の正の実数 ε に対応して正の実数 $\delta(\varepsilon)$ が定まって，$\delta[\Delta] < \delta(\varepsilon)$ なる限り，分割 $\Delta = \{x_0, x_1, x_2, \cdots, x_{m-1}, x_m\}$, $a = x_0 < x_1 < x_2 < \cdots < x_{m-1} < x_m = b$, 点 ξ_k, $x_{k-1} \leq \xi_k \leq x_k$, $k = 1, 2, \cdots, m$, の選び方の如何に関せず，

$$\left| \sum_{k=1}^{m} f(\xi_k)(x_k - x_{k-1}) - s \right| < \varepsilon$$

となる．このことを <u>$\delta[\Delta] \to 0$ のときの $\sigma_\Delta = \sum_{k=1}^{m} f(\xi_k)(x_k - x_{k-1})$ の極限が s である</u> といい表わし，

$$s = \lim_{\delta[\Delta] \to 0} \sum_{k=1}^{m} f(\xi_k)(x_k - x_{k-1})$$

と書く. $\delta[\varDelta]\to 0$ のとき $m\to +\infty$ となることはいうまでもない.

定義 4.1 $s=\lim\limits_{\delta[\varDelta]\to 0}\sum\limits_{k=1}^{m}f(\xi_k)(x_k-x_{k-1})$ を，区間 $[a,b]$ における $f(x)$ の **定積分** (definite integral) といい，記号 $\int_a^b f(x)dx$ で表わす：

$$(4.3) \qquad \int_a^b f(x)dx = \lim_{\delta[\varDelta]\to 0}\sum_{k=1}^{m}f(\xi_k)(x_k-x_{k-1}).$$

$f(x)$ を定積分 $\int_a^b f(x)dx$ の **被積分関数** (integrand) といい，定積分 $\int_a^b f(x)dx$ を求めることを $f(x)$ を x について a から b まで **積分する** (integrate) という．また，a,b をそれぞれ定積分 $\int_a^b f(x)dx$ の **下限**，**上限** といい，$\int_a^b f(x)dx$ に表われる x を **積分変数** という．

例 4.1 区間 $[a,b]$ で $f(x)=c$ が定数である場合には，$\sum\limits_{k=1}^{m}c(x_k-x_{k-1})=c(b-a)$ であるから，

$$\int_a^b c\,dx = c(b-a).$$

例 4.2 $\int_0^b x^2 dx$ を定積分の定義から直接求めてみよう．分割 $\varDelta=\{x_0,x_1,x_2,\cdots,x_{m-1},x_m\}$, $0=x_0<x_1<\cdots<x_m=b$, を与えたとき

$$3x_{k-1}^2 < x_k^2+x_k x_{k-1}+x_{k-1}^2 < 3x_k^2$$

であるから，中間値の定理により，

$$3\xi_k^2 = x_k^2+x_k x_{k-1}+x_{k-1}^2, \qquad x_{k-1}<\xi_k<x_k,$$

なる ξ_k が存在する．

$$3\xi_k^2(x_k-x_{k-1}) = (x_k^2+x_k x_{k-1}+x_{k-1}^2)(x_k-x_{k-1}) = x_k^3-x_{k-1}^3$$

であるから

$$3\sum_{k=1}^{m}\xi_k^2(x_k-x_{k-1}) = \sum_{k=1}^{m}(x_k^3-x_{k-1}^3) = b^3.$$

故に

$$\int_0^b x^2 dx = \lim_{\delta[\varDelta]\to 0}\sum_{k=1}^{m}\xi_k^2(x_k-x_{k-1}) = \frac{b^3}{3}.$$

一般に定積分を上記の定義から直接求めることは難しい．

高校数学で学んだ所によれば，区間 $[a,b]$ でつねに $f(x)>0$ なる場合には，$\int_a^b f(x)dx$ は点集合：

$$K=\{(x,y)\mid a\leqq x\leqq b,\ 0\leqq y\leqq f(x)\}$$

§4.1 定積分

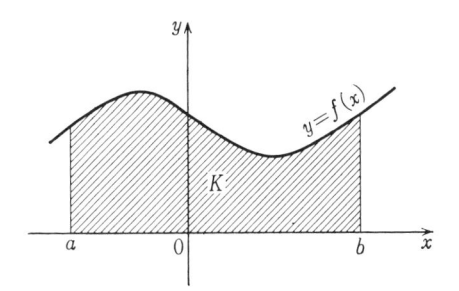

の面積に等しい．われわれの立場では，現段階では，$\int_a^b f(x)dx$ を K の面積という，と定義することになる．

注意 上記の定積分の定義4.1を導いた考察は，$f(x)$ が区間 $[a,b]$ で必ずしも連続でない場合にも適用される．$f(x)$ は $[a,b]$ で有界であると仮定して，区間 $[a,b]$ の分割 $\Delta=\{x_0, x_1, x_2, \cdots, x_{m-1}, x_m\}$, $a=x_0<x_1<x_2<\cdots<x_{m-1}<x_m=b$, に対して $f(x)$ の各区間 $[x_{k-1}, x_k]$ における上限を M_k, 下限を μ_k として

$$S_\Delta = \sum_{k=1}^m M_k(x_k - x_{k-1}),$$

$$s_\Delta = \sum_{k=1}^m \mu_k(x_k - x_{k-1})$$

とおく．そうすれば $[a,b]$ の任意の二つの分割 Δ, Δ' に対して

$$s_\Delta \leqq S_{\Delta'}$$

となる．したがって，$[a,b]$ のあらゆる分割 Δ に関する S_Δ の下限を

$$S = \inf_\Delta S_\Delta,$$

s_Δ の上限を

$$s = \sup_\Delta s_\Delta$$

とすれば

$$s \leqq S.$$

ここで等式：

$$s = S$$

が成り立つとき，$f(x)$ は区間 $[a,b]$ で **Riemann** 積分可能であるという．分割 Δ に関して，$x_{k-1} \leqq \xi_k \leqq x_k$ ならば $\mu_k \leqq f(\xi_k) \leqq M_k$ であるから

$$s_\Delta \leqq \sum_{k=1}^m f(\xi_k)(x_k - x_{k-1}) \leqq S_\Delta.$$

したがって $s=S$, すなわち $f(x)$ が $[a,b]$ で Riemann 積分可能ならば

$$\lim_{\delta[\varDelta]\to 0}\sum_{k=1}^{m}f(\xi_k)(x_k-x_{k-1}) = s = S.$$

この左辺の極限を区間 $[a,b]$ における $f(x)$ の定積分といい $\int_a^b f(x)\,dx$ で表わす:

$$\int_a^b f(x)\,dx = \lim_{\delta[\varDelta]\to 0}\sum_{k=1}^{m}f(\xi_k)(x_k-x_{k-1}).$$

これが Riemann 積分法である.

区間 $[a,b]$ で連続な関数はもちろん $[a,b]$ で Riemann 積分可能であるが,連続でなくても,たとえば $[a,b]$ で有界で有限個の点を除いて連続な関数は $[a,b]$ で Riemann 積分可能である.また $[a,b]$ で有界な単調関数は無数の点で不連続でも $[a,b]$ で Riemann 積分可能である[1]).しかし $[a,b]$ で有界な関数がすべて Riemann 積分可能であるのではない.たとえば x, $a \leq x \leq b$, が有理数ならば $f(x)=1$,無理数ならば $f(x)=0$ と定義された関数 $f(x)$ は Riemann 積分可能でない.なぜなら,この関数 $f(x)$ については,$M_k=1$, $\mu_k=0$,したがって任意の分割 $\varDelta$ に対して $S_\varDelta=b-a$, $s_\varDelta=0$ となるからである.

微分積分学では Riemann 積分法を扱うのが伝統であるが,この "解析入門" では有限個の点を除いて連続な関数の積分は広義積分として§4.3で扱い,無数の不連続点をもつ関数の積分は Lebesgue 積分論[2])に譲ることにした.Lebesgue 積分論が出現して Riemann 積分法は中間的なものになってしまったからである[3]).

b) 定積分の性質

定理 4.1 $f(x), g(x)$ を閉区間 $[a,b]$ で連続な関数とする.

(1°) $a<c<b$ ならば

(4.4) $$\int_a^b f(x)dx = \int_a^c f(x)dx + \int_c^b f(x)dx.$$

(2°) c_1, c_2 を任意の定数としたとき

(4.5) $$\int_a^b (c_1 f(x)+c_2 g(x))dx = c_1\int_a^b f(x)dx + c_2\int_a^b g(x)dx.$$

(3°) 区間 $[a,b]$ でつねに $f(x) \geq 0$ ならば

$$\int_a^b f(x)dx \geq 0$$

であって,$[a,b]$ で恒等的に $f(x)=0$ である場合を除けば

$$\int_a^b f(x)dx > 0.$$

---

1) 高木貞治 "解析概論", p.96 参照.
2) 本選書, "現代解析入門" 後篇 "測度と積分",参照.
3) 高木貞治 "解析概論", p.110 参照.

§4.1 定積分

(4°) 区間 $[a,b]$ においてつねに $f(x) \geqq g(x)$ ならば

$$\int_a^b f(x)dx \geqq \int_a^b g(x)dx$$

であって，$[a,b]$ で恒等的に $f(x)=g(x)$ である場合を除けば

$$\int_a^b f(x)dx > \int_a^b g(x)dx.$$

(5°)

(4.6) $$\left|\int_a^b f(x)dx\right| \leqq \int_a^b |f(x)|dx.$$

証明 (1°) 定積分の定義 4.1 において，$[a,b]$ の分割 $\varDelta$ として c を分点の一つとするもの：$\varDelta=\{x_0, x_1, \cdots, x_j, \cdots, x_m\}$, $x_j=c$, だけをとれば，

$$\sum_{k=1}^m f(\xi_k)(x_k-x_{k-1}) = \sum_{k=1}^j f(\xi_k)(x_k-x_{k-1}) + \sum_{k=j+1}^m f(\xi_k)(x_k-x_{k-1}).$$

この両辺の $\delta[\varDelta] \to 0$ のときの極限をとれば，直ちに (4.4) を得る．

(2°) $$\sum_{k=1}^m (c_1 f(\xi_k) + c_2 g(\xi_k))(x_k - x_{k-1})$$
$$= c_1 \sum_{k=1}^m f(\xi_k)(x_k-x_{k-1}) + c_2 \sum_{k=1}^m g(\xi_k)(x_k-x_{k-1})$$

によって明らかである．

(3°) 区間 $[a,b]$ でつねに $f(x) \geqq 0$ ならば $\int_a^b f(x)dx \geqq 0$ となることは明らかである．$[a,b]$ に属する或る点 c で $f(c)>0$ とすれば，仮定により $f(x)$ は $[a,b]$ で連続であるから，c を含む或る区間 $[\alpha, \beta]$, $a \leqq \alpha < \beta \leqq b$, において $f(x) > \gamma = f(c)/2$ となる．$[a,b]$ の分割 $\varDelta$ として α, β をその分点とするもの：$\varDelta = \{x_0, x_1, x_2, \cdots, x_{m-1}, x_m\}$, $a=x_0<x_1<\cdots<x_{m-1}<x_m=b$, $x_{j-1}=\alpha$, $x_h=\beta$, をとれば

$$\sum_{k=1}^m f(\xi_k)(x_k-x_{k-1}) \geqq \sum_{k=j}^h f(\xi_k)(x_k-x_{k-1}) \geqq \sum_{k=j}^h \gamma(x_k-x_{k-1}) = \gamma(\beta-\alpha).$$

故に

$$\int_a^b f(x)dx = \lim_{\delta[\varDelta] \to 0} \sum_{k=1}^m f(\xi_k)(x_k-x_{k-1}) \geqq \gamma(\beta-\alpha) > 0.$$

(4°) (2°) により

$$\int_a^b f(x)dx - \int_a^b g(x)dx = \int_a^b (f(x)-g(x))dx$$

であるから，$(4°)$ を証明するには $f(x)-g(x)$ に $(3°)$ を適用すればよい．

$(5°)$ $-|f(x)| \leq f(x) \leq |f(x)|$ であるから，$(2°)$ と $(4°)$ により，

$$-\int_a^b |f(x)|dx \leq \int_a^b f(x)dx \leq \int_a^b |f(x)|dx,$$

すなわち (4.6) が成り立つ．∎

定理 4.2（平均値の定理）　$f(x)$ が閉区間 $[a,b]$ で連続ならば

$$(4.7) \qquad \frac{1}{b-a}\int_a^b f(x)dx = f(\xi), \quad a < \xi < b,$$

なる点 ξ が存在する．

証明　仮定により $f(x)$ は $[a,b]$ で連続であるから，§2.2, b), 定理 2.4 により，$f(x)$ は $[a,b]$ で最大値 M と最小値 μ をもつ．$\mu =$ M ならば (4.7) は明らかであるから，$\mu <$ M なる場合について考察する．区間 $[a,b]$ において $\mu \leq f(x) \leq$ M であって，恒等的に $f(x)=\mu$ でも $f(x)=$ M でもないから，定理 4.1, $(4°)$ により，

$$\mu(b-a) = \int_a^b \mu dx < \int_a^b f(x)dx < \int_a^b M dx = M(b-a),$$

すなわち

$$\mu < \frac{1}{b-a}\int_a^b f(x)dx < M.$$

$\mu = f(\alpha)$, $a \leq \alpha \leq b$, $M = f(\beta)$, $a \leq \beta \leq b$ で，$\alpha < \beta$ または $\beta < \alpha$ であるから，中間値の定理（§2.2, 定理 2.2）により，

$$f(\xi) = \frac{1}{b-a}\int_a^b f(x)dx, \quad \alpha < \xi < \beta \text{ または } \beta < \xi < \alpha,$$

なる点 ξ が存在する．∎

定理 4.2 はふつう平均値の第 1 定理とよばれるが，この"解析入門"ではこれを単に平均値の定理ということにする．

(4.7) の左辺：$\int_a^b f(x)dx \Big/ (b-a)$ を，関数 $f(x)$ の区間 $[a,b]$ における**平均値** (mean value) という．$x_k = a + k(b-a)/m$, $k = 0, 1, 2, \cdots, m$, によって区間 $[a,b]$ を m 等分すれば，$x_k - x_{k-1} = (b-a)/m$ であるから，

$$\frac{1}{b-a}\sum_{k=1}^{m}f(x_k)(x_k-x_{k-1}) = \frac{1}{m}\sum_{k=1}^{m}f(x_k).$$

故に

$$\frac{1}{b-a}\int_a^b f(x)dx = \lim_{m\to\infty}\frac{1}{m}\sum_{k=1}^{m}f(x_k).$$

すなわち,$\int_a^b f(x)dx\Big/(b-a)$ は区間 $[a,b]$ を m 等分したときの等分点 x_k における $f(x)$ の値 $f(x_k)$, $k=1,2,\cdots,m$, の平均値の $m\to\infty$ のときの極限である.

つぎの定理は上記の平均値の定理の拡張である:

定理 4.3 閉区間 $[a,b]$ で $f(x),g(x)$ が共に連続で開区間 (a,b) でつねに $g(x)>0$ ならば

(4.8) $$\int_a^b f(x)g(x)dx = f(\xi)\int_a^b g(x)dx, \quad a<\xi<b,$$

なる点 ξ が存在する.

証明 $[a,b]$ における $f(x)$ の最大値を M,最小値を μ とする.M$=\mu$ なる場合には (4.8) は明らかであるから,M$>\mu$ とする.区間 $[a,b]$ において $\mu g(x)\leq f(x)g(x)\leq Mg(x)$ であって,恒等的に $\mu g(x)=f(x)g(x)$ でも $f(x)g(x)=Mg(x)$ でもないから,定理 4.1, (4°) により,

$$\mu\int_a^b g(x)dx < \int_a^b f(x)g(x)dx < M\int_a^b g(x)dx.$$

$\gamma=\int_a^b g(x)dx$ とおけば,すなわち

$$\mu < \frac{1}{\gamma}\int_a^b f(x)g(x)dx < M.$$

故に,中間値の定理により,

$$f(\xi) = \frac{1}{\gamma}\int_a^b f(x)g(x)dx, \quad a<\xi<b,$$

なる ξ が存在する.∎

§4.2 原始関数,不定積分

a) 原始関数,不定積分

$f(x)$ を区間 I で連続な関数とし,a,b,c を I に属する 3 点とする.このとき,

定理 4.1, (1°) により，$a<c<b$ ならば等式：

(4.9) $$\int_a^b f(x)dx = \int_a^c f(x)dx + \int_c^b f(x)dx$$

が成り立つが，$b<a$ のとき

$$\int_a^b f(x)dx = -\int_b^a f(x)dx,$$

$b=a$ のとき

$$\int_a^a f(x)dx = 0$$

と定義すれば，等式 (4.9) は a,b,c の大小の如何に関せず成り立つ．[証明] $a=c \leqq b$ のとき，および $a \leqq c = b$ のとき，(4.9) が成り立つことは明らかである．簡単のため $\int_a^b f(x)dx$ の $f(x)dx$ を省略することにすれば，$c \leqq a \leqq b$ のとき，$\int_c^b = \int_c^a + \int_a^b$，故に

$$\int_a^b = -\int_c^a + \int_c^b = \int_a^c + \int_c^b.$$

$c \leqq b \leqq a$ のとき，$\int_c^a = \int_c^b + \int_b^a$，故に

$$\int_a^b = -\int_b^a = -\int_c^a + \int_c^b = \int_a^c + \int_c^b.$$

その他の場合にも (4.9) が成り立つことは同様にして確かめられる．∎

I に属する点 a を一つ定めて，I に属する任意の点 ξ に対して

(4.10) $$F(\xi) = \int_a^\xi f(x)dx$$

とおけば，おのおのの $\xi \in I$ に $F(\xi)$ を対応させる関数 $F(x)$ が定まる．この関数を $\int_a^x f(x)dx$ で表わす：

(4.11) $$F(x) = \int_a^x f(x)dx.$$

この右辺において，$\int_a^x$ の x は関数 $F(x)$ の独立変数，$f(x)dx$ の x は積分変数であって，同じ文字 x を用いているけれども，積分変数 x は独立変数 x とは全く別なものである．独立変数 x に実数 ξ を代入すれば，(4.11) は (4.10) となる

のである．積分変数を x と異なる文字，たとえば t で表わして (4.11) を

$$F(x) = \int_a^x f(t)dt$$

と書けば，独立変数と積分変数が別なものであることは一目瞭然となる．

厳密にいえば変数 x は，§2.1 で述べたように，変域 I に属する任意の実数 ξ を代入すべき場所を表わす記号 ( ) であるから，(4.11) の右辺は，$\int_a^{(\ )} f(x)dx$ であって，定積分としては無意味である．故に $\int_a^x f(x)dx$ は各 $\xi \in I$ に対して $\int_a^\xi f(x)dx$ を対応させる関数を表わすと定義したのである．われわれはしかし，一般の習慣にしたがって，I に属する実数を変数と同じ文字 x で表わしているのであって，(4.11) は I に属する任意の実数 x に対して関数 $F(x)$ の x における値 $F(x)$ が定積分 $\int_a^x f(x)dx$ に等しいことを意味すると考えてよい．

定理 4.4 $f(x)$ を区間 I で連続な関数，a を I に属する点とし，任意の $x \in I$ に対して

$$F(x) = \int_a^x f(x)dx$$

とおけば

(4.12) $$\frac{d}{dx}F(x) = f(x).$$

証明 (4.9) により

$$F(x+h) - F(x) = \int_a^{x+h} f(x)dx - \int_a^x f(x)dx = \int_x^{x+h} f(x)dx$$

であるから，$h > 0$ のとき，平均値の定理（定理 4.2）により

$$\frac{F(x+h) - F(x)}{h} = \frac{1}{h}\int_x^{x+h} f(x)dx = f(\xi)$$

なる ξ, $x < \xi < x+h$, が存在する．また，$h < 0$ のとき，

$$\frac{F(x+h) - F(x)}{h} = \frac{1}{h}\int_x^{x+h} f(x)dx = \frac{1}{|h|}\int_{x-|h|}^x f(x)dx = f(\xi)$$

なる ξ, $x+h < \xi < x$, が存在する．$h \neq 0$ のとき，いずれにしても

$$\frac{F(x+h) - F(x)}{h} = f(\xi), \quad \xi = x + \theta h, \quad 0 < \theta < 1.$$

故に

$$\lim_{h\to 0}\frac{F(x+h)-F(x)}{h} = \lim_{\xi\to x} f(\xi) = f(x),$$

すなわち，(4.12) が成り立つ．■

$\int_x^a f(x)dx = -\int_a^x f(x)dx$ であるから，(4.12) により

(4.13) $$\frac{d}{dx}\int_x^a f(x)dx = -f(x).$$

一般に或る区間 I で定義された関数 $f(x)$ が与えられたとき，$f(x)$ を導関数とする関数，すなわち $F'(x)=f(x)$ なる I で定義された関数 $F(x)$ を $f(x)$ の**原始関数** (primitive function) という．もちろん与えられた関数 $f(x)$ に対して原始関数が存在するとは限らない．たとえば $f(x)$ が区間 I の内点の一つ c において不連続で，しかも $\lim_{x\to c-0} f(x)$, $\lim_{x\to c+0} f(x)$ が共に存在して $\lim_{x\to c-0} f(x) \neq \lim_{x\to c+0} f(x)$ ならば，§3.3 で定理 3.10 の系に関連して述べた結果により，$f(x)$ の原始関数は存在しない．

$f(x)$ の原始関数が存在するならば，それは<u>加法的定数</u> (additive constant) を<u>除いて一意的に定まる</u>．すなわち，$f(x)$ の原始関数の一つを $F_0(x)$ とすれば，$f(x)$ の任意の原始関数 $F(x)$ は

$$F(x) = F_0(x)+C, \quad C \text{ は定数},$$

と表わされる．なぜなら，

$$\frac{d}{dx}(F(x)-F_0(x)) = F'(x)-F_0'(x) = f(x)-f(x) = 0,$$

したがって，§3.3，定理 3.6 により，$F(x)-F_0(x)$ は定数となるからである．

$f(x)$ が区間 I で定義された連続関数ならば，a を I に属する点としたとき，(4.12) により，I で定義された x <u>の関数 $\int_a^x f(x)dx$ は $f(x)$ の原始関数である</u>．故に，$f(x)$ <u>の任意の原始関数 $F(x)$ は</u>

(4.14) $$F(x) = \int_a^x f(x)dx+C, \quad C \text{ は定数},$$

と表わされる．(4.14) の右辺の C を**積分定数**とよぶ．

I に属する任意の 2 点 b,c に対して，(4.9) を用いて，(4.14) から

$$F(b)-F(c) = \int_a^b f(x)dx - \int_a^c f(x)dx = \int_c^b f(x)dx$$

を得る．すなわち

§4.2 原始関数,不定積分

定理 4.5 $f(x)$ を区間 I で定義された連続関数,$F(x)$ を $f(x)$ の原始関数とすれば

$$(4.15) \qquad \int_a^b f(x)dx = F(b)-F(a).$$

この公式 (4.15) を**微分積分法の基本公式**という.

或る区間 I で定義された関数 $f(x)$ の原始関数を,また,$f(x)$ の**不定積分** (indefinite integral) といい,記号 $\int f(x)dx$ で表わす.

注意 不定積分の定義は確定していないようである."岩波 数学辞典 第 3 版",p. 522 によれば,x の関数 $\int_a^x f(x)dx$ を $f(x)$ の不定積分という.高木貞治"解析概論",pp. 101–102 では,$\int_a^x f(x)dx$ の下限 a を指定しない場合にそれを $\int f(x)dx$ と書いて $f(x)$ の不定積分とよんでいる.この"解析入門"では藤原松三郎"微分積分学 I",p. 293 にしたがって,不定積分はすなわち原始関数である,と定義したのである.

b) 初等関数で表わされる原始関数

$f(x)=F'(x)$	$F(x)$
$x^\alpha \quad (\alpha \neq -1)$	$\dfrac{x^{\alpha+1}}{\alpha+1}$
$\dfrac{1}{x} \quad (x\neq 0)$	$\log|x|$
$\dfrac{1}{1-x^2} \quad (x\neq \pm 1)$	$\dfrac{1}{2}\log\left|\dfrac{1+x}{1-x}\right|$
$\dfrac{1}{\sqrt{x^2-1}} \quad (|x|>1)$	$\log|x+\sqrt{x^2-1}|$
$\dfrac{1}{\sqrt{x^2+1}}$	$\log(x+\sqrt{x^2+1})$
e^x	e^x
$a^x \quad (a>0, a\neq 1)$	$\dfrac{a^x}{\log a}$
$\sin x$	$-\cos x$
$\cos x$	$\sin x$
$\dfrac{1}{\sin^2 x}$	$-\dfrac{1}{\tan x}$
$\dfrac{1}{\cos^2 x}$	$\tan x$
$\tan x$	$-\log|\cos x|$

上記例 4.2 で見たように，$\int_a^b f(x)dx$ を定積分の定義から直接求めることは一般に難しいが，$f(x)$ の原始関数 $F(x)$ が知られている場合には，基本公式 (4.15) から直ちに定積分 $\int_a^b f(x)dx$ が求められる．初等関数で表わされる原始関数の基本的なものを上の表に掲げた．

この表の右側の関数がそれぞれ対応する左側の関数の原始関数になっていることは，右側の関数を微分して見ればすぐにわかる．たとえば，2 行目の $\log|x|$ を微分すれば，$x>0$ のときは，(3.19) により，$(d/dx)\log x=1/x$，$x<0$ のときには，$y=|x|=-x$ とおけば，

$$\frac{d}{dx}\log|x| = \frac{dy}{dx}\frac{d}{dy}\log y = -\frac{1}{y} = \frac{1}{x},$$

すなわち，$x \neq 0$ のとき

$$\frac{d}{dx}\log|x| = \frac{1}{x}.$$

任意の微分可能な関数 $f(x)$ に対して，$y=f(x)$ とおけば，$y \neq 0$ のとき，この結果により

$$\frac{d}{dx}\log|f(x)| = \frac{dy}{dx}\frac{d}{dy}\log|y| = \frac{dy}{dx}\frac{1}{y} = \frac{f'(x)}{f(x)}$$

を得る．すなわち

(4.16) $$\frac{d}{dx}\log|f(x)| = \frac{f'(x)}{f(x)}, \quad f(x) \neq 0.$$

右側の log を含んだ関数の導関数は，この公式 (4.16) を用いればすぐに求められる．たとえば，$\log|x+\sqrt{x^2-1}|$ については，$y=x^2-1$ とおけば

$$\frac{d}{dx}\sqrt{x^2-1} = \frac{dy}{dx}\frac{d}{dy}y^{1/2} = 2x \cdot \frac{1}{2}y^{-1/2} = \frac{x}{\sqrt{x^2-1}},$$

したがって

$$\frac{d}{dx}(x+\sqrt{x^2-1}) = 1+\frac{x}{\sqrt{x^2-1}} = \frac{x+\sqrt{x^2-1}}{\sqrt{x^2-1}},$$

故に

$$\frac{d}{dx}\log|x+\sqrt{x^2-1}| = \frac{1}{\sqrt{x^2-1}}.$$

右側の log を含まない関数の導関数が対応する左側の関数になることは明ら

§4.2 原始関数，不定積分

かであろう．

原始関数に関連して，**逆三角関数**，すなわち三角関数の逆関数についてここで述べる．まず

$$\sin\left(x-\frac{\pi}{2}\right) = -\cos x$$

であって，§2.4, a) で述べたように，$\cos x$ は区間 $[0, \pi]$ で単調減少であるから，$\sin x$ は区間 $[-\pi/2, \pi/2]$ で単調増加である．したがって，区間 $[-\pi/2, \pi/2]$ にお

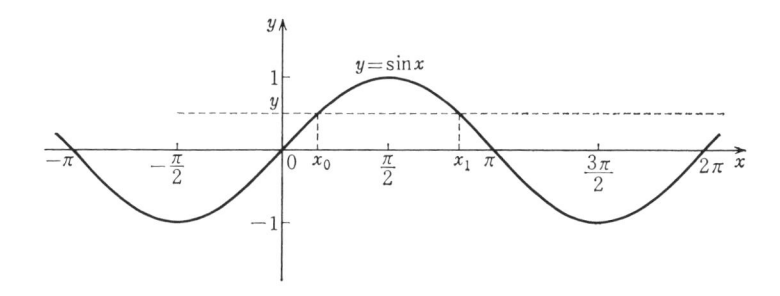

いて関数 $f(x)$ を $f(x) = \sin x$ と定義すれば，$f(-\pi/2) = -1$, $f(\pi/2) = 1$ であるから，§2.2, c), 定理 2.7 により，$y = f(x)$ の逆関数 $f^{-1}(y)$ は区間 $[-1, 1]$ で定義された連続な単調増加関数であって，その値域は $[-\pi/2, \pi/2]$ である．この逆関数 $f^{-1}(y)$ を Arcsin y で表わす．

実数 y, $-1 \leq y \leq 1$, が任意に与えられたとき，方程式 $\sin x = y$ を満たす実数 x を $x = \arcsin y$ と表わす．$\sin x$ は周期 2π の周期関数で $\sin(x+\pi) = -\sin x$ であるから，任意の整数 m に対して

$$\sin x = (-1)^m \sin(x - m\pi)$$

となる．$\sin x = y$, $-\pi/2 + m\pi \leq x \leq \pi/2 + m\pi$, とすれば，したがって $\sin(x - m\pi) = (-1)^m y$, $-\pi/2 \leq x - m\pi \leq \pi/2$, となるから，

$$x = \text{Arcsin}((-1)^m y) + m\pi.$$

$\sin x = y$ ならば $\sin(-x) = -y$ であるから，Arcsin$(-y) = -$Arcsin y. 故に上の式は

$$x = (-1)^m \text{Arcsin } y + m\pi$$

と書かれる．このように，条件 $-\pi/2 + m\pi \leq x \leq \pi/2 + m\pi$ のもとでは $x = \arcsin y$

は y の関数 $(-1)^m \text{Arcsin} \, y + m\pi$ となるが，条件がなければ

$$\arcsin y = (-1)^m \text{Arcsin} \, y + m\pi, \quad m = 0, \pm 1, \pm 2, \pm 3, \cdots.$$

すなわち，$\arcsin y$ は各実数 y，$-1 \leqq y \leqq 1$，に無数の実数 $x_m = (-1)^m \text{Arcsin} \, y + m\pi$, $m = 0, \pm 1, \pm 2, \cdots$, を対応させる1対多の対応を与える．$\arcsin y$ は§2.1で定義した意味の関数ではないが，各実数 y, $-1 \leqq y \leqq 1$, において無数の値 $x_0, x_1, x_{-1}, x_2, x_{-2}, \cdots, x_m, x_{-m}, \cdots$ をとる一種の関数であると見なして，$\arcsin y$ は y の**多価関数**(many-valued function)であるという．そして，$\text{Arcsin} \, y$ を $\arcsin y$ の**主値**(principal value)とよぶ．$\arcsin y$ を $\sin^{-1} y$ とも書く．

$\cos x$ の逆関数についても同様なことが成り立つ．すなわち，区間 $[0, \pi]$ における x の関数 $y = \cos x$ の逆関数を $\text{Arccos} \, y$ で表わす．$\text{Arccos} \, y$ は $[-1, 1]$ で定義された単調減少な連続関数で，その値域は $[0, \pi]$ である．実数 y, $-1 \leqq y \leqq 1$, に対して方程式 $\cos x = y$ を満たす x を $x = \arccos y$ と表わす．そうすれば

$$\arccos y = (-1)^m \text{Arccos} \, y + m\pi + (1 - (-1)^m)\pi/2,$$
$$m = 0, \pm 1, \pm 2, \cdots.$$

$\text{Arccos} \, y$ を $\arccos y$ の主値という．

つぎに，$\tan x = \sin x / \cos x$ は，(3.27)により，開区間 $(-\pi/2, \pi/2)$ で微分可能で

$$\frac{d}{dx} \tan x = \frac{1}{\cos^2 x} > 0.$$

したがって，§3.3, 定理3.6により，$\tan x$ は $(-\pi/2, \pi/2)$ で単調増加である．

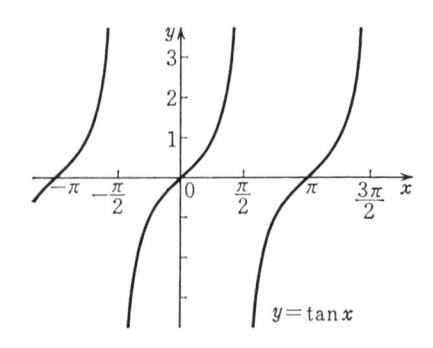

$y = \tan x$

§4.2 原始関数，不定積分

また，$\lim_{x\to -\pi/2+0}\tan x = -\infty$, $\lim_{x\to \pi/2-0}\tan x = +\infty$. 故に，開区間 $(-\pi/2, \pi/2)$ における x の関数 $y=\tan x$ の逆関数を Arctan y で表わせば，定理2.7により，Arctan y は数直線 $\boldsymbol{R}=(-\infty, +\infty)$ 上で定義された連続な単調増加関数であって，その値域は $(-\pi/2, \pi/2)$ である．任意の実数 y に対して方程式 $\tan x=y$ を満たす x を $x=\arctan y$ で表わす．任意の整数 m に対して
$$\tan x = \tan(x-m\pi)$$
であるから
$$\arctan y = \text{Arctan } y + m\pi, \quad m=0, \pm 1, \pm 2, \pm 3, \cdots.$$
すなわち，$\arctan y$ は各開区間 $(-\pi/2+m\pi, \pi/2+m\pi)$ 内に一つずつ値をもつ多価関数である．

さて，$y=\sin x$ とおけば，開区間 $(-\pi/2, \pi/2)$ において $dy/dx=\cos x>0$ である．故に，逆関数の微分法 (§3.2, 定理3.4) により，$x=\text{Arcsin } y$ は開区間 $(-1, 1)$ で y について微分可能であって，
$$\frac{d}{dy}\text{Arcsin } y = \frac{dx}{dy} = \frac{1}{\left(\dfrac{dy}{dx}\right)} = \frac{1}{\cos x} = \frac{1}{\sqrt{1-\sin^2 x}} = \frac{1}{\sqrt{1-y^2}}.$$
y を x と書き換えれば

(4.17) $\quad\displaystyle\frac{d}{dx}\text{Arcsin } x = \frac{1}{\sqrt{1-x^2}}, \quad -1<x<1.$

$x=-1$ および $x=1$ においては Arcsin x は微分可能でない．(4.17) から直ちに

(4.18) $\quad\displaystyle\int\frac{dx}{\sqrt{1-x^2}} = \text{Arcsin } x, \quad |x|<1,$

を得る．

つぎに，$y=\tan x$ とおけば，$dy/dx=1/\cos^2 x$ であるから，
$$\frac{d}{dy}\text{Arctan } y = \frac{dx}{dy} = \frac{1}{\left(\dfrac{dy}{dx}\right)} = \cos^2 x = \frac{1}{\tan^2 x+1} = \frac{1}{y^2+1}.$$
y を x と書き直せば

(4.19) $\quad\displaystyle\frac{d}{dx}\text{Arctan } x = \frac{1}{x^2+1}.$

故に

(4.20) $$\int \frac{dx}{x^2+1} = \text{Arctan } x.$$

c) 部分積分

$f(x), g(x)$ は共に或る区間 I で連続微分可能な関数であるとする。このとき，(3.11) により，

$$\frac{d}{dx}(f(x)g(x)) = f'(x)g(x) + f(x)g'(x)$$

であるから，

$$f(x)g(x) = \int f'(x)g(x)dx + \int f(x)g'(x)dx.$$

故に

(4.21) $$\int f(x)g'(x)dx = f(x)g(x) - \int f'(x)g(x)dx.$$

一般に $h(x)$ が I で連続であるとき，I に属する任意の 2 点 a, b に対して，$h(b)-h(a)$ を記号 $[h(x)]_a^b$，あるいは $h(x)|_a^b$ で表わす：

$$[h(x)]_a^b = h(x)|_a^b = h(b)-h(a).$$

この記法を用いれば，(4.21) から直ちに

(4.22) $$\int_a^b f(x)g'(x)dx = [f(x)g(x)]_a^b - \int_a^b f'(x)g(x)dx$$

を得る。(4.21), (4.22) を**部分積分** (integration by parts) の公式という。

例 4.3 (4.21) において $g(x)=x$ とおけば

(4.23) $$\int f(x)dx = xf(x) - \int xf'(x)dx$$

を得る。ここで $f(x) = \log x$ とおけば，$f'(x) = 1/x$ であるから，

$$\int \log x\, dx = x\log x - x.$$

また，$|x|<1$ として $f(x) = \sqrt{1-x^2}$ とおけば，

$$xf'(x) = \frac{-x^2}{\sqrt{1-x^2}} = \frac{1-x^2}{\sqrt{1-x^2}} - \frac{1}{\sqrt{1-x^2}} = \sqrt{1-x^2} - \frac{1}{\sqrt{1-x^2}}$$

であるから，(4.18) により，

$$\int \sqrt{1-x^2}\, dx = x\sqrt{1-x^2} - \int \sqrt{1-x^2}\, dx + \text{Arcsin } x.$$

故に

(4.24) $\quad \int \sqrt{1-x^2}\, dx = \dfrac{1}{2}(x\sqrt{1-x^2}+\mathrm{Arcsin}\, x), \quad |x|<1.$

例 4.4 n を自然数として, $S_n = \displaystyle\int_0^{\pi/2} (\sin x)^n dx$ とおく. $f(x)=(\sin x)^{n-1}$, $g(x)=-\cos x$ とおけば $(\sin x)^n = f(x)g'(x)$ であるから, 部分積分の公式 (4.22) により

$$S_n = \int_0^{\pi/2} (\sin x)^n dx$$
$$= [-(\sin x)^{n-1}\cos x]_0^{\pi/2} + \int_0^{\pi/2} (n-1)(\sin x)^{n-2}\cos^2 x\, dx$$
$$= (n-1)\int_0^{\pi/2}(\sin x)^{n-2}(1-\sin^2 x)\, dx$$
$$= (n-1)S_{n-2} - (n-1)S_n.$$

故に $nS_n = (n-1)S_{n-2}$, すなわち

(4.25) $\quad\quad\quad\quad\quad S_n = \dfrac{n-1}{n} S_{n-2}.$

この式は, $S_0 = \displaystyle\int_0^{\pi/2} 1\, dx = \pi/2$ とおけば, $n\geqq 2$ のとき成り立つ. $S_1 = \displaystyle\int_0^{\pi/2}\sin x\, dx = 1$ であるから, n が偶数の場合と奇数の場合を別々に考えれば,

$$S_{2n} = \dfrac{2n-1}{2n}\cdot\dfrac{2n-3}{2n-2}\cdots\dfrac{3}{4}\cdot\dfrac{1}{2}\cdot\dfrac{\pi}{2},$$
$$S_{2n+1} = \dfrac{2n}{2n+1}\cdot\dfrac{2n-2}{2n-1}\cdots\dfrac{4}{5}\cdot\dfrac{2}{3}$$

を得る. したがって,

$$2n(2n-2)(2n-4)\cdots 4\cdot 2 = 2^n n!,$$
$$(2n+1)(2n-1)(2n-3)\cdots 5\cdot 3 = \dfrac{(2n+1)!}{2^n n!}$$

であるから,

(4.26) $\quad\begin{cases} S_{2n} = \dfrac{(2n)!}{2^{2n}(n!)^2}\cdot\dfrac{\pi}{2}, \\ S_{2n+1} = \dfrac{2^{2n}(n!)^2}{(2n+1)!}. \end{cases}$

$0<x<\pi/2$ のとき $(\sin x)^n > (\sin x)^{n+1}$ であるから,定理 4.1, (4°) により,$S_n > S_{n+1}$. したがって, (4.25) により,

$$1 > \frac{S_{2n+1}}{S_{2n}} > \frac{S_{2n+2}}{S_{2n}} = \frac{2n+1}{2n+2}.$$

故に

(4.27) $$\lim_{n\to\infty} \frac{S_{2n+1}}{S_{2n}} = 1.$$

(4.26) により $S_{2n+1}S_{2n} = \pi/(4n+2)$ であるから,(4.27) を用いて

$$\lim_{n\to\infty} n(S_{2n+1})^2 = \lim_{n\to\infty} \frac{n}{4n+2} \frac{S_{2n+1}}{S_{2n}} \pi = \frac{\pi}{4},$$

したがって

(4.28) $$\lim_{n\to\infty} \sqrt{n}\, S_{2n+1} = \sqrt{\pi}/2$$

を得る.この結果と (4.27), (4.26) を組み合わせれば

$$\sqrt{\pi}/2 = \lim_{n\to\infty} \sqrt{n}\, S_{2n+1} = \lim_{n\to\infty} \sqrt{n}\, S_{2n} = \frac{\pi}{2} \lim_{n\to\infty} \frac{\sqrt{n}\,(2n)!}{2^{2n}(n!)^2},$$

故に

(4.29) $$\sqrt{\pi} = \lim_{n\to\infty} \frac{2^{2n}(n!)^2}{\sqrt{n}\,(2n)!}.$$

d) Taylor の公式

Taylor の公式 (3.39) の部分積分による別証明を述べる.$f=f(x)$, $g=g(x)$ を或る区間 I で n 回連続微分可能な関数,$f^{(k)} = f^{(k)}(x)$, $g^{(k)} = g^{(k)}(x)$ をその k 次導関数として部分積分を繰返せば

$$\int fg^{(n)}dx = fg^{(n-1)} - \int f'g^{(n-1)}dx$$

$$= fg^{(n-1)} - f'g^{(n-2)} + \int f''g^{(n-2)}dx$$

$$= fg^{(n-1)} - f'g^{(n-2)} + f''g^{(n-3)} - \int f'''g^{(n-3)}dx$$

$$= \cdots\cdots$$

$$= fg^{(n-1)} + \sum_{k=1}^{n-1}(-1)^k f^{(k)}g^{(n-1-k)} + (-1)^n \int f^{(n)}g\,dx$$

§4.2 原始関数，不定積分

を得る．すなわち

$$(4.30) \quad \int fg^{(n)}dx = fg^{(n-1)} + \sum_{k=1}^{n-1}(-1)^k f^{(k)}g^{(n-1-k)} + (-1)^n \int f^{(n)}g\,dx.$$

ここで $g^{(0)}=g$ としていることはいうまでもない．b を I に属する任意の点として

$$g = g(x) = \frac{(-1)^n}{(n-1)!}(b-x)^{n-1} = -\frac{1}{(n-1)!}(x-b)^{n-1}$$

とおく．

$$\frac{d^k}{dx^k}(x-b)^{n-1} = (n-1)(n-2)\cdots(n-k)(x-b)^{n-1-k}$$

であるから

$$g^{(k)} = -\frac{1}{(n-k-1)!}(x-b)^{n-1-k}.$$

したがって

$$g^{(n-1-k)} = -\frac{1}{k!}(x-b)^k = -\frac{(-1)^k}{k!}(b-x)^k, \quad k=0,1,2,\cdots,n-1,$$

特に $g^{(n-1)}=-1$，また $g^{(n)}=0$ である．故に，(4.30)により，

$$0 = -f(x) - \sum_{k=1}^{n-1}\frac{f^{(k)}(x)}{k!}(b-x)^k + \int \frac{f^{(n)}(x)}{(n-1)!}(b-x)^{n-1}dx.$$

区間 I に属する点 a を一つ定めたとき，この式から直ちに

$$0 = \left[-f(x) - \sum_{k=1}^{n-1}\frac{f^{(k)}(x)}{k!}(b-x)^k\right]_a^b + \int_a^b \frac{f^{(n)}(x)}{(n-1)!}(b-x)^{n-1}dx,$$

すなわち

$$f(b) = f(a) + \sum_{k=1}^{n-1}\frac{f^{(k)}(a)}{k!}(b-a)^k + \frac{1}{(n-1)!}\int_a^b f^{(n)}(x)(b-x)^{n-1}dx$$

を得る．積分変数 x を t，b を x と書き換えれば，

$$(4.31) \quad f(x) = f(a) + \sum_{k=1}^{n-1}\frac{f^{(k)}(a)}{k!}(x-a)^k + R_n,$$

$$R_n = \frac{1}{(n-1)!}\int_a^x f^{(n)}(t)(x-t)^{n-1}dt.$$

$a<x$ なる場合には，$a\leqq t<x$ のとき $(x-t)^{n-1}>0$ であるから，定理4.3により，

$$\int_a^x f^{(n)}(t)(x-t)^{n-1}dt = f^{(n)}(\xi)\int_a^x (x-t)^{n-1}dt, \quad a<\xi<x,$$

なる ξ が存在する. $x<a$ なる場合には,

$$\int_x^a f^{(n)}(t)(t-x)^{n-1}dt = f^{(n)}(\xi)\int_x^a (t-x)^{n-1}dt, \quad x<\xi<a,$$

なる ξ が存在するが, $(t-x)^{n-1}=(-1)^{n-1}(x-t)^{n-1}$ であるから,

$$\int_a^x f^{(n)}(t)(x-t)^{n-1}dt = f^{(n)}(\xi)\int_a^x (x-t)^{n-1}dt$$

となる. いずれの場合にも結局

$$\int_a^x f^{(n)}(t)(x-t)^{n-1}dt = f^{(n)}(\xi)\int_a^x (x-t)^{n-1}dt,$$
$$\xi = a+\theta(x-a), \quad 0<\theta<1,$$

なる ξ が存在することになる. $\int_a^x (x-t)^{n-1}dt=(1/n)(x-a)^n$ であるから, したがって

(4.32) $\quad R_n = \dfrac{f^{(n)}(\xi)}{n!}(x-a)^n, \quad \xi = a+\theta(x-a), \quad 0<\theta<1.$

これで Taylor の公式 (3.39) が証明されたのである.

この積分法による Taylor の公式の証明は §3.4, c) で述べた微分法による証明よりも見通しがよいが, $f(x)$ が n 回連続微分可能であると仮定することが必要である. §3.4, c) では $f(x)$ は n 回微分可能ならばよかったのである. しかしこの仮定のわずかな相異は応用上はあまり重要でない. それよりも (4.31) において剰余項 R_n が定積分で表わされていることに興味がある. この R_n の積分表示から (4.32) を導くのに $\int_a^x f^{(n)}(t)(x-t)^{n-1}dt$ の被積分関数を $f^{(n)}(t)$ と $(x-t)^{n-1}$ の積と考えて定理 4.3 を適用したが, $f^{(n)}(t)(x-t)^q$ と $(x-t)^{n-1-q}$, q は $0 \leqq q \leqq n-1$ なる整数, の積と見なして定理 4.3 を適用すれば

$$\int_a^x f^{(n)}(t)(x-t)^{n-1}dt = f^{(n)}(\xi)(x-\xi)^q \int_a^x (x-t)^{n-1-q}dt$$
$$= f^{(n)}(\xi)(x-\xi)^q \dfrac{(x-a)^{n-q}}{n-q},$$
$$\xi = a+\theta(x-a), \quad 0<\theta<1,$$

なる ξ の存在がわかる. $x-\xi=(1-\theta)(x-a)$ であるから

$$R_n = \frac{f^{(n)}(\xi)(1-\theta)^q}{(n-1)!(n-q)}(x-a)^n, \quad \xi = a+\theta(x-a), \quad 0<\theta<1.$$

これはすなわち Schlömilch の剰余項 (3.42) に他ならない.

§4.3 広義積分

関数 $f(x)$ が区間 $[a,b]$ で連続な場合に §4.1 で定積分 $\int_a^b f(x)dx$ を定義したが, 本節では, この定義を $f(x)$ が $[a,b]$ で有限個の不連続点をもつ場合, さらに, たとえば $[a,+\infty)$ のような**無限区間**の場合に拡張する. 無限区間というのは有界でない区間のことである. これに対して有界な区間を**有限区間**という.

a) 積分の定義の拡張

まず区間 $[a,b)$ で連続で $[a,b]$ では必ずしも連続でない関数 $f(x)$ の積分 $\int_a^b f(x)dx$ の定義から始める.

例 4.5 x の関数 $1/\sqrt{1-x^2}$ は区間 $[0,1)$ で連続で $\lim_{x\to 1-0}(1/\sqrt{1-x^2})=+\infty$ とな

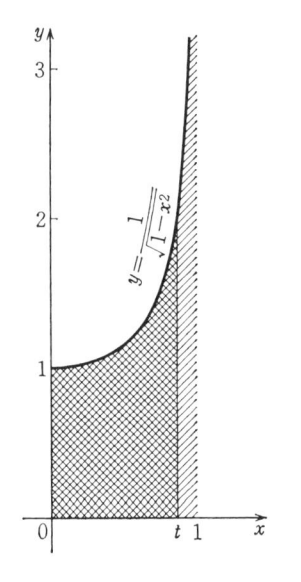

x	$\dfrac{1}{\sqrt{1-x^2}}$
0	1
0.1	1.01
0.2	1.02
0.3	1.05
0.4	1.09
0.5	1.15
0.6	1.25
0.7	1.40
0.75	1.51
0.8	1.67
0.85	1.90
0.9	2.29
0.95	3.20

る. この関数については, 上図を見れば

$$\int_0^1 \frac{dx}{\sqrt{1-x^2}} = \lim_{t\to 1-0}\int_0^t \frac{dx}{\sqrt{1-x^2}}$$

と定義すべきであることは明らかであろう．そうすれば，(4.18)により，
$$\int_0^1 \frac{dx}{\sqrt{1-x^2}} = \lim_{t \to 1-0} \mathrm{Arcsin}\, t = \mathrm{Arcsin}\, 1 = \frac{\pi}{2}.$$

一般に区間 $[a, b)$ で連続な関数 $f(x)$ に対して極限 $\lim_{t \to b-0} \int_a^t f(x)dx$ が存在するならば

(4.33) $$\int_a^b f(x)dx = \lim_{t \to b-0} \int_a^t f(x)dx$$

と定義する．同様に，区間 $(a, b]$ で連続な関数 $f(x)$ に対して $\lim_{s \to a+0} \int_s^b f(x)dx$ が存在するならば

(4.34) $$\int_a^b f(x)dx = \lim_{s \to a+0} \int_s^b f(x)dx,$$

区間 (a, b) で連続な関数 $f(x)$ に対して $\lim_{\substack{t \to b-0 \\ s \to a+0}} \int_s^t f(x)dx$ が存在するならば

(4.35) $$\int_a^b f(x)dx = \lim_{\substack{t \to b-0 \\ s \to a+0}} \int_s^t f(x)dx$$

と定義する．ここで (4.35) は任意の正の実数 ε に対応して一つの正の実数 $\delta(\varepsilon)$ が定まって，$b-\delta(\varepsilon)<t<b,\ a<s<a+\delta(\varepsilon)$ ならば
$$\left| \int_a^b f(x)dx - \int_s^t f(x)dx \right| < \varepsilon$$
となることを意味するが，点 $c,\ a<c<b,$ を一つ定めれば
$$\int_s^t f(x)dx = \int_s^c f(x)dx + \int_c^t f(x)dx$$
であるから
$$\lim_{\substack{t \to b-0 \\ s \to a+0}} \int_s^t f(x)dx = \lim_{s \to a+0} \int_s^c f(x)dx + \lim_{t \to b-0} \int_c^t f(x)dx,$$
したがって (4.35) は

(4.36) $$\int_a^b f(x)dx = \lim_{s \to a+0} \int_s^c f(x)dx + \lim_{t \to b-0} \int_c^t f(x)dx$$

とも書かれる．(4.33), (4.34), (4.35) で定義された積分 $\int_a^b f(x)dx$ を，**広義積分** (improper integral) という．広義積分 $\int_a^b f(x)dx$ が存在するとき，すな

わち，(4.33), (4.34) あるいは (4.35) の右辺の極限が存在するとき，広義積分 $\int_a^b f(x)dx$ は**収束する**という．広義積分 $\int_a^b f(x)dx$ が存在しないときには，広義積分 $\int_a^b f(x)dx$ は**発散する**という．存在しないものが発散するというのは論理的にはおかしいが，これは無限級数が発散するといういい方の類似であって，このとき広義積分というのは $\int_a^b f(x)dx$ なる形の式のことで，この式 $\int_a^b f(x)dx$ の値が存在しないと考えるのであろう．

$f(x)$ が閉区間 $[a,b]$ で連続である場合には，すでに定積分 $\int_a^b f(x)dx$ が定義されているから，広義積分 $\int_a^b f(x)dx$ が定積分 $\int_a^b f(x)dx$ と一致することを確かめておかなければならない．このために $a<c<b$ なる点 c を一つ定めて $F(t) = \int_c^t f(x)dx$ とおけば，$F(t)$ は $[a,b]$ で連続な t の関数であるから，たとえば (4.33) の右辺は

$$\lim_{t \to b-0} \int_a^t f(x)dx = \lim_{t \to b-0} (F(t)-F(a)) = F(b)-F(a)$$

となって，定積分 $\int_a^b f(x)dx = F(b)-F(a)$ と一致する．

同様に，たとえば $f(x)$ が $[a,b)$ で連続である場合，広義積分 $\int_a^b f(x)dx$ の2通りの定義：(4.33) と (4.35) は一致する．

$f(x)$ が区間 (a,b) で有限個の点 $c_1, c_2, \cdots, c_m$，$a<c_1<c_2<\cdots<c_m<b$，を除いて連続であるとき，広義積分 $\int_a^{c_1} f(x)dx, \int_{c_1}^{c_2} f(x)dx, \cdots, \int_{c_m}^b f(x)dx$ がすべて収束するならば，広義積分 $\int_a^b f(x)dx$ を

$$(4.37) \qquad \int_a^b f(x)dx = \int_a^{c_1} f(x)dx + \int_{c_1}^{c_2} f(x)dx + \cdots + \int_{c_m}^b f(x)dx$$

と定義し，広義積分 $\int_a^b f(x)dx$ は収束するという．このとき $f(x)$ は $c_1, c_2, \cdots, c_m$ で定義されていなくてもよい．また $f(x)$ が $c_1, c_2, \cdots, c_m$ で定義されていても，広義積分 $\int_a^b f(x)dx$ は $c_1, c_2, \cdots, c_m$ における $f(x)$ の値 $f(c_1), f(c_2), \cdots, f(c_m)$ に無関係である．$f(x)$ が $c_1, c_2, \cdots, c_m$ で定義されていない場合，実数 $\alpha_1, \alpha_2, \cdots, \alpha_m$ を任意に選び，$f(c_1)=\alpha_1, f(c_2)=\alpha_2, \cdots, f(c_m)=\alpha_m$ と定義して $f(x)$ の定義域に $c_1, c_2, \cdots, c_m$ を追加しても広義積分 $\int_a^b f(x)dx$ は変わらない．以下区間 (a,b) で有限個の点 $c_1, c_2, \cdots, c_m$ を除いて連続な関数 $f(x)$ の広義積分 $\int_a^b f(x)dx$ を考察するときには，$f(x)$ は $c_1, c_2, \cdots, c_m$ で定義されていなくてもよいとする．

さらに，関数 $f(x)$ がすべての点 t, $t>a$，に対して (a,t) で高々有限個の点を

除いて連続で広義積分 $\int_a^t f(x)dx$ が収束しているとき,極限 $\lim_{t\to+\infty}\int_a^t f(x)dx$ が存在するならば,広義積分 $\int_a^{+\infty} f(x)dx$ を

$$(4.38) \qquad \int_a^{+\infty} f(x)dx = \lim_{t\to+\infty}\int_a^t f(x)dx$$

と定義し,広義積分 $\int_a^{+\infty} f(x)dx$ は収束するという.広義積分:

$$(4.39) \qquad \int_{-\infty}^b f(x)dx = \lim_{s\to-\infty}\int_s^b f(x)dx,$$

$$(4.40) \qquad \int_{-\infty}^{+\infty} f(x)dx = \lim_{\substack{t\to+\infty\\s\to-\infty}}\int_s^t f(x)dx$$

も同様に定義する.特に,たとえば,$[a, +\infty)$ で $f(x)$ が連続である場合には,(4.38) の右辺の積分 $\int_a^t f(x)dx$ は定義 4.1 の意味の定積分である.

例 4.6 $1/(x^2+1)$ は,$(-\infty, +\infty)$ で連続な x の関数である.(4.20) により $\int \dfrac{dx}{x^2+1} = \text{Arctan}\, x$ であるから,

$$\int_0^{+\infty} \frac{dx}{x^2+1} = \lim_{t\to+\infty}\int_0^t \frac{dx}{x^2+1} = \lim_{t\to+\infty} \text{Arctan}\, t = \frac{\pi}{2}.$$

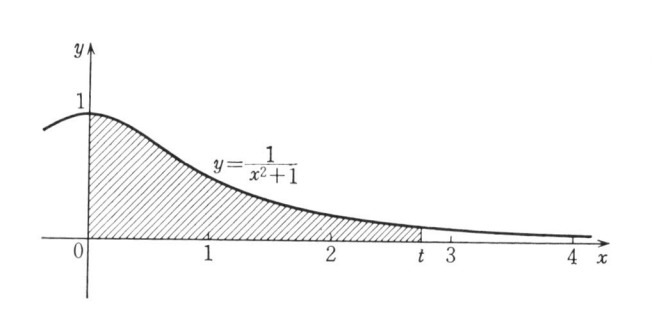

x	$\dfrac{1}{x^2+1}$
0	1
0.25	0.94
0.5	0.80
1	0.5
1.25	0.39
1.5	0.31
1.75	0.25
2	0.2
2.5	0.14
3	0.1
4	0.06

b) 広義積分の性質

定積分について定理 4.1 で証明した性質は広義積分についても成り立つ.すなわち

定理 4.6 $f(x), g(x)$ は区間 (a, b) で高々有限個の点を除いて連続な関数であって,その広義積分 $\int_a^b f(x)dx, \int_a^b g(x)dx$ は収束しているとする.

(1°) $a < c < b$ ならば

§4.3 広義積分

(4.41) $$\int_a^b f(x)dx = \int_a^c f(x)dx + \int_c^b f(x)dx.$$

(2°) c_1, c_2 を定数とすれば，広義積分 $\int_a^b (c_1 f(x)+c_2 g(x))dx$ も収束して

(4.42) $$\int_a^b (c_1 f(x)+c_2 g(x))dx = c_1 \int_a^b f(x)dx + c_2 \int_a^b g(x)dx.$$

(3°) 区間 (a, b) でつねに $f(x) \geqq g(x)$ ならば

(4.43) $$\int_a^b f(x)dx \geqq \int_a^b g(x)dx$$

であって，(4.43)において等号が成り立つのは (a, b) で $f(x), g(x)$ の不連続点を除いてつねに $f(x)=g(x)$ である場合に限る．

(4°) さらに広義積分 $\int_a^b |f(x)|dx$ が収束するならば

(4.44) $$\left|\int_a^b f(x)dx\right| \leqq \int_a^b |f(x)|dx.$$

証明 まず区間 (a, b) で $f(x), g(x)$ が共に連続である場合について証明する．

(1°) $a<c<b$ のとき等式(4.41)が成り立つことは(4.36)によって明らかである．

(2°) 広義積分 $\int_a^b$ は定積分 $\int_s^t$, $a<s<t<b$, の $t \to b-0$, $s \to a+0$ のときの極限であるから，広義積分 $\int_a^b (c_1 f(x)+c_2 g(x))dx$ が収束して(4.42)が成り立つことは定理4.1, (2°)から直ちに従う．

(3°) 同様に，(a, b) でつねに $f(x) \geqq g(x)$ のとき，不等式(4.43)が成り立つことは定理4.1, (4°)によって明らかである．いま (a, b) で恒等的に $f(x)=g(x)$ ではないと仮定して $h(x)=f(x)-g(x)$ とおけば，$h(x)$ は (a, b) で連続，$h(x) \geqq 0$ で，或る点 c, $a<c<b$, において $h(c)>0$ である．したがって，$a<s<c<t<b$ なる s, t を c に十分近くとれば，閉区間 $[s, t]$ でつねに $h(x)>0$ となる．故に，(4.41), (4.43)と定理4.1, (4°)により

$$\int_a^b h(x)dx = \int_a^s h(x)dx + \int_s^t h(x)dx + \int_t^b h(x)dx \geqq \int_s^t h(x)dx > 0.$$

したがって，(4.42)により，

$$\int_a^b f(x)dx = \int_a^b h(x)dx + \int_a^b g(x)dx > \int_a^b g(x)dx.$$

故に，(4.43) において等号が成り立つのは (a,b) で恒等的に $f(x)=g(x)$ である場合に限る．

(4°) は定理 4.1, (5°) の不等式 (4.6) によって明らかである．

これで $f(x), g(x)$ が (a,b) で連続である場合には定理 4.6 が証明された．$f(x), g(x)$ が (a,b) で有限個の点 $c_1, c_2, \cdots, c_k, \cdots, c_m,\ a<c_1<c_2<\cdots<c_k<\cdots<c_m<b$, を除いて連続である場合には，$c_0=a,\ c_{m+1}=b$ とおけば，広義積分の定義 (4.37) と上記の (4.41) により

$$\int_a^b f(x)dx = \sum_{k=1}^{m+1}\int_{c_{k-1}}^{c_k} f(x)dx, \qquad \int_a^b g(x)dx = \sum_{k=1}^{m+1}\int_{c_{k-1}}^{c_k} g(x)dx$$

となる．$f(x), g(x)$ は各区間 (c_{k-1}, c_k) において連続であるから，定理 4.6 は各区間 (c_{k-1}, c_k) について成立し，したがって区間 (a,b) についても成立する．∎

系 広義積分 $\int_a^{+\infty},\ \int_{-\infty}^{b},\ \int_{-\infty}^{+\infty}$ についても上記の (1°), (2°), (3°), (4°) が成り立つ．

広義積分についても $\int_a^a f(x)dx=0$, また，$a<b$ のとき，

$$\int_b^a f(x)dx = -\int_a^b f(x)dx$$

と定義すれば，§4.2, a) と同様に，等式 (4.41) が a, b, c の大小の如何に関せず成立する．さらに

$$\int_{+\infty}^a f(x)dx = -\int_a^{+\infty} f(x)dx, \qquad \int_{+\infty}^{-\infty} f(x)dx = -\int_{-\infty}^{+\infty} f(x)dx,$$

等と定義すれば，(4.41) は a, b, c のいずれか一つ，あるいは二つを $+\infty, -\infty$ で置き換えても成り立つ．

定理 4.7 $f(x)$ を開区間 (a,b) で連続な x の関数とする．

(1°) 広義積分 $\int_a^b f(x)dx$ が収束するならば，点 $c,\ a<c<b$, を一つ選んで

$$F(x) = \int_c^x f(x)dx$$

とおいたとき，$F(x)$ は閉区間 $[a,b]$ で連続，開区間 (a,b) では微分可能で $F'(x)=f(x)$ である．

(2°) 閉区間 $[a,b]$ で定義された連続関数 $F(x)$ で，開区間 (a,b) において微分可能で $F'(x)=f(x)$ なるものが存在するならば，広義積分 $\int_a^b f(x)dx$ は収束

§4.3 広義積分

して
$$\int_a^b f(x)dx = F(b) - F(a).$$

証明 (1°) $F(x)$ が (a,b) で微分可能で $F'(x)=f(x)$ であることは，定理4.4によって，明らかであるから，$F(x)$ が $[a,b]$ で連続であることをいえばよい．

$$\lim_{x \to b-0} F(x) = \lim_{x \to b-0} \int_c^x f(x)dx = \int_c^b f(x)dx = F(b).$$

また，$a<x<c$ なるとき $\int_c^x f(x)dx = -\int_x^c f(x)dx$ であるから，

$$\lim_{x \to a+0} F(x) = -\lim_{x \to a+0}\int_x^c f(x)dx = -\int_a^c f(x)dx = \int_c^a f(x)dx = F(a).$$

故に $F(x)$ は $[a,b]$ で連続である．

(2°) $a<s<t<b$ とすれば，微分積分法の基本公式(4.15)により $\int_s^t f(x)dx = F(t)-F(s)$ であるから

$$\lim_{\substack{t \to b-0 \\ s \to a+0}} \int_s^t f(x)dx = \lim_{t \to b-0} F(t) - \lim_{s \to a+0} F(s) = F(b)-F(a).$$

故に
$$\int_a^b f(x)dx = F(b) - F(a). \blacksquare$$

開区間 (a,b) で定義された連続関数 $f(x)$ について極限：$\lim_{x \to a+0} f(x)$, $\lim_{x \to b-0} f(x)$ が共に存在するときには，$f(a) = \lim_{x \to a+0} f(x)$, $f(b) = \lim_{x \to b-0} f(x)$ とおけば，$f(x)$ は閉区間 $[a,b]$ で定義された連続関数となり，したがって広義積分 $\int_a^b f(x)dx$ は定積分 $\int_a^b f(x)dx$ となる．故に，このとき

$$F(x) = \int_c^x f(x)dx, \quad a<c<b,$$

は閉区間 $[a,b]$ で微分可能で $F'(x)=f(x)$ も $[a,b]$ で連続，すなわち $F(x)$ は $[a,b]$ で滑らかな関数である．

定理 4.8 $f(x)$ を開区間 (a,b) で有限個の点 $c_1, c_2, \cdots, c_m$, $a<c_1<c_2<\cdots<c_m<b$, を除いて連続な関数とする．

(1°) 広義積分 $\int_a^b f(x)dx$ が収束するならば

$$F(x) = \int_a^x f(x)dx + C, \quad C \text{ は定数},$$

とおいたとき，$F(x)$ は閉区間 $[a,b]$ で連続, $a, c_1, c_2, \cdots, c_m, b$ を除いて微分可能で $F'(x)=f(x)$ である．

（2°）閉区間 $[a,b]$ で定義された連続関数 $F(x)$ で，$a, c_1, c_2, \cdots, c_m, b$ を除いて微分可能で $F'(x)=f(x)$ なるものが存在するならば，広義積分 $\int_a^b f(x)dx$ は収束して，

$$(4.45) \qquad \int_a^x f(x)dx = F(x) - F(a), \qquad a \leqq x \leqq b.$$

証明 （1°）$c_0=a, c_{m+1}=b$ とおく．$c_{k-1} \leqq x \leqq c_k$ のとき，$c_{k-1} < c < c_k$ なる点 c を一つ定めれば，(4.41) により

$$F(x) = \int_c^x f(x)dx + \int_a^c f(x)dx + C.$$

故に，上記の定理 4.7, (1°) により，$F(x)$ は $[c_{k-1}, c_k]$ で連続，(c_{k-1}, c_k) で微分可能で $F'(x)=f(x)$ である．各閉区間 $[c_{k-1}, c_k]$, $k=1, 2, \cdots, m+1$, で連続な関数 $F(x)$ が $[a,b]$ で連続であることは明らかであろう．

（2°）$c_k < x \leqq c_{k+1}$ として閉区間 $[c_{j-1}, c_j]$, $j=1, 2, \cdots, k$, および $[c_k, x]$ において $F(x)$ に定理 4.7, (2°) を適用すれば，

$$\int_{c_{j-1}}^{c_j} f(x)dx = F(c_j) - F(c_{j-1}), \qquad \int_{c_k}^x f(x)dx = F(x) - F(c_k)$$

を得る．故に，$c_0=a$ であるから，

$$\int_a^x f(x)dx = \sum_{j=1}^k \int_{c_{j-1}}^{c_j} f(x)dx + \int_{c_k}^x f(x)dx = F(x) - F(a). \qquad \blacksquare$$

区間 $(a, +\infty)$ で定義された関数 $f(x)$ がすべての $t, t>a$, に対して (a, t) で高々有限個の点を除いて連続で広義積分 $\int_a^x f(x)dx$ が収束しているとき，$F(x) = \int_a^x f(x)dx + C$, C は定数, は $(a, +\infty)$ で連続な x の関数で

$$\int_a^t f(x)dx = [F(x)]_a^t = F(t) - F(a)$$

であるから，極限 $\lim_{t \to +\infty} F(t)$ が存在するならば広義積分 $\int_a^{+\infty} f(x)dx$ は収束して

$$\int_a^{+\infty} f(x)dx = \lim_{t \to +\infty} [F(x)]_a^t.$$

この右辺を記号 $[F(x)]_a^{+\infty}$ で表わす：

§4.3 広義積分

(4.46) $$[F(x)]_a^{+\infty} = \lim_{t \to +\infty} [F(t)]_a^t = \lim_{t \to +\infty} F(t) - F(a).$$

そうすれば
$$\int_a^{+\infty} f(x)dx = [F(x)]_a^{+\infty}.$$

記号 $[F(x)]_{-\infty}^b$ および $[F(x)]_{-\infty}^{+\infty}$ の意味も同様である.

関数 $f(x)$ が閉区間 $[a,b]$ で有限個の点 $c_1, c_2, \cdots, c_k, \cdots, c_m, a<c_1<c_2<\cdots<c_k<\cdots<c_m<b$, を除いて連続で各 c_k において右および左からの極限: $\lim_{x \to c_k+0} f(x)$, $\lim_{x \to c_k-0} f(x)$ が共に存在するとき, $f(x)$ は $[a,b]$ で**区分的に連続** (piecewise continuous) であるという. このとき, $[a,b]$ を $m+1$ 個の部分区間 $I_1=[a,c_1]$, $I_2=[c_1,c_2], \cdots, I_k=[c_{k-1},c_k], \cdots, I_{m+1}=[c_m,b]$ に分割すれば,

$$F(x) = \int_a^x f(x)dx + C, \quad C は定数,$$

は各部分区間 I_k において滑らかな関数となるから, §3.3 の意味で $[a,b]$ で区分的に滑らかな関数である.

逆に, $F(x)$ が $[a,b]$ で区分的に滑らかで, $c_1, c_2, \cdots, c_m, a<c_1<c_2<\cdots<c_m<b$, を除いて滑らかならば, $a \leq x \leq b$, $x \neq c_k$, $k=1,2,\cdots,m$, のとき $f(x)=F'(x)$, $c=c_k$ のとき, たとえば $f(c_k)=D^+F(c_k)$ とおけば, $f(x)$ は $[a,b]$ で区分的に連続である. このとき $F(x)$ は各閉区間 $I_k=[c_{k-1},c_k]$ で滑らかである, すなわち $F(x)$ の I_k への制限 $F_{I_k}(x)$ は滑らかな関数であるが, $f(x)$ は必ずしも I_k で連続とは限らない. 一般には

$$f_{I_k}(c_k) = D^+F(c_k) \neq D^-F(c_k) = \lim_{x \to c_k-0} F'(x) = \lim_{x \to c_k-0} f_{I_k}(x).$$

無限区間, たとえば $[a,+\infty)$ で定義された関数 $f(x)$ については, 如何なる実数 t, $t>a$, に対しても $f(x)$ が $[a,t]$ で区分的に連続であるとき, $f(x)$ は $[a,+\infty)$ で区分的に連続であるという. たとえば, $f(x)$ を

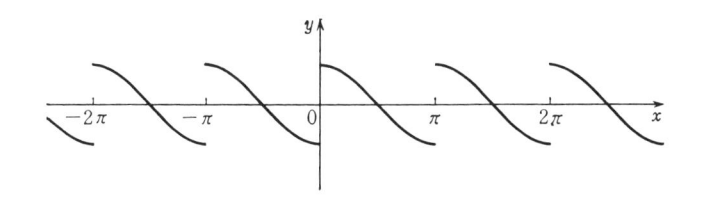

$m\pi \leqq x < (m+1)\pi$ のとき $f(x) = (-1)^m \cos x$, m は整数,

と定義すれば, $f(x)$ は $(-\infty, +\infty)$ で区分的に連続な関数であって

$$F(x) = \int_0^x f(x)dx$$

は区分的に滑らかな関数: $F(x) = |\sin x|$ となる.

c) 収束の条件

$f(x)$ が区間 $[a, b)$ で連続であるとき, $F(t) = \int_a^t f(x)dx$, $a < t < b$, とおけば, 広義積分 $\int_a^b f(x)dx$ が収束するということは $t \to b-0$ のとき関数 $F(t)$ が収束することに他ならない. Cauchy の判定法 (§2.1, 定理 2.1) により, $t \to b-0$ のとき $F(t)$ が収束するための必要かつ十分な条件は任意の正の実数 ε に対応して正の実数 $\delta(\varepsilon)$ が定まって

$$b - \delta(\varepsilon) < s < t < b \quad \text{ならば} \quad |F(t) - F(s)| < \varepsilon$$

となることである. $F(t) - F(s) = \int_s^t f(x)dx$ であるから, したがって, <u>広義積分 $\int_a^b f(x)dx$ が収束するための必要かつ十分な条件は任意の正の実数 ε に対応して正の実数 $\delta(\varepsilon)$ が定まって</u>

(4.47) $\qquad b - \delta(\varepsilon) < s < t < b \quad \text{ならば} \quad \left|\int_s^t f(x)dx\right| < \varepsilon$

となることである. これが広義積分の収束に関する **Cauchy の判定法** である. $f(x)$ が $(a, b]$ あるいは (a, b) で連続である場合の広義積分 $\int_a^b f(x)dx$ に関して同様な Cauchy の判定法が成り立つことはいうまでもない.

Cauchy の判定法によれば, <u>区間 (a, b) で連続で有界な関数 $f(x)$ の広義積分 $\int_a^b f(x)dx$ はつねに収束する</u>. なぜなら, 仮定により $a < x < b$ のとき $|f(x)| \leqq C$ なる定数 C が存在するから, 定理 4.1, (4°), (5°) により, $b - \delta < s < t < b$ ならば

$$\left|\int_s^t f(x)dx\right| \leqq \int_s^t |f(x)|dx \leqq \int_s^t C dx = C(t-s) < C \cdot \delta$$

となるからである.

区間 $[a, +\infty)$ で連続な関数 $f(x)$ の<u>広義積分 $\int_a^{+\infty} f(x)dx$ が収束するための必要かつ十分な条件は任意の正の実数 ε に対応して実数 $\nu(\varepsilon)$ が定まって</u>

(4.48) $\qquad \nu(\varepsilon) < s < t \quad \text{ならば} \quad \left|\int_s^t f(x)dx\right| < \varepsilon$

§4.3 広義積分

となることである．この Cauchy の判定法は，$f(x)$ が $[a, +\infty)$ で連続でない場合でも，すべての $t, t>a$, に対して $f(x)$ が $[a, t]$ で有限個の点を除いて連続で広義積分 $\int_a^t f(x)dx$ が収束しているならば成り立つ．いうまでもなく広義積分 $\int_{-\infty}^b f(x)dx, \int_{-\infty}^{+\infty} f(x)dx$ の収束に関しても同様な Cauchy の判定法が成立する．

定理 4.9　($1°$)　$f(x)$ が区間 $[a, b)$ で連続であるとき，広義積分 $\int_a^b |f(x)|dx$ が収束すれば広義積分 $\int_a^b f(x)dx$ も収束する．

($2°$)　$f(x)$ が区間 $[a, +\infty)$ で連続であるとき，広義積分 $\int_a^{+\infty} |f(x)|dx$ が収束すれば広義積分 $\int_a^{+\infty} f(x)dx$ も収束する．

証明　$a<s<t<b$ とすれば，(4.6)により

$$(4.49) \qquad \left|\int_s^t f(x)dx\right| \leq \int_s^t |f(x)|dx.$$

故に上記の Cauchy の判定法により，($1°$) $\int_a^b |f(x)|dx$ が収束すれば $\int_a^b f(x)dx$ も収束し，($2°$) $\int_a^{+\infty} |f(x)|dx$ が収束すれば $\int_a^{+\infty} f(x)dx$ も収束する．∎

この証明の核心は不等式 (4.49) にあるのであって，したがって，定理 4.9 は $f(x)$ が若干の不連続点をもつ一般の場合にも成り立つ．すなわち

定理 4.10　($1°$)　$f(x)$ が区間 (a, b) で高々有限個の点を除いて連続であるとき，広義積分 $\int_a^b |f(x)|dx$ が収束すれば広義積分 $\int_a^b f(x)dx$ も収束する．

($2°$)　$f(x)$ がすべての $t, t>a$, に対して区間 (a, t) で高々有限個の点を除いて連続であるとき，広義積分 $\int_a^{+\infty} |f(x)|dx$ が収束するならば広義積分 $\int_a^{+\infty} f(x)dx$ も収束する．

広義積分 $\int_{-\infty}^b f(x)dx, \int_{-\infty}^{+\infty} f(x)dx$ についても同様なことが成り立つ．

広義積分 $\int_a^b |f(x)|dx$ が収束するとき広義積分 $\int_a^b f(x)dx$ は**絶対収束**するという．広義積分 $\int_a^{+\infty} f(x)dx, \int_{-\infty}^b f(x)dx, \int_{-\infty}^{+\infty} f(x)dx$ の絶対収束の意味も同様である．収束する広義積分に絶対収束するものとしないものがあるのは，収束する無限級数に絶対収束するものとしないものがあるのと類似の現象である．

例 4.7　(3.23) により $\lim_{x \to 0}(\sin x/x)=1$ であるから，$x=0$ における $\sin x/x$ の値を 1 と定義すれば，$\sin x/x$ は $(-\infty, +\infty)$ で連続な関数となる．この連続関数の広義積分 $\int_0^{+\infty} (\sin x/x)dx$ について考察する．$0<s<t$ とすれば，部分積分の公式 (4.22) により

$$\int_s^t \frac{\sin x}{x}dx = \left[-\frac{\cos x}{x}\right]_s^t - \int_s^t \frac{\cos x}{x^2}dx$$

となるが，

$$\int_s^t \left|\frac{\cos x}{x^2}\right|dx \leq \int_s^t \frac{dx}{x^2} = \left[-\frac{1}{x}\right]_s^t = \frac{1}{s} - \frac{1}{t}$$

であるから，

$$\left|\int_s^t \frac{\sin x}{x}dx\right| \leq \frac{1}{t} + \frac{1}{s} + \frac{1}{s} - \frac{1}{t} = \frac{2}{s}.$$

故に，Cauchy の判定法により，広義積分 $\int_0^{+\infty}(\sin x/x)dx$ は収束する．しかし $\int_0^{+\infty}(\sin x/x)dx$ は絶対収束しない．[証明] 自然数 n, $n \geq 2$, に対して

$$\int_{n\pi-\pi}^{n\pi}\left|\frac{\sin x}{x}\right|dx \geq \frac{1}{n\pi}\int_{n\pi-\pi}^{n\pi}|\sin x|dx$$

となるが，区間 $(n\pi-\pi, n\pi)$ で $\sin x$ の符号は一定であるから，

$$\int_{n\pi-\pi}^{n\pi}|\sin x|dx = \left|\int_{n\pi-\pi}^{n\pi}\sin x\, dx\right| = |\cos(n\pi-\pi) - \cos(n\pi)| = 2.$$

したがって

$$\int_\pi^{m\pi}\left|\frac{\sin x}{x}\right|dx = \sum_{n=2}^m \int_{n\pi-\pi}^{n\pi}\left|\frac{\sin x}{x}\right|dx \geq \frac{2}{\pi}\left(\frac{1}{2} + \frac{1}{3} + \cdots + \frac{1}{m}\right).$$

故に，§1.5, d), 例1.4 により

$$\lim_{m\to+\infty}\int_\pi^{m\pi}\left|\frac{\sin x}{x}\right|dx = +\infty.$$

すなわち，広義積分 $\int_0^{+\infty}|\sin x/x|dx$ は発散する．∎

　一般に $F(t)$ を区間 $[a, b)$ で単調非減少な t の関数とすれば，$\lim_{t\to b-0}F(t) = \alpha$, α は実数，であるか，または $\lim_{t\to b-0}F(t) = +\infty$ である．[証明] $I = [a, b)$ とし，関数 $F(t)$ の値域 $F(I) = \{F(t) | a \leq t < b\}$ を考察する．$F(I)$ が上に有界である場合には，$F(I)$ の上限を α とすれば，任意の正の実数 ε に対して $\alpha - \varepsilon < F(\tau)$ なる τ, $a < \tau < b$, が存在する．$F(t)$ は単調非減少であるから，$\tau < t < b$ ならば $\alpha - \varepsilon < F(t) \leq \alpha$．故に $\lim_{t\to b-0}F(t) = \alpha$．$F(I)$ が上に有界でない場合には，任意の実数 μ に対して $F(\tau) > \mu$ なる τ, $a < \tau < b$, が存在して $\tau < t < b$ ならば $F(t) > \mu$ となる．故に $\lim_{t\to b-0}F(t) = +\infty$．∎

　いま $f(x)$ が区間 $[a, b)$ で連続であるとして $F(t) = \int_a^t |f(x)|dx$ とおけば，a

§4.3 広義積分

$\leqq s<t<b$ のとき

$$F(t)-F(s) = \int_s^t |f(x)|dx \geqq 0,$$

すなわち $F(t)$ は $[a,b)$ で単調非減少な t の関数である．したがって，上記の結果により，$\lim_{t\to b-0} F(t)=\alpha$, α は実数，であるか $\lim_{t\to b-0} F(t)=+\infty$ であるかのいずれかである．故に広義積分 $\int_a^b |f(x)|dx$ が収束しないときには

$$\lim_{t\to b-0} \int_a^t |f(x)|dx = +\infty$$

となる．このとき広義積分 $\int_a^b |f(x)|dx$ は $+\infty$ に発散するといい，

$$\int_a^b |f(x)|dx = +\infty$$

と書く．不等式：$\int_a^b |f(x)|dx<+\infty$ は広義積分 $\int_a^b f(x)dx$ が絶対収束することを意味する．

このことは一般に成り立つ．すなわち，$f(x)$ が区間 (a,b) で高々有限個の点を除いて連続であるとき，広義積分 $\int_a^b |f(x)|dx$ は収束するか，$+\infty$ に発散するかのいずれかであって，$\int_a^b |f(x)|dx<+\infty$ は広義積分 $\int_a^b f(x)dx$ が絶対収束することを意味する．広義積分 $\int_a^{+\infty} f(x)dx, \int_{-\infty}^b f(x)dx, \int_{-\infty}^{+\infty} f(x)dx$ についても同様である．——

級数の場合と同様に，関数 $f(x)$ の広義積分が絶対収束することを証明するのに，$|f(x)|$ をその広義積分が収束することが知られている標準的な関数 $r(x)$, $r(x)\geqq 0$, と比較する方法がしばしば用いられる．たとえば

定理 4.11 （1°）$f(x)$ が区間 $[a,b)$ で連続で或る指数 α, $0<\alpha<1$, に対して不等式：

$$|f(x)| \leqq \frac{C}{(b-x)^\alpha}, \quad C \text{ は定数,}$$

を満たすならば，広義積分 $\int_a^b f(x)dx$ は絶対収束する．

（2°）$f(x)$ が区間 $[a,+\infty)$, $a>0$, で連続で或る指数 α, $\alpha>1$, に対して不等式：

$$|f(x)| \leqq \frac{C}{x^\alpha}, \quad C \text{ は定数,}$$

を満たすならば，広義積分 $\int_a^{+\infty} f(x)dx$ は絶対収束する．

証明 ($1°$) $0<\alpha<1$ のとき，$(b-x)^{1-\alpha}/(\alpha-1)$ は $[a,b]$ で連続，$[a,b)$ で微分可能でその導関数:

$$\frac{d}{dx}\frac{(b-x)^{1-\alpha}}{\alpha-1}=\frac{1}{(b-x)^\alpha}$$

は $[a,b)$ で連続であるから，定理 4.7, ($2°$) により，

$$\int_a^b \frac{1}{(b-x)^\alpha}dx = \left[\frac{(b-x)^{1-\alpha}}{\alpha-1}\right]_a^b = \frac{(b-a)^{1-\alpha}}{1-\alpha},$$

故に

$$\int_a^b |f(x)|dx \leqq \int_a^b \frac{C}{(b-x)^\alpha}dx = C\frac{(b-a)^{1-\alpha}}{1-\alpha} < +\infty.$$

($2°$) の証明も同様である．すなわち，$\alpha>1$ のとき，

$$\int_a^{+\infty} |f(x)|dx \leqq \int_a^{+\infty}\frac{C}{x^\alpha}dx = \left[\frac{C}{(1-\alpha)x^{\alpha-1}}\right]_a^{+\infty} = \frac{C}{(\alpha-1)a^{\alpha-1}} < +\infty. \blacksquare$$

この ($2°$) の証明で (4.46) の記号 $[\ ]_a^{+\infty}$ を用いた．

例 4.8 x の関数 $e^{-x}x^{s-1}$ は区間 $(0,+\infty)$ で連続でつねに $e^{-x}x^{s-1}>0$ であるが，$s>0$ のとき広義積分:

$$(4.50) \qquad \Gamma(s) = \int_0^{+\infty} e^{-x}x^{s-1}dx$$

は収束する．[証明] (2.6) により $\lim_{x\to +\infty} e^{-x}x^{s+1}=0$ であるから，$x\geqq c$ ならば $e^{-x}x^{s+1}\leqq 1$ となる正の実数 c が存在する．このような c を一つ定めれば，$x\geqq c$ のとき

$$|e^{-x}x^{s-1}| = \frac{e^{-x}x^{s+1}}{x^2} \leqq \frac{1}{x^2}$$

となるから，上記の定理 4.11, ($2°$) により，広義積分 $\int_c^{+\infty} e^{-x}x^{s-1}dx$ は収束する．$0<x\leqq c$ のとき，$0<s<1$ なる場合には

$$|e^{-x}x^{s-1}| = e^{-x}x^{s-1} < \frac{1}{x^{1-s}}$$

であるから，定理 4.11, ($1°$) により，広義積分 $\int_0^c e^{-x}x^{s-1}dx$ は収束する．$s\geqq 1$ なる場合には

$$|e^{-x}x^{s-1}| \leqq x^{s-1} \leqq c^{s-1}$$

であるから，$\int_0^c e^{-x}x^{s-1}dx$ が収束することは明らかである．故に広義積分

$$\int_0^{+\infty} e^{-x}x^{s-1}dx = \int_0^c e^{-x}x^{s-1}dx + \int_c^{+\infty} e^{-x}x^{s-1}dx$$

は収束する. ∎

$\Gamma(s) = \int_0^{+\infty} e^{-x}x^{s-1}dx$ は区間 $(0, +\infty)$ で定義された s の関数である. この関数を**ガンマ関数**(gamma function)とよぶ. $0 < \varepsilon < t$ とすれば, 部分積分の公式 (4.22) により

$$\int_\varepsilon^t e^{-x}x^s dx = [-e^{-x}x^s]_\varepsilon^t + \int_\varepsilon^t e^{-x}sx^{s-1}dx.$$

$s > 0$ として $\varepsilon \to +0$, $t \to +\infty$ のときの極限をとれば

$$\lim_{\substack{t \to +\infty \\ \varepsilon \to +0}} [-e^{-x}x^s]_\varepsilon^t = \lim_{t \to +\infty} e^{-t}t^s - \lim_{\varepsilon \to +0} e^{-\varepsilon}\varepsilon^s = 0$$

であるから,

$$\int_0^{+\infty} e^{-x}x^s dx = s\int_0^{+\infty} e^{-x}x^{s-1}dx,$$

すなわち

(4.51) $\qquad \Gamma(s+1) = s\Gamma(s), \quad s > 0.$

自然数 n が与えられたとき, (4.51) を繰返し用いて

$$\Gamma(n+1) = n\Gamma(n) = n(n-1)\Gamma(n-1) = n(n-1)(n-2)\Gamma(n-2)$$
$$= \cdots = n!\Gamma(1)$$

を得る.

$$\Gamma(1) = \int_0^{+\infty} e^{-x}dx = [-e^{-x}]_0^{+\infty} = 1$$

であるから,

(4.52) $\qquad \Gamma(n+1) = n!.$

d) 平均値の定理

積分法における平均値の定理(定理4.2)は広義積分についても成り立つ. すなわち

定理 4.12(平均値の定理) x の関数 $f(x)$ が開区間 (a, b) で連続で広義積分 $\int_a^b f(x)dx$ が収束しているならば

(4.53) $\qquad \dfrac{1}{b-a}\int_a^b f(x)dx = f(\xi), \quad a < \xi < b,$

なる点 ξ が存在する．

証明 点 $c, a<c<b,$ を一つ定めて

$$F(x) = \int_c^x f(x)dx$$

とおけば，定理 4.7, (1°) により，$F(x)$ は $[a,b]$ で連続，(a,b) で微分可能であるから，微分法における平均値の定理 (§3.3, 定理 3.5) により，

(4.54) $\qquad \dfrac{F(b)-F(a)}{b-a} = F'(\xi), \quad a<\xi<b,$

なる ξ が存在する．$F(b)-F(a) = \int_a^b f(x)dx$, $F'(\xi)=f(\xi)$ であるから，(4.54) はすなわち (4.53) である．∎

この証明は，積分法における平均値の定理と微分法における平均値の定理が本質的には同じ定理であることを示している．

微分法における平均値の定理を用いずに定理 4.12 を証明するには，つぎのようにすればよい：

$$\mu = \dfrac{1}{b-a}\int_a^b f(x)dx$$

とおいて，すべての $\xi, a<\xi<b,$ について $f(\xi) \neq \mu$ であったと仮定してみる．そうすれば，中間値の定理 (§2.2, 定理 2.2) により，開区間 (a,b) でつねに $f(x) > \mu$ となるか，または，つねに $f(x) < \mu$ となる．したがって，定理 4.6, (3°) により，

$$\int_a^b f(x)dx > \int_a^b \mu dx = \mu(b-a) \quad \text{または} \quad \int_a^b f(x)dx < \mu(b-a)$$

となるが，これは μ の定義に反する．故に $f(\xi)=\mu$ なる $\xi, a<\xi<b,$ が存在する．

拡張された平均値の定理：定理 4.3 も広義積分について成り立つ．すなわち

定理 4.13 開区間 (a,b) で $f(x), g(x)$ は連続，$g(x)>0$ であるとき，広義積分 $\int_a^b f(x)g(x)dx, \int_a^b g(x)dx$ が共に収束しているならば

(4.55) $\qquad \int_a^b f(x)g(x)dx = f(\xi)\int_a^b g(x)dx, \quad a<\xi<b,$

なる点 ξ が存在する．

証明 点 $c, a<c<b,$ を一つ定めて

$$F(x) = \int_a^x f(x)g(x)dx, \quad G(x) = \int_a^x g(x)dx,$$

とおく．$F(x), G(x)$ は共に $[a,b]$ で連続，(a,b) では微分可能であって，(a,b) で $G'(x) = g(x) > 0$，また $G(b) - G(a) = \int_a^b g(x)dx > 0$ である．したがって，§3.3，定理3.9により，

$$\frac{F(b)-F(a)}{G(b)-G(a)} = \frac{F'(\xi)}{G'(\xi)}, \quad a < \xi < b,$$

なる ξ が存在するが，$F(b)-F(a) = \int_a^b f(x)g(x)dx$，$F'(\xi)/G'(\xi) = f(\xi)$ である．故に，この ξ について (4.55) が成り立つ． ∎

§4.4 積分変数の変換

$f(x)$ を或る区間 I で連続な x の関数，$\varphi(t)$ を区間 J で定義された連続微分可能な t の関数とし，φ の値域 $\varphi(J)$ が I に含まれているとして f と φ の合成関数 $f(\varphi(t))$ を考察する．仮定により，$\varphi(t)$ の導関数 $\varphi'(t)$ は t の連続関数である．

定理 4.14 $\alpha, \beta, \alpha \neq \beta$，を J に属する 2 点とし，$a = \varphi(\alpha), b = \varphi(\beta)$ とおけば

(4.56) $$\int_a^b f(x)dx = \int_\alpha^\beta f(\varphi(t))\varphi'(t)dt.$$

証明

$$F(x) = \int_a^x f(x)dx$$

とおく．$F(x)$ は I で x について微分可能で $F'(x) = f(x)$ であるから，合成関数の微分法により，$F(\varphi(t))$ は t について微分可能で

(4.57) $$\frac{d}{dt}F(\varphi(t)) = F'(\varphi(t))\varphi'(t) = f(\varphi(t))\varphi'(t).$$

したがって

$$F(b)-F(a) = F(\varphi(\beta)) - F(\varphi(\alpha)) = \int_\alpha^\beta f(\varphi(t))\varphi'(t)dt,$$

故に

$$\int_a^b f(x)dx = \int_\alpha^\beta f(\varphi(t))\varphi'(t)dt. \quad ∎$$

(4.56) の左辺の定積分を右辺の形に表わすことを，積分変数 x を t に**変換**す

るという．また関数 φ を**変換**とよぶことがある．$d\varphi(t)=\varphi'(t)dt$ であるから，(4.56) の右辺は左辺の x, a, b をそれぞれ $\varphi(t), \varphi(\alpha), \varphi(\beta)$ で置き換えて得られる．故に (4.56) を**置換積分の公式**という．(4.57) を

$$\text{(4.58)} \qquad \int f(x)dx = \int f(\varphi(t))\varphi'(t)dt$$

と書き表わすことがある．

つねに $\varphi'(t)>0$ で $I=\varphi(J)$ なる場合には，§3.3, 定理 3.6 により，$x=\varphi(t)$ は t の単調増加関数，§3.4, 定理 3.18, (3°) により，逆関数 $t=\varphi^{-1}(x)$ も連続微分可能な x の単調増加関数であって，$x=\varphi(t)$ によって I の各点 x と J の各点 t が 1 対 1 に対応する．故に，この場合，t を点 $x=\varphi(t)$ の新しい座標と考え，φ^{-1} を座標 x を新座標 t に変換する**座標変換**と見なすことができる．

例 4.9 $\int_0^1 \dfrac{\log(1+x)}{1+x^2}dx = \dfrac{\pi}{8}\log 2$．[証明] $x=\tan t$ は区間 $(-\pi/2, \pi/2)$ で連続微分可能な t の単調増加関数で，

$$\frac{dx}{dt} = \frac{1}{\cos^2 t} = 1+\tan^2 t = 1+x^2$$

である．故に，公式 (4.56) により

$$\int_0^1 \frac{\log(1+x)}{1+x^2}dx = \int_0^{\pi/4} \log(1+\tan t)dt.$$

$1+\tan t = (\cos t+\sin t)/\cos t$ であるが，加法定理により，

$$\cos\left(\frac{\pi}{4}-t\right) = \cos\frac{\pi}{4}\cos t+\sin\frac{\pi}{4}\sin t = \frac{1}{\sqrt{2}}(\cos t+\sin t),$$

したがって

$$\log(1+\tan t) = \log\frac{\sqrt{2}\cos\left(\dfrac{\pi}{4}-t\right)}{\cos t}$$

$$= \log\sqrt{2} + \log\cos\left(\frac{\pi}{4}-t\right) - \log\cos t.$$

$t=\pi/4-s$ とおけば，$dt/ds=-1$ であるから，(4.56) により，

$$\int_0^{\pi/4}\log\cos\left(\frac{\pi}{4}-t\right)dt = -\int_{\pi/4}^0 \log\cos s\,ds = \int_0^{\pi/4}\log\cos s\,ds$$

となる．故に

$$\int_0^{\pi/4}\log(1+\tan t)dt = \int_0^{\pi/4}\log\sqrt{2}\,dt = \frac{\pi}{4}\log\sqrt{2} = \frac{\pi}{8}\log 2. \qquad\blacksquare$$

置換積分の公式 (4.56) は広義積分についても成り立つ．すなわち

定理 4.15　$f(x)$ は開区間 (a, b) で連続な x の関数，$\varphi(t)$ は (α, β) で連続微分可能な t の関数で，$\alpha<t<\beta$ のとき $a<\varphi(t)<b$, $a=\lim_{t\to\alpha+0}\varphi(t)$, $b=\lim_{t\to\beta-0}\varphi(t)$ であると仮定する．この仮定のもとで，広義積分 $\int_a^b f(x)dx$ が収束するための必要かつ十分な条件は広義積分 $\int_\alpha^\beta f(\varphi(t))\varphi'(t)dt$ が収束することであって，収束するときには等式:

$$(4.59) \qquad \int_a^b f(x)dx = \int_\alpha^\beta f(\varphi(t))\varphi'(t)dt$$

が成り立つ．

証明　$\alpha<\rho<\sigma<\beta$, $r=\varphi(\rho)$, $s=\varphi(\sigma)$ とすれば，上記の定理 4.14 により，

$$\int_r^s f(x)dx = \int_\rho^\sigma f(\varphi(t))\varphi'(t)dt.$$

仮定により，$\rho\to\alpha+0$ のとき $r\to a+0$, $\sigma\to\beta-0$ のとき $s\to b-0$ であるから，広義積分

$$\int_a^b f(x)dx = \lim_{\substack{s\to b-0\\r\to a+0}}\int_r^s f(x)dx$$

が収束するならば

$$\lim_{\substack{\sigma\to\beta-0\\\rho\to\alpha+0}}\int_\rho^\sigma f(\varphi(t))\varphi'(t)dt = \lim_{\substack{s\to b-0\\r\to a+0}}\int_r^s f(x)dx = \int_a^b f(x)dx,$$

すなわち広義積分 $\int_\alpha^\beta f(\varphi(t))\varphi'(t)dt$ も収束して等式 (4.59) が成立する．

逆に広義積分

$$\int_\alpha^\beta f(\varphi(t))\varphi'(t)dt = \lim_{\substack{\sigma\to\beta-0\\\rho\to\alpha+0}}\int_\rho^\sigma f(\varphi(t))\varphi'(t)dt$$

が収束するならば広義積分

$$\int_a^b f(x)dx = \lim_{\substack{s\to b-0\\r\to a+0}}\int_r^s f(x)dx$$

も収束する．極限 $\lim_{\substack{s\to b-0\\r\to a+0}}\int_r^s f(x)dx$ が存在することを証明するには，§2.1 で述べたように，$a<r_n<s_n<b$, $\lim_{n\to\infty}r_n=a$, $\lim_{n\to\infty}s_n=b$ なるすべての数列 $\{r_n\}$, $\{s_n\}$ に対

して，極限 $\lim_{n\to\infty}\int_{r_n}^{s_n}f(x)dx$ が収束することをいえばよい．仮定により $\lim_{t\to\alpha+0}\varphi(t)=a$, $\lim_{t\to\beta-0}\varphi(t)=b$ であるから，中間値の定理によって，各 r_n, s_n に対して $r_n=\varphi(\rho_n)$, $s_n=\varphi(\sigma_n)$ なる ρ_n, σ_n, $\alpha<\rho_n<\beta$, $\alpha<\sigma_n<\beta$, が存在する．数列 $\{\rho_n\}$ が α に収束することを確かめるために，$\{\rho_n\}$ は α に収束しないと仮定すれば，或る正の実数 ε に対して $\alpha+\varepsilon\leqq\rho_n<\beta$ なる項 ρ_n が無数に存在することになる．§1.6, e), 定理1.30により，これらの無数の項 ρ_n から成る $\{\rho_n\}$ の部分列は収束する部分列 $\rho_{n_1}, \rho_{n_2}, \cdots, \rho_{n_m}, \cdots$ をもつ．その極限を $\omega=\lim_{m\to\infty}\rho_{n_m}$ とすれば，$\alpha+\varepsilon\leqq\rho_{n_m}<\beta$ であるから，$\alpha+\varepsilon\leqq\omega\leqq\beta$ であるが，$\omega=\beta$ ならば

$$\lim_{m\to\infty}\varphi(\rho_{n_m})=\lim_{t\to\beta-0}\varphi(t)=b>a,$$

$\omega<\beta$ ならば

$$\lim_{m\to\infty}\varphi(\rho_{n_m})=\varphi(\omega)>a$$

となって，いずれにしても

$$\lim_{m\to\infty}\varphi(\rho_{n_m})=\lim_{m\to\infty}r_{n_m}=\lim_{n\to\infty}r_n=a$$

であることに矛盾する．故に $\lim_{n\to\infty}\rho_n=\alpha$, 同様に $\lim_{n\to\infty}\sigma_n=\beta$ である．故に

$$\lim_{n\to\infty}\int_{r_n}^{s_n}f(x)dx=\lim_{n\to\infty}\int_{\rho_n}^{\sigma_n}f(\varphi(t))\varphi'(t)dt=\int_{\alpha}^{\beta}f(\varphi(t))\varphi'(t)dt.$$

すなわち広義積分 $\int_a^b f(x)dx$ は収束して等式 (4.59) が成り立つ．∎

この定理4.15において，$a=\lim_{t\to\alpha+0}\varphi(t)$, $b=\lim_{t\to\beta-0}\varphi(t)$ の代りに $b=\lim_{t\to\alpha+0}\varphi(t)$, $a=\lim_{t\to\beta-0}\varphi(t)$ と仮定すれば，等式 (4.59) が

(4.60) $$\int_b^a f(x)dx=\int_{\alpha}^{\beta}f(\varphi(t))\varphi'(t)dt$$

に変わるだけで，あとはそのまま成り立つ．定理4.15は，また，a, b, α, β のいくつかを $+\infty$ あるいは $-\infty$ で置き換えても成り立つ．証明は置き換えに応じて少し修整すればよい．たとえば β を $+\infty$ で置き換えたとき，上記の証明は，数列 $\{\rho_n\}$ が α に収束しないと仮定すれば或る正の実数 ε に対して $\alpha+\varepsilon\leqq\rho_n<+\infty$ なる項 ρ_n が無数に存在する，という所まではそのまま通用する．これらの無数の項 ρ_n から成る $\{\rho_n\}$ の部分列は有界でなければ $+\infty$ に発散する部分列 $\rho_{n_1}, \rho_{n_2}, \cdots, \rho_{n_m}, \cdots$ をもち，有界ならば或る ω, $\alpha+\varepsilon\leqq\omega<+\infty$, に収束する部分列 $\rho_{n_1}, \rho_{n_2}, \cdots, \rho_{n_m}, \cdots$ をもつ．したがって

§4.4 積分変数の変換

$$\lim_{m\to\infty}\varphi(\rho_{n_m})=\lim_{t\to+\infty}\varphi(t)=b>a$$

となるか，または

$$\lim_{m\to\infty}\varphi(\rho_{n_m})=\varphi(\omega)>a$$

となって

$$\lim_{m\to\infty}\varphi(\rho_{n_m})=\lim_{m\to\infty}r_{n_m}=a$$

に矛盾する．故に $\lim_{n\to\infty}\rho_n=a$．同様に，$\lim_{n\to\infty}\sigma_n=+\infty$ でないと仮定すれば，$a\leqq\sigma_n$ であるから，数列 $\{\sigma_n\}$ は或る ω, $a\leqq\omega<+\infty$, に収束する部分列 $\sigma_{n_1},\sigma_{n_2},\cdots,\sigma_{n_m}$, $\cdots$ をもつことになり，$\lim_{m\to\infty}\varphi(\sigma_{n_m})$ が a または $\varphi(\omega)$, $a<\omega<+\infty$, に等しくなって

$$\lim_{m\to\infty}\varphi(\sigma_{n_m})=\lim_{m\to\infty}s_{n_m}=b$$

であることに矛盾する．故に $\lim_{n\to\infty}\sigma_n=+\infty$．故に

$$\lim_{n\to\infty}\int_{r_n}^{s_n}f(x)dx=\lim_{n\to\infty}\int_{\rho_n}^{\sigma_n}f(\varphi(t))\varphi'(t)dt=\int_a^{+\infty}f(\varphi(t))\varphi'(t)dt$$

を得る．∎

$x=-t$ は積分変数の変換のもっとも簡単な例である．この変換に公式(4.60)を適用すれば，$dx=-dt$ であるから，

$$\int_a^b f(x)dx=-\int_{-a}^{-b}f(-t)dt=\int_{-b}^{-a}f(-t)dt$$

を得る．この右辺の積分の積分変数 t を x と書き換えれば，公式：

(4.61) $$\int_a^b f(x)dx=\int_{-b}^{-a}f(-x)dx$$

を得る．この公式は (a,b) を $(a,+\infty)$, $(-\infty,b)$ あるいは $(-\infty,+\infty)$ で置き換えても成り立つ．$f(x)$ の定義域が変換 $x\to-x$ で不変で恒等的に $f(-x)=f(x)$ であるとき，$f(x)$ を x の**偶関数**(even function), 恒等的に $f(-x)=-f(x)$ であるとき $f(x)$ を x の**奇関数**(odd function) という．たとえば $\cos x$ は x の偶関数，$\sin x$ は x の奇関数である．(4.61)により，$f(x)$ が x の偶関数ならば

$$\int_a^b f(x)dx=\int_{-b}^{-a}f(x)dx,$$

$f(x)$ が x の奇関数ならば

$$\int_a^b f(x)dx = -\int_{-b}^{-a} f(x)dx$$

である．このことは $f(x)$ のグラフを描いてみれば一目瞭然である．

例 4.10 $\int_0^{\pi/2} \log \sin x \, dx = -\dfrac{\pi}{2}\log 2$. [証明] 区間 $(0, \pi/2]$ で $\log \sin x$ は連続で，$\lim\limits_{x \to +0} \log \sin x = -\infty$ である．広義積分 $\int_0^{\pi/2} \log \sin x \, dx$ は収束する．なぜなら，

$$\log \sin x = \log\left(\frac{\sin x}{x}\right) + \log x$$

で，(3.23) により $\lim\limits_{x \to +0} \log(\sin x/x) = 0$, (4.23) により $\int \log x \, dx = x \log x - x$ で，§2.3, c), 例2.9 により $\lim\limits_{x \to +0} x \log x = -\lim\limits_{x \to +0} x \log(1/x) = 0$ であるからである．

$$S = \int_0^{\pi/2} \log \sin x \, dx$$

とおく．積分変数の変換：$x = \pi - t$ を行なえば，$dx = -dt$ であるから，

$$S = -\int_\pi^{\pi/2} \log \sin(\pi - t) dt = \int_{\pi/2}^\pi \log \sin t \, dt = \int_{\pi/2}^\pi \log \sin x \, dx.$$

故に

$$2S = \int_0^\pi \log \sin x \, dx.$$

ここで変数変換：$x = 2t$ を行なえば，$dx = 2dt$ で

$$\log \sin(2t) = \log(2 \sin t \cdot \cos t) = \log 2 + \log \sin t + \log \cos t$$

であるから

$$S = \int_0^{\pi/2} \log \sin(2t) dt = \frac{\pi}{2}\log 2 + \int_0^{\pi/2} \log \sin t \, dt + \int_0^{\pi/2} \log \cos t \, dt$$

を得るが，$t = \pi/2 - u$ とおけば

$$\int_0^{\pi/2} \log \cos t \, dt = -\int_{\pi/2}^0 \log \cos\left(\frac{\pi}{2} - u\right) du = \int_0^{\pi/2} \log \sin u \, du.$$

故に

$$S = \frac{\pi}{2}\log 2 + 2S,$$

したがって

§4.4 積分変数の変換

$$S = -\frac{\pi}{2}\log 2.$$ ∎

例 4.11 $\int_{-\infty}^{+\infty} e^{-x^2}dx = \sqrt{\pi}$. [証明] e^{-x^2} は x の偶関数であるから, (4.61) により,

$$\int_{-\infty}^{0} e^{-x^2}dx = \int_{0}^{+\infty} e^{-x^2}dx.$$

故に

$$\int_{0}^{+\infty} e^{-x^2}dx = \frac{\sqrt{\pi}}{2}$$

を証明すればよい. Taylor の公式 (3.39) により

$$e^x = 1 + x + \frac{1}{2}e^{\theta x}x^2, \quad 0 < \theta < 1,$$

であるから, $x \neq 0$ のとき $e^x > 1 + x$. x を x^2 あるいは $-x^2$ で置き換えれば, $e^{x^2} > 1 + x^2$, $e^{-x^2} > 1 - x^2$, すなわち

$$1 - x^2 < e^{-x^2} < \frac{1}{1+x^2}$$

を得る. 故に, 任意の自然数 n に対して,

$$(1-x^2)^n < e^{-nx^2} < \frac{1}{(1+x^2)^n},$$

したがって

(4.62) $$\int_{0}^{1}(1-x^2)^n dx < \int_{0}^{+\infty} e^{-nx^2}dx < \int_{0}^{+\infty} \frac{1}{(1+x^2)^n}dx.$$

ここで広義積分が収束することは, §4.3, 例 4.6 により

$$\int_{0}^{+\infty} \frac{dx}{(1+x^2)^n} \leqq \int_{0}^{+\infty} \frac{dx}{1+x^2} = \frac{\pi}{2}$$

となることから明らかである. (4.62) の左辺と右辺の積分の値を求めるために, §4.2, 例 4.4 で扱った定積分 $S_n = \int_{0}^{\pi/2} (\sin x)^n dx$ を考察する. まず $x = \cot t = 1/\tan t$ とおいて積分変数 x を t に変換する. $\cot t$ は区間 $(0, \pi/2)$ で連続微分可能な t の関数, $0 \leqq \cot t < +\infty$, $\lim_{t \to +0} \cot t = +\infty$, $\cot(\pi/2) = 0$, $d(\cot t)/dt = -1/\sin^2 t$, また $1 + x^2 = 1/\sin^2 t$ であるから, 定理 4.15 により

$$\int_{0}^{+\infty} \frac{dx}{(1+x^2)^n} = -\int_{\pi/2}^{0} (\sin t)^{2n-2}dt = \int_{0}^{\pi/2} (\sin t)^{2n-2}dt = S_{2n-2}.$$

同様に, $x=\cos t$, $0\leq t\leq \pi/2$, とおけば, $d(\cos t)/dt=-\sin t$, $1-x^2=\sin^2 t$ であるから

$$\int_0^1 (1-x^2)^n dx = \int_0^{\pi/2} (\sin t)^{2n+1} dt = S_{2n+1}.$$

一方, 変数変換: $x=t/\sqrt{n}$ によって

$$\int_0^{+\infty} e^{-nx^2} dx = \frac{1}{\sqrt{n}} \int_0^{+\infty} e^{-t^2} dt$$

となるから, (4.62)から

$$\sqrt{n}\, S_{2n+1} < \int_0^{+\infty} e^{-x^2} dx < \sqrt{n}\, S_{2n-2}$$

を得る. (4.27)と(4.28)により

$$\lim_{n\to\infty} \sqrt{n}\, S_{2n-2} = \lim_{n\to\infty} \sqrt{n}\, S_{2n+1} = \frac{\sqrt{\pi}}{2}.$$

故に

$$\int_0^{+\infty} e^{-x^2} dx = \frac{\sqrt{\pi}}{2}. \qquad \blacksquare$$

$\int_{-\infty}^{+\infty} e^{-x^2} dx = \sqrt{\pi}$ において変数変換: $x=t/\sqrt{2}$ を行なえば $\int_{-\infty}^{+\infty} e^{-t^2/2} dt = \sqrt{2\pi}$ を得る. すなわち

$$\int_{-\infty}^{+\infty} \frac{e^{-x^2/2}}{\sqrt{2\pi}} dx = 1.$$

$\dfrac{e^{-x^2/2}}{\sqrt{2\pi}}$ は高校数学で学んだ標準正規分布の確率密度である.

問　題

31　次の不定積分を初等関数で表わせ(変数変換 $t=e^x$, $t=\sin x$, $t=\tan x$, $t=\tan\dfrac{x}{2}$, 等を試みよ):

(i) $\displaystyle\int \frac{dx}{e^x+e^{-x}}$,　　(ii) $\displaystyle\int \cos^3 x\, dx$,

(iii) $\displaystyle\int \frac{dx}{a\cos^2 x+b\sin^2 x}$,　　$a>0$, $b>0$,　　(iv) $\displaystyle\int \frac{dx}{\sin x}$,

(v) $\displaystyle\int \frac{dx}{\cos x+a}$,　　$a>1$.

32 次の不定積分を初等関数で表わせ（部分積分を試みよ）：

(i) $\displaystyle\int \frac{dx}{(x^2+1)^2}$,　(ii) $\displaystyle\int e^{px}\cos(qx)\,dx$,　$\displaystyle\int e^{px}\sin(qx)\,dx$,　p,q は定数，

(iii) $\displaystyle\int x^n e^{-x}\,dx$,　n は自然数，

(iv) $\displaystyle\int \cos^4 x\,dx$.

33 次の定積分の値を求めよ：

(i) $\displaystyle\int_0^1 x^\alpha \log x\,dx$,　$\alpha > -1$,　(ii) $\displaystyle\int_0^{\pi/2} \frac{dx}{a\cos^2 x + b\sin^2 x}$,　$a>0,\ b>0$,

(iii) $\displaystyle\int_0^\pi \frac{dx}{\cos x + a}$,　$a>1$,　(iv) $\displaystyle\int_0^{+\infty} \sin(ax)e^{-x}\,dx$,　$a>0$.

34 積分 $\displaystyle\int_0^{+\infty} |\sin x|e^{-x}\,dx$ の値を求めよ（三村征雄 "微分積分学"[1], p. 149）．

35 問題 26 の Hermite 多項式 $H_n(x)$ について
$$\int_{-\infty}^{+\infty} x^m H_n(x) e^{-x^2}\,dx = \begin{cases} 0, & m < n, \\ n!\sqrt{\pi}, & m = n, \end{cases}$$
であることを証明せよ．

36 区間 $[a,b]$ で連続な任意の関数 $f(x), g(x)$ に対して **Schwarz の不等式**：
$$\left(\int_a^b f(x)g(x)\,dx\right)^2 \leq \int_a^b f(x)^2\,dx \int_a^b g(x)^2\,dx$$
を証明せよ．

37 区間 I において y の関数 $\varphi(y)$ は 2 回連続微分可能で $\varphi''(y)>0$ であるとする．区間 $[a,b]$ で定義された連続関数 $f(x)$ の値域が I に含まれているとき，不等式：
$$\varphi\left(\frac{1}{b-a}\int_a^b f(x)\,dx\right) \leq \frac{1}{b-a}\int_a^b \varphi(f(x))\,dx$$
が成り立つ．このことを証明せよ（問題 29 参照）．

---

1) 三村征雄編 "大学演習微分積分学"，裳華房．

第5章 無限級数

§5.1 絶対収束，条件収束

級数 $\sum_{n=1}^{\infty} a_n$ が与えられたとき，その項の順序を変更することによって新しい級数 $\sum_{n=1}^{\infty} a_n'$ が得られる．たとえば

$$1+\frac{1}{3}-\frac{1}{2}+\frac{1}{5}+\frac{1}{7}-\frac{1}{4}+\frac{1}{9}+\frac{1}{11}-\frac{1}{6}+\cdots$$

は交代級数

$$1-\frac{1}{2}+\frac{1}{3}-\frac{1}{4}+\frac{1}{5}-\frac{1}{6}+\frac{1}{7}-\frac{1}{8}+\frac{1}{9}-\cdots$$

からその項の順序を変更して得られた級数である．新しい級数 $\sum_{n=1}^{\infty} a_n'$ の n 番目の項 a_n' がもとの級数 $\sum_{n=1}^{\infty} a_n$ の $\gamma(n)$ 番目の項 $a_{\gamma(n)}$ であったとすれば，新しい級数 $\sum_{n=1}^{\infty} a_n'$ は $\sum_{n=1}^{\infty} a_{\gamma(n)}$ と書かれる．N を自然数全体の集合とすれば，$\gamma: n \to m = \gamma(n)$ は N から N 全体への1対1の対応を与える．たとえば対応 γ を $\gamma(1)=1$，任意の自然数 k に対して $\gamma(3k)=2k$，$\gamma(3k-1)=4k-1$，$\gamma(3k+1)=4k+1$ と定義すれば

$$\sum_{n=1}^{\infty} a_{\gamma(n)} = a_1+a_3+a_2+a_5+a_7+a_4+a_9+a_{11}+a_6+\cdots.$$

以下本節では γ で N から N 全体への1対1の対応を表わすこととし，$\sum_{n=1}^{\infty} a_n$ からその項の順序を変更して得られる級数を $\sum_{n=1}^{\infty} a_{\gamma(n)}$ と書く．

絶対収束する級数と条件収束する級数はその項の順序の変更に関して全く異なる性質をもつ．すなわち

定理5.1 （1°）級数 $\sum_{n=1}^{\infty} a_n$ が絶対収束しているとき，その和 $s=\sum_{n=1}^{\infty} a_n$ はその項の順序を変更しても変わらない．

（2°）級数 $\sum_{n=1}^{\infty} a_n$ が条件収束しているときには，任意に与えられた実数 ξ に対して

$$\sum_{n=1}^{\infty} a_{\gamma(n)} = \xi$$

となるように $\sum_{n=1}^{\infty} a_n$ の項の順序を変更することができる．また，$\sum_{n=1}^{\infty} a_{\gamma(n)}$ が $+\infty$ あるいは $-\infty$ に発散するように項の順序を変更することもできる．

証明 級数 $\sum_{n=1}^{\infty} a_n$, $a_n \neq 0$, が与えられたとして，まず級数 $\sum_{n=1}^{\infty} |a_n|$ を考察する．$\sum_{n=1}^{\infty} |a_n|$ は収束するか $+\infty$ に発散するかいずれかであって，$\sum_{n=1}^{\infty} |a_n| < +\infty$ は $\sum_{n=1}^{\infty} |a_n|$ が収束することを意味する．$\sum_{n=1}^{\infty} a_{\gamma(n)}$ を $\sum_{n=1}^{\infty} a_n$ の項の順序を変更して得た級数とする．自然数 m に対して自然数 $\gamma(1), \gamma(2), \cdots, \gamma(m)$ の最大なものを l とすれば

$$\sum_{n=1}^{m} |a_{\gamma(n)}| \leq \sum_{n=1}^{l} |a_n|.$$

故に，$\sum_{n=1}^{\infty} |a_n| < +\infty$ ならば

$$\sum_{n=1}^{m} |a_{\gamma(n)}| \leq \sum_{n=1}^{\infty} |a_n|,$$

したがって

$$\sum_{n=1}^{\infty} |a_{\gamma(n)}| \leq \sum_{n=1}^{\infty} |a_n|.$$

$\sum_{n=1}^{\infty} |a_n| = +\infty$ なる場合にはこの不等式は自明である．$\sum_{n=1}^{\infty} a_n$ と $\sum_{n=1}^{\infty} a_{\gamma(n)}$ を入れ替えて考えれば

$$\sum_{n=1}^{\infty} |a_n| \leq \sum_{n=1}^{\infty} |a_{\gamma(n)}|$$

を得るから，

(5.1) $$\sum_{n=1}^{\infty} |a_n| = \sum_{n=1}^{\infty} |a_{\gamma(n)}|.$$

すなわち，級数 $\sum_{n=1}^{\infty} |a_n|$ が収束すれば，その項の順序を変更した級数 $\sum_{n=1}^{\infty} |a_{\gamma(n)}|$ も収束して等式 (5.1) が成り立つ．$\sum_{n=1}^{\infty} |a_n|$ が発散すれば $\sum_{n=1}^{\infty} |a_{\gamma(n)}|$ も発散する．

この結果から，収束する級数 $\sum_{n=1}^{\infty} a_n$, $a_n \neq 0$, において負の項 a_n が高々有限個しかない場合には，その和 $s = \sum_{n=1}^{\infty} a_n$ は項の順序を変更しても変わらないことがわかる．なぜなら，その高々有限個の負の項を除けば，$a_n = |a_n|$ であるからである．

§5.1 絶対収束，条件収束

この場合級数 $\sum_{n=1}^{\infty} a_n$ は絶対収束する．正の項が高々有限個しかない場合は，$\sum_{n=1}^{\infty}(-a_n)$ を考えれば，負の項が有限個しかない場合に帰着する．

そこで $\sum_{n=1}^{\infty} a_n$, $a_n \neq 0$, を正の項も負の項も無数にある級数として，$\sum_{n=1}^{\infty} a_n$ から正の項だけを取り出して同じ順序に並べた級数を $\sum_{n=1}^{\infty} p_n$, 負の項だけを取り出して同じ順序に並べた級数を $\sum_{n=1}^{\infty}(-q_n)$ とする．部分和 $\sum_{n=1}^{m} a_n$ に現われる正の項の個数を $\lambda(m)$, 負の項の個数を $\nu(m)$ とすれば

(5.2) $$\sum_{n=1}^{m} a_n = \sum_{n=1}^{\lambda(m)} p_n - \sum_{n=1}^{\nu(m)} q_n, \quad \lambda(m)+\nu(m)=m,$$

(5.3) $$\sum_{n=1}^{m} |a_n| = \sum_{n=1}^{\lambda(m)} p_n + \sum_{n=1}^{\nu(m)} q_n, \quad p_n>0, \quad q_n>0.$$

もちろん $m \to \infty$ のとき $\lambda(m) \to +\infty$, $\nu(m) \to +\infty$ である．

(1°) $\sum_{n=1}^{\infty} a_n$ が絶対収束しているとき，(5.3)によって $\sum_{n=1}^{\infty} p_n$ も $\sum_{n=1}^{\infty} q_n$ も収束するから，(5.2)により

(5.4) $$\sum_{n=1}^{\infty} a_n = \sum_{n=1}^{\infty} p_n - \sum_{n=1}^{\infty} q_n.$$

上に述べたように，和 $P=\sum_{n=1}^{\infty} p_n$, $Q=\sum_{n=1}^{\infty} q_n$ は項の順序を変更しても変わらない．故に和 $s=\sum_{n=1}^{\infty} a_n$ も項の順序を変更しても変わらない．

(2°) $\sum_{n=1}^{\infty} a_n$ が条件収束していると仮定する．このとき $\sum_{n=1}^{\infty} q_n$ が収束すれば，(5.2)によって，$\sum_{n=1}^{\infty} p_n$ も収束するから，(5.3)によって，$\sum_{n=1}^{\infty} |a_n| < +\infty$ となって仮定に反する．故に $\sum_{n=1}^{\infty} q_n$ は発散する．同様に $\sum_{n=1}^{\infty} p_n$ も発散する．すなわち，$\sum_{n=1}^{\infty} p_n = +\infty$, $\sum_{n=1}^{\infty} q_n = +\infty$. 故に

$$P_m = \sum_{n=1}^{m} p_n, \quad Q_m = \sum_{n=1}^{m} q_n$$

とおけば，数列 $\{P_m\}$, $\{Q_m\}$ は共に単調増加で，$m \to \infty$ のとき $P_m \to +\infty$, $Q_m \to +\infty$ となる．したがって，実数 ξ が与えられたとき，各自然数 m に対して

(5.5) $$P_{k(m)-1} < \xi+Q_m \leq P_{k(m)}$$

なる自然数 $k(m)$ が定まる．ただし，$\xi+Q_m \leq p_1$ である場合には，$k(m)=1$ として(5.5)を

$$\xi+Q_m \leq P_1, \quad P_1 = p_1,$$

で置き換える．明らかに

204   第5章 無限級数

$$k(m-1) \leq k(m), \quad m \longrightarrow \infty \text{ のとき } k(m) \longrightarrow +\infty,$$

である．(5.5)はすなわち

(5.6) $\qquad P_{k(m)} - Q_m - p_{k(m)} < \xi \leq P_{k(m)} - Q_m$

であるが，$\sum_{n=1}^{\infty} a_n$ は収束しているから，$n \to \infty$ のとき $a_n \to 0$, したがって $m \to \infty$ のとき $p_{k(m)} \to 0$ となる．故に

(5.7) $\qquad \xi = \lim_{m \to \infty} (P_{k(m)} - Q_m).$

そこで

$$\Delta_1 = P_{k(1)} - Q_1,$$
$$\Delta_m = P_{k(m)} - Q_m - (P_{k(m-1)} - Q_{m-1}), \quad m = 2, 3, 4, 5, \cdots,$$

とおく．

$$P_{k(m)} - Q_m = \Delta_1 + \Delta_2 + \Delta_3 + \cdots + \Delta_m$$

であるから，(5.7)により

(5.8) $\qquad \xi = \sum_{m=1}^{\infty} \Delta_m = \Delta_1 + \Delta_2 + \cdots + \Delta_m + \cdots.$

$k(m-1) < k(m)$ ならば

$$\Delta_m = p_{k(m-1)+1} + p_{k(m-1)+2} + \cdots + p_{k(m)} - q_m,$$

$k(m-1) = k(m)$ ならば

$$\Delta_m = -q_m$$

であって，(5.8)の右辺は

$$a_{\gamma(1)} + a_{\gamma(2)} + a_{\gamma(3)} + \cdots + a_{\gamma(n)} + \cdots$$

と書かれる．このようにして得られた級数 $\sum_{n=1}^{\infty} a_{\gamma(n)}$ は $\sum_{n=1}^{\infty} a_n$ の項の順序を変更したものであって，その部分和は

$$\sum_{n=1}^{l} a_{\gamma(n)} = \Delta_1 + \Delta_2 + \cdots + \Delta_m + p_{k(m)+1} + \cdots + p_{k(m)+j},$$

$$k(m) + j \leq k(m+1),$$

となるか，または

$$\sum_{n=1}^{l} a_{\gamma(n)} = \Delta_1 + \Delta_2 + \cdots + \Delta_m$$

となる．(5.8)により $m \to \infty$ のとき $\Delta_m \to 0$ であるから，

$$p_{k(m)+1} + \cdots + p_{k(m+1)} = P_{k(m+1)} - P_{k(m)} = \Delta_{m+1} + q_{m+1} \longrightarrow 0 \qquad (m \to \infty).$$

§5.1 絶対収束, 条件収束

故に, (5.8)により,

$$\sum_{n=1}^{\infty} a_{\tau(n)} = \xi.$$

級数 $\sum_{n=1}^{\infty} a_n$ が条件収束しているとき, $\sum_{n=1}^{\infty} a_{\tau(n)}$ が $+\infty$ に発散するように項の順序を変更できることを示すには, 上記の証明において不等式(5.5)を

$$P_{k(m)-1} < m + Q_m \leqq P_{k(m)}$$

で置き換えればよい. さらに $\sum_{n=1}^{\infty} a_{\tau(n)}$ が $-\infty$ に発散するようにするには, $\sum_{n=1}^{\infty}(-a_{\tau(n)})$ が $+\infty$ に発散するように項の順序を変更すればよい. ∎

絶対収束する級数の和 $s = \sum_{n=1}^{\infty} a_n$ を求めるには, (5.4)により, 正の項の和 $\sum_{n=1}^{\infty} p_n$ と負の項の和 $\sum_{n=1}^{\infty}(-q_n)$ を別々に求めて加えればよい: $s = \sum_{n=1}^{\infty} p_n - \sum_{n=1}^{\infty} q_n$. このことは和 s が無数の実数 a_n の'総計'であることを示している. 条件収束する級数の和 $s = \sum_{n=1}^{\infty} a_n$ は, 項の順序を変更すれば変わるのであるから, a_n の総計とは考えられない.

<u>絶対収束する二つの級数の和の積に関しては分配法則が成り立つ.</u> すなわち, $\sum_{n=1}^{\infty} a_n$, $\sum_{n=1}^{\infty} b_n$ <u>が共に絶対収束しているとき</u>, $s = \sum_{n=1}^{\infty} a_n$, $t = \sum_{n=1}^{\infty} b_n$ <u>とおけば</u>

(5.9) $\quad s \cdot t = a_1 b_1 + a_2 b_1 + a_1 b_2 + a_3 b_1 + a_2 b_2 + a_1 b_3 + a_4 b_1 + a_3 b_2 + \cdots$

<u>であって, 右辺の級数は絶対収束するのである.</u> [証明] $\sigma_m = \sum_{n=1}^{m} |a_n|$, $\tau_m = \sum_{n=1}^{m} |b_n|$, $\sigma = \sum_{n=1}^{\infty} |a_n|$, $\tau = \sum_{n=1}^{\infty} |b_n|$, また

$$\rho_n = |a_n||b_1| + |a_{n-1}||b_2| + |a_{n-2}||b_3| + \cdots + |a_1||b_n|$$

とおく. $\sum_{n=1}^{m} \rho_n$ は(5.9)の右辺の級数の第 $m(m+1)/2$ 項までの項の絶対値の和であるが,

$$\sum_{n=1}^{m} \rho_n \leqq \sigma_m \tau_m \leqq \sigma \tau.$$

故に(5.9)の右辺の級数は絶対収束する. さらに $\sum_{n=1}^{\infty} \rho_n \leqq \sigma \tau$ を得るが,

$$\sigma_m \tau_m \leqq \sum_{n=1}^{2m-1} \rho_n$$

であるから

$$\sigma \tau = \lim_{m \to \infty} \sigma_m \tau_m = \sum_{n=1}^{\infty} \rho_n.$$

したがって
$$\lim_{m\to\infty}\left(\sigma_m\tau_m-\sum_{n=1}^{m}\rho_n\right)=0$$
であるが, $s_m=\sum_{n=1}^{m}a_n$, $t_m=\sum_{n=1}^{m}b_n$ とおけば
$$\left|s_mt_m-\sum_{n=1}^{m}(a_nb_1+a_{n-1}b_2+\cdots+a_1b_n)\right|\leqq\sigma_m\tau_m-\sum_{n=1}^{m}\rho_n.$$
故に
$$st=\lim_{m\to\infty}s_mt_m=\sum_{n=1}^{\infty}(a_nb_1+a_{n-1}b_2+\cdots+a_1b_n).$$
すなわち(5.9)が成り立つ. ∎

<u>条件収束する級数については分配法則(5.9)は必ずしも成立しない</u>. たとえば $a_n=b_n=(-1)^{n-1}/\sqrt{n}$ とおけば, §1.5, d), 定理1.23により, 交代級数 $\sum_{n=1}^{\infty}a_n$, $\sum_{n=1}^{\infty}b_n$ は収束するが, $(n-k+1)k\leqq(n+1)^2/4$ であるから,
$$|a_nb_1+a_{n-1}b_2+\cdots+a_1b_n|=\sum_{k=1}^{n}\frac{1}{\sqrt{n-k+1}\sqrt{k}}\geqq\frac{2n}{n+1}\geqq 1$$
となって, (5.9)の右辺の級数は収束しない.

上記の級数の絶対収束に関する結果は複素数の級数 $\sum_{n=1}^{\infty}w_n$, $w_n=a_n+ib_n$, a_n, b_n は実数, についても成り立つ. すなわち, $\sum_{n=1}^{\infty}|w_n|<+\infty$ ならば和 $s=\sum_{n=1}^{\infty}w_n$ は項の順序を変更しても変わらない. なぜなら, このとき $\sum_{n=1}^{\infty}a_n$, $\sum_{n=1}^{\infty}b_n$ は共に絶対収束して $s=\sum_{n=1}^{\infty}a_n+i\sum_{n=1}^{\infty}b_n$ であるからである. また, 分配法則(5.9)が成り立つ.

§5.2 収束の判定法

a) 標準的な級数

級数 $\sum_{n=1}^{\infty}a_n$ が絶対収束することを証明するためにそれを標準的な級数と比較する方法がしばしば用いられることはすでに §1.5, d) で述べた. 各項 a_n が正の実数であるとき $\sum_{n=1}^{\infty}a_n$ を**正項級数**という. $\sum_{n=1}^{\infty}a_n$, $a_n\neq 0$, が絶対収束するということは, すなわち, 正項級数 $\sum_{n=1}^{\infty}|a_n|$ が収束することであるから, 絶対収束について考察する場合には, はじめから正項級数を考えればよい. $\sum_{n=1}^{\infty}a_n$ を与えられた正項級数, $\sum_{n=k}^{\infty}r_n$, k は自然数, を標準的な正項級数とする. 自然数 n_0, $n_0\geqq k$, と定数 A, $A>0$, が存在して

(5.10) $\qquad n > n_0$ ならば $\quad a_n \leqq A r_n$

となるとき，$\sum_{n=k}^{\infty} r_n$ が収束すれば $\sum_{n=1}^{\infty} a_n$ も収束する．なぜなら，正項級数は収束するか $+\infty$ に発散するかのいずれかであって，$\sum_{n=n_0}^{\infty} r_n < +\infty$ ならば，(5.10) により，$\sum_{n=n_0}^{\infty} a_n < +\infty$ となるからである．同様に，自然数 n_0, $n_0 \geqq k$, と定数 A, $A>0$, が存在して

(5.11) $\qquad n > n_0$ ならば $\quad a_n \geqq A r_n$

となるとき，$\sum_{n=k}^{\infty} r_n$ が発散すれば $\sum_{n=1}^{\infty} a_n$ も発散する．

標準的な級数としてもっとも一般的なのは等比級数 $\sum_{n=1}^{\infty} r^n$, $r > 0$, であるが，その他には

$$\sum_{n=1}^{\infty} \frac{1}{n^s}, \quad \sum_{n=2}^{\infty} \frac{1}{n(\log n)^s}, \quad s > 0,$$

等がしばしば用いられる．これらの級数の収束を判定するには広義積分と比較するのが簡明である．一般に：

定理 5.2 $r(x)$ は区間 $[k, +\infty)$, k は自然数，で連続な単調減少関数で，$r(x) > 0$, $\lim_{x \to +\infty} r(x) = 0$ であるとして，各自然数 n, $n \geqq k$, に対して $r_n = r(n)$ とおく．このとき広義積分 $\int_k^{+\infty} r(x)dx$ が収束すれば級数 $\sum_{n=k}^{\infty} r_n$ も収束し，$\int_k^{+\infty} r(x)dx$ が発散すれば $\sum_{n=k}^{\infty} r_n$ も発散する．

証明 仮定により $k \leqq n-1 < x < n$ のとき $r(x) > r_n$, $k \leqq n < x < n+1$ のとき $r_n > r(x)$ であるから

$$\int_{n-1}^{n} r(x)dx - r_n > 0, \quad r_n - \int_{n}^{n+1} r(x)dx > 0$$

であって，したがって

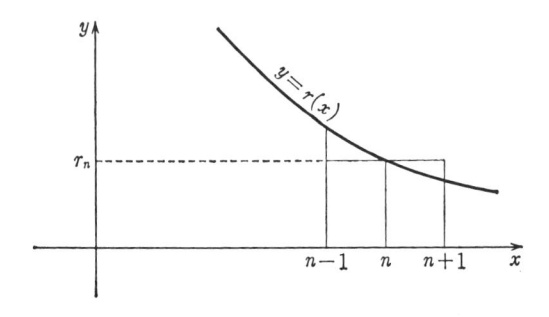

(5.12) $\quad \int_k^m r(x)dx - \sum_{n=k+1}^{m} r_n = \sum_{n=k+1}^{m}\left(\int_{n-1}^{n} r(x)dx - r_n\right) > 0,$

(5.13) $\quad \sum_{n=k}^{m-1} r_n - \int_k^m r(x)dx = \sum_{n=k}^{m-1}\left(r_n - \int_n^{n+1} r(x)dx\right) > 0.$

故に

$$r_k + \int_k^m r(x)dx > \sum_{n=k}^{m} r_n > \int_k^m r(x)dx$$

であって，$\int_k^{+\infty} r(x)dx$ が収束すれば $\sum_{n=k}^{\infty} r_n$ も収束し，$\int_k^{+\infty} r(x)dx$ が発散すれば $\sum_{n=k}^{\infty} r_n$ も発散する．∎

(5.13), (5.12) により

$$\sum_{n=k}^{m-1}\left(r_n - \int_n^{n+1} r(x)dx\right) < r_k + \sum_{n=k+1}^{m} r_n - \int_k^m r(x)dx < r_k$$

であるから，正項級数

$$\sum_{n=k}^{\infty}\left(r_n - \int_n^{n+1} r(x)dx\right)$$

は収束する．その和を γ とすれば，γ は下図の"斜線をほどこした部分の面積"である．

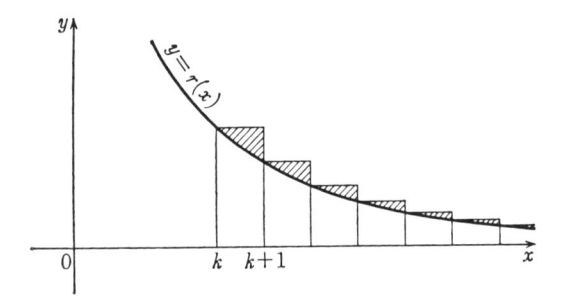

$$\sum_{n=k}^{m} r_n - \int_k^m r(x)dx = \sum_{n=k}^{m-1}\left(r_n - \int_n^{n+1} r(x)dx\right) + r_m$$

で $r_m \to 0$ $(m \to \infty)$ であるから

(5.14) $\quad \lim_{m\to\infty}\left(\sum_{n=k}^{m} r_n - \int_k^m r(x)dx\right) = \gamma.$

上の定理 5.2 において $r(x) = x^{-s}$, $s > 0$, $k = 1$ とおけば，$s \neq 1$ のとき $\int x^{-s}dx$

$=x^{1-s}/(1-s)$, $s=1$ のとき $\int x^{-1}dx=\log x$ であるから,広義積分 $\int_{1}^{+\infty}x^{-s}dx$ は $s>1$ のとき収束し,$s\leqq 1$ のとき発散する.故に級数

$$\sum_{n=1}^{\infty}\frac{1}{n^s}, \quad s>0,$$

は $s>1$ のとき収束,$s\leqq 1$ のとき発散する.

また $r(x)=x^{-1}(\log x)^{-s}$, $s>0$, $k=2$ とおけば,$s\neq 1$ のとき $\int x^{-1}(\log x)^{-s}dx$ $=(\log x)^{1-s}/(1-s)$, $s=1$ のとき $\int (x\log x)^{-1}dx=\log\log x$ であるから,広義積分 $\int_{2}^{+\infty}x^{-1}(\log x)^{-s}dx$ は $s>1$ のとき収束,$s\leqq 1$ のとき発散,したがって,級数

$$\sum_{n=2}^{\infty}\frac{1}{n(\log n)^s}, \quad s>0,$$

は $s>1$ のとき収束し,$s\leqq 1$ のとき発散する.

同様に,級数

$$\sum_{n=3}^{\infty}\frac{1}{n\log n(\log\log n)^s}, \quad s>0,$$

は $s>1$ のとき収束し,$s\leqq 1$ のとき発散する.――

(5.14) において $r(x)=1/x$, $k=1$ とおけば,極限:

(5.15) $$C=\lim_{n\to\infty}\left(1+\frac{1}{2}+\frac{1}{3}+\cdots+\frac{1}{n}-\log n\right)$$

が存在することがわかる.この極限 C を **Euler の定数**という.C の値は 0.577216 … であるが,その数論的性質については,C が有理数か否かも知られていない.

例 5.1 (3.46) によれば

$$\log 2 = 1-\frac{1}{2}+\frac{1}{3}-\frac{1}{4}+\frac{1}{5}-\frac{1}{6}+\cdots$$

であるが,(5.15) を応用して,この右辺の交代級数の項の順序を変更して正の項を p 個,負の項を q 個ずつ交互に並べた級数の和を具体的に求めることができる.§3.1 で述べた無限小を表わす記号 o で $\lim_{n\to\infty}\varepsilon_n=0$ なる数列 $\{\varepsilon_n\}$ の項 ε_n を代表することにすれば,(5.15) により,

$$1+\frac{1}{2}+\frac{1}{3}+\cdots+\frac{1}{n}=\log n+C+o$$

である.

$$P_n = 1+\frac{1}{3}+\frac{1}{5}+\cdots+\frac{1}{2n-1},$$
$$Q_n = \frac{1}{2}+\frac{1}{4}+\frac{1}{6}+\cdots+\frac{1}{2n}$$

とおけば，したがって
$$P_n+Q_n = \log(2n)+C+o,$$
$$Q_n = \frac{1}{2}\log n+\frac{1}{2}C+o,$$

故に
$$P_n = \log 2+\frac{1}{2}\log n+\frac{1}{2}C+o,$$

したがって
$$P_{np}-Q_{nq} = \log 2+\frac{1}{2}\log\frac{p}{q}+o$$

を得る．故に
$$\lim_{n\to\infty}(P_{np}-Q_{nq}) = \log 2+\frac{1}{2}\log\frac{p}{q}.$$

たとえば，$p=2$, $q=1$ とすれば
$$P_{2n}-Q_n = 1+\frac{1}{3}+\frac{1}{5}+\cdots+\frac{1}{4n-1}-\frac{1}{2}-\frac{1}{4}-\cdots-\frac{1}{2n}$$
$$= 1+\frac{1}{3}-\frac{1}{2}+\frac{1}{5}+\frac{1}{7}-\frac{1}{4}+\cdots+\frac{1}{4n-3}+\frac{1}{4n-1}-\frac{1}{2n},$$

故に
$$1+\frac{1}{3}-\frac{1}{2}+\frac{1}{5}+\frac{1}{7}-\frac{1}{4}+\frac{1}{9}+\frac{1}{11}-\frac{1}{6}+\cdots = \log 2+\frac{1}{2}\log 2.$$

一般に交代級数 $1-\frac{1}{2}+\frac{1}{3}-\frac{1}{4}+\frac{1}{5}-\frac{1}{6}+\cdots$ の項の順序を変更して正の項を p 個，負の項を q 個ずつ交互に並べた級数
$$1+\frac{1}{3}+\frac{1}{5}+\cdots+\frac{1}{2p-1}-\frac{1}{2}-\cdots-\frac{1}{2q}+\frac{1}{2p+1}+\cdots+\frac{1}{4p-1}-\frac{1}{2q+2}-\cdots$$

の和 s は，その $np+nq$ 項までの部分和が $P_{np}-Q_{nq}$ に等しいから，
$$s = \log 2+\frac{1}{2}\log\frac{p}{q}$$

§5.2 収束の判定法

で与えられる.

b) 収束の判定法

正項級数 $\sum_{n=1}^{\infty} a_n$ を標準的な正項級数 $\sum_{n=k}^{\infty} r_n$ と比較するとき,(5.10),(5.11)によって直接比較するよりもその相隣る2項の比:a_n/a_{n+1} と r_n/r_{n+1} を比較する方が応用上便利なことがある.本項では,相隣る2項の比:a_n/a_{n+1} を $\sum_{n=1}^{\infty} r^n$, $\sum_{n=1}^{\infty} 1/n^s$,等の対応する2項の比と比較することによって得られる収束の判定法について述べる.

定理 5.3 正項級数 $\sum_{n=1}^{\infty} u_n, \sum_{n=1}^{\infty} v_n$ に対して,自然数 n_0 が存在して

(5.16) $\qquad n \geqq n_0$ ならば $\dfrac{u_n}{u_{n+1}} \geqq \dfrac{v_n}{v_{n+1}}$

とする.このとき

(1°) $\sum_{n=1}^{\infty} v_n$ が収束すれば $\sum_{n=1}^{\infty} u_n$ も収束する.

(2°) $\sum_{n=1}^{\infty} u_n$ が発散すれば $\sum_{n=1}^{\infty} v_n$ も発散する.

証明 (5.16) は

$$n \geqq n_0 \quad \text{ならば} \quad \frac{u_n}{v_n} \geqq \frac{u_{n+1}}{v_{n+1}},$$

すなわち,$n \geqq n_0$ のとき数列 $\{u_n/v_n\}$ が単調非増加であることを意味する.故に

$$n \geqq n_0 \quad \text{ならば} \quad \frac{u_n}{v_n} \leqq \frac{u_{n_0}}{v_{n_0}},$$

$A = u_{n_0}/v_{n_0}$ とおけば,したがって

$$n \geqq n_0 \quad \text{ならば} \quad u_n \leqq A v_n$$

となる.故に,$\sum_{n=1}^{\infty} v_n$ が収束すれば $\sum_{n=1}^{\infty} u_n$ も収束し,したがって,$\sum_{n=1}^{\infty} u_n$ が発散すれば $\sum_{n=1}^{\infty} v_n$ も発散する.∎

この定理を用いて正項級数 $\sum_{n=1}^{\infty} a_n$ を等比級数と比較することによって,つぎの **Cauchy の判定法**が得られる:

(1°) 正項級数 $\sum_{n=1}^{\infty} a_n$ において極限 $\rho = \lim_{n \to \infty}(a_{n+1}/a_n)$ が存在するとき,$\rho < 1$ ならば $\sum_{n=1}^{\infty} a_n$ は収束し,$\rho > 1$ ならば $\sum_{n=1}^{\infty} a_n$ は発散する.

[証明] $\rho < 1$ のとき $\rho < r < 1$ なる実数 r を一つ定めて n_0 を十分大きくとれば,

$$n \geqq n_0 \quad \text{のとき} \quad \frac{a_n}{a_{n+1}} > \frac{1}{r} = \frac{r^n}{r^{n+1}}.$$

となるが，$\sum_{n=1}^{\infty} r^n$ は収束する．故に $\sum_{n=1}^{\infty} a_n$ も収束する．$\rho>1$ のとき $\sum_{n=1}^{\infty} a_n$ が発散することの証明も同様である．∎

一般に $\lim_{n\to\infty}\alpha_n=0$ であるとき，α_n を無限小といい，ε_n, α_n が無限小であるとき，無限小 $\varepsilon_n \alpha_n$ を記号 $o(\alpha_n)$ で表わす．すなわち，§3.1 で述べた関数の場合の無限小に関する記号 o を数列の場合に援用するのである．さらに，α_n が無限小であるとき，$\gamma_n \alpha_n$, $|\gamma_n| \leq \mu$, μ は定数，なる形の無限小を記号 $O(\alpha_n)$ で表わす．小文字の o で無限小，すなわち 0 に収束する数列 $\{\varepsilon_n\}$ を代表したのに対して，大文字の O で有界数列 $\{\gamma_n\}$ を代表するのである．

さて，極限 $\rho=\lim_{n\to\infty}(a_{n+1}/a_n)$ が 1 に等しい場合には，等比級数と比較したのでは $\sum_{n=1}^{\infty} a_n$ の収束，発散を判定することはできない．このとき，$\sum_{n=1}^{\infty} a_n$ を $\sum_{n=1}^{\infty} 1/n^s$ および $\sum_{n=1}^{\infty} 1/(n \log n)$ と比較して，つぎの **Gauss の判定法**を得る：

(2°) 正項級数 $\sum_{n=1}^{\infty} a_n$ において

(5.17) $$\frac{a_n}{a_{n+1}} = 1 + \frac{\sigma}{n} + O\left(\frac{1}{n^{1+\delta}}\right), \quad \delta > 0,$$

とする．このとき，$\sigma>1$ ならば $\sum_{n=1}^{\infty} a_n$ は収束し，$\sigma \leq 1$ ならば $\sum_{n=1}^{\infty} a_n$ は発散する．

[証明] $\sigma>1$ のとき，$\sigma>s>1$ なる実数 s を一つ定めれば，Taylor の公式 (3.40) により

$$\frac{(n+1)^s}{n^s} = \left(1+\frac{1}{n}\right)^s = 1 + \frac{s}{n} + O\left(\frac{1}{n^2}\right).$$

故に，仮定 (5.17) により

$$\frac{a_n}{a_{n+1}} - \frac{(n+1)^s}{n^s} = \frac{\sigma-s}{n} + O\left(\frac{1}{n^{1+\delta}}\right) - O\left(\frac{1}{n^2}\right)$$

であって，$\sigma-s>0$ であるから，n_0 を十分大きくとれば

$$n \geq n_0 \quad \text{のとき} \quad \frac{a_n}{a_{n+1}} > \frac{(n+1)^s}{n^s} = \frac{n^{-s}}{(n+1)^{-s}}$$

となるが，$s>1$ であるから $\sum_{n=1}^{\infty} n^{-s}$ は収束する．故に $\sum_{n=1}^{\infty} a_n$ も収束する．

$\sigma<1$ のとき，

$$\frac{n+1}{n} - \frac{a_n}{a_{n+1}} = \frac{1-\sigma}{n} + O\left(\frac{1}{n^{1+\delta}}\right)$$

であるから，n_0 を十分大きくとれば

$$n \geqq n_0 \quad \text{のとき} \quad \frac{n+1}{n} - \frac{a_n}{a_{n+1}} > 0.$$

故に, $\sum_{n=1}^{\infty} 1/n$ が発散するから, $\sum_{n=1}^{\infty} a_n$ も発散する.

$\sigma = 1$ のときには $\sum_{n=1}^{\infty} a_n$ を発散する級数 $\sum_{n=2}^{\infty} r_n$, $r_n = 1/(n \log n)$, と比較する.
$d(x \log x)/dx = \log x + 1$ であるから, 平均値の定理により

$$(n+1)\log(n+1) - n\log n = \log(n+\theta) + 1 > \log n + 1, \quad 0 < \theta < 1,$$

したがって

$$\frac{r_n}{r_{n+1}} = 1 + \frac{(n+1)\log(n+1) - n\log n}{n \log n} > 1 + \frac{1}{n} + \frac{1}{n \log n}.$$

故に

$$\frac{r_n}{r_{n+1}} - \frac{a_n}{a_{n+1}} = \frac{1}{n \log n} - O\left(\frac{1}{n^{1+\delta}}\right) = \frac{1}{n \log n}\left(1 - O\left(\frac{\log n}{n^\delta}\right)\right),$$

したがって, §2.3, c), 例2.9により $\lim_{n \to \infty} \log n/n^\delta = (1/\delta) \lim_{n \to \infty} \log n^\delta/n^\delta = 0$ であるから, n_0 を十分大きくとれば

$$n \geqq n_0 \quad \text{のとき} \quad \frac{r_n}{r_{n+1}} > \frac{a_n}{a_{n+1}}$$

となる. 故に $\sum_{n=1}^{\infty} a_n$ は発散する. ∎

例5.2 級数

$$\sum_{n=1}^{\infty} \frac{\alpha(\alpha+1)\cdots(\alpha+n-1)\beta(\beta+1)\cdots(\beta+n-1)}{\gamma(\gamma+1)\cdots(\gamma+n-1)n!}$$

の第 n 項を a_n とすれば

$$\frac{a_n}{a_{n+1}} = \frac{(n+1)(n+\gamma)}{(n+\alpha)(n+\beta)} = 1 + \frac{\gamma+1-\alpha-\beta}{n} + O\left(\frac{1}{n^2}\right).$$

故に, 上記の判定法 (2°) により, この級数は $\gamma+1-\alpha-\beta > 1$ のとき収束し, $\gamma+1-\alpha-\beta \leqq 1$ のとき発散する. ただしここで γ は 0 でも負の整数でもないとする.

c) Abel の級数変形の公式

§4.3, c), 例4.7 で絶対収束しない広義積分 $\int_0^{+\infty} (\sin x/x) dx$ が収束することを部分積分の公式を用いて証明した. 級数の和に関して部分積分の公式に相当するものが Abel の級数変形の公式であって, これを応用して与えられた級数が条件収束することを証明できる場合がある.

級数 $\sum_{n=1}^{\infty} a_n$, $\sum_{n=1}^{\infty} b_n$ の部分和を $s_m = \sum_{n=1}^{m} a_n$, $t_m = \sum_{n=1}^{m} b_n$ として級数 $\sum_{n=1}^{\infty} a_n t_n$ を考察する. ここで a_n, b_n は複素数でもよい. $s_0 = 0$ とおけば, $k \geq 1$ として,

$$\sum_{n=k}^{m} a_n t_n = (s_k - s_{k-1})t_k + (s_{k+1} - s_k)t_{k+1} + \cdots + (s_m - s_{m-1})t_m$$
$$= -s_{k-1}t_k - s_k(t_{k+1} - t_k) - \cdots - s_{m-1}(t_m - t_{m-1}) + s_m t_m$$
$$= s_m t_m - s_{k-1} t_k - s_k b_{k+1} - s_{k+1} b_{k+2} - \cdots - s_{m-1} b_m,$$

すなわち

(5.18) $$\sum_{n=k}^{m} a_n t_n = [s_m t_m - s_{k-1} t_k] - \sum_{n=k}^{m-1} s_n b_{n+1}.$$

これが **Abel** の級数変形の公式である. $|s_n| \leq \mu < +\infty$, $\sum_{n=1}^{\infty} |b_n| < +\infty$ ならば $\sum_{n=k}^{\infty} |s_n b_{n+1}| \leq \mu \sum_{n=1}^{\infty} |b_n| < +\infty$, すなわち級数 $\sum_{n=k}^{\infty} s_n b_{n+1}$ は絶対収束する. 故に級数 $\sum_{n=1}^{\infty} a_n t_n$ が与えられたとき, $b_n = t_n - t_{n-1}$ $(n \geq 2)$, $b_1 = t_1$ とおけば, 公式 (5.18) から直ちにつぎの収束の判定法を得る:

(1°) $\sum_{n=1}^{\infty} a_n$ が収束し $\sum_{n=2}^{\infty} (t_n - t_{n-1})$ が絶対収束すれば $\sum_{n=1}^{\infty} a_n t_n$ も収束する.

(2°) 部分和 $s_m = \sum_{n=1}^{m} a_n$ のなす数列 $\{s_m\}$ が有界, $\{t_n\}$, $t_n > 0$, が単調減少数列で $\lim_{n \to \infty} t_n = 0$ ならば $\sum_{n=1}^{\infty} a_n t_n$ は収束する.

例 5.3 θ を 2π の整数倍ではない実数とし, $a_n = e^{in\theta}$ とおけば, $e^{i\theta} \neq 1$ であるから $s_m = e^{i\theta}(e^{im\theta} - 1)/(e^{i\theta} - 1)$, したがって $|s_m| \leq 2/|e^{i\theta} - 1|$. 故に, 上記 (2°) により, 任意の 0 に収束する単調減少数列 $\{t_n\}$ に対して, 級数 $\sum_{n=1}^{\infty} t_n e^{in\theta}$ は収束する. すなわち, $\sum_{n=1}^{\infty} t_n \cos(n\theta)$, $\sum_{n=1}^{\infty} t_n \sin(n\theta)$ は共に収束する. $\theta = \pi$ のとき $\sum_{n=1}^{\infty} t_n \cos(n\theta)$ は交代級数 $\sum_{n=1}^{\infty} (-1)^n t_n$ となるから, この結果は交代級数の収束に関する §1.5, 定理 1.23 の拡張である.

§5.3 一様収束

a) 関数列の極限

$f_1(x), f_2(x), f_3(x), \cdots, f_n(x), \cdots$ のように関数を一列に並べたものを**関数列**という. 関数列を $\{f_n(x)\}$ で表わし, おのおのの関数 $f_n(x)$ をその項ということは数列の場合と同様である. 関数列 $\{f_n(x)\}$ の項 $f_n(x)$ の定義域は必ずしもすべて同じである必要はないが, 本節では, まず, 或る一つの区間 I で定義された関数

§5.3 一様収束

$f_n(x)$ から成る関数列 $\{f_n(x)\}$ を考察する．関数列 $\{f_n(x)\}$ の項 $f_n(x)$ がすべて区間 I で定義された関数であるとき，$\{f_n(x)\}$ を I で定義された関数列とよぶ．

区間 I で定義された関数列 $\{f_n(x)\}$ が与えられたとき，I に属する点 ξ を一つ定めれば $\{f_n(\xi)\}$ は一つの数列となるが，この数列 $\{f_n(\xi)\}$ が収束するとき関数列 $\{f_n(x)\}$ は ξ で収束するという．$\{f_n(x)\}$ が I に属するすべての点 ξ で収束するとき，$f(\xi) = \lim_{n\to\infty} f_n(\xi)$ とおけば，I で定義された関数 $f(x)$ が定まる．この関数 $f(x)$ を関数列 $\{f_n(x)\}$ の極限といい，$f(x) = \lim_{n\to\infty} f_n(x)$ と書く．そして関数列 $\{f_n(x)\}$ は関数 $f(x)$ に収束するという．I に属する実数 ξ を変数と同じ文字 x で表わす習慣にしたがえば，この関数列の極限の定義はつぎのようにいい表わされる：I に属する各点 x で数列 $\{f_n(x)\}$ が収束するとき，関数 $f(x) = \lim_{n\to\infty} f_n(x)$ を関数列 $\{f_n(x)\}$ の極限といい，関数列 $\{f_n(x)\}$ は関数 $f(x)$ に収束するという．

$\{f_n(x)\}$ が $f(x)$ に収束するとき，数列の極限の定義により，各点 $x \in I$ において，任意の正の実数 ε に対応して自然数 $n_0(\varepsilon, x)$ が定まって

$$n > n_0(\varepsilon, x) \quad \text{ならば} \quad |f_n(x) - f(x)| < \varepsilon$$

となるが，一般には $n_0(\varepsilon, x)$ は ε だけでなく点 x にも関係する．もしもここで $n_0(\varepsilon, x)$ を点 $x \in I$ に無関係に定めることができるならば，関数列 $\{f_n(x)\}$ は $f(x)$ に一様に収束するという．すなわち

定義 5.1 $f(x)$, $f_n(x)$, $n = 1, 2, 3, \cdots$, を区間 I で定義された関数とする．任意の正の実数 ε に対応して自然数 $n_0(\varepsilon)$ が定まって，すべての点 $x \in I$ において

(5.19) $\qquad n > n_0(\varepsilon) \quad \text{ならば} \quad |f_n(x) - f(x)| < \varepsilon$

となるとき，関数列 $\{f_n(x)\}$ は関数 $f(x)$ に**一様に収束する** (converge uniformly) という．

一様収束 (uniform convergence) の意味は収束はするけれども一様に収束しない関数列の例をみればよくわかる．

例 5.4 区間 $I = [0, 1]$ において $f_n(x) = x^n$ と定義する．関数列 $\{f_n(x)\}$ は収束して極限：$f(x) = \lim_{n\to\infty} f_n(x)$ は $f(1) = 1$, $0 \leq x < 1$ のとき $f(x) = 0$ なる関数であるが，この収束は一様でない．[証明] (5.19) が成り立つためには，$n > n_0(\varepsilon)$ ならば $0 \leq x < 1$ のときつねに $x^n < \varepsilon$ とならなければならないが，$\lim_{x \to 1-0} x^n = 1$ であるから，$\varepsilon \geq 1$ でない限り，これは不可能である．∎

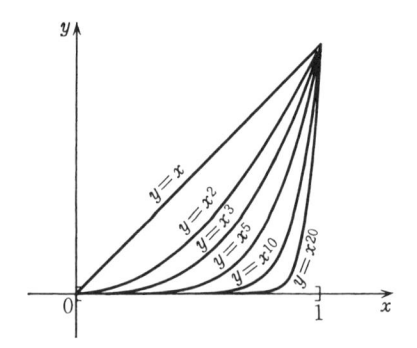

x	x^2	x^3	x^4	x^5	x^{10}	x^{20}
0.1	0.01	0.001	0			
0.2	0.04	0.008	0.002			
0.3	0.09	0.027	0.008	0.002		
0.4	0.16	0.064	0.026	0.010		
0.5	0.25	0.125	0.063	0.031	0.001	
0.6	0.36	0.216	0.130	0.078	0.006	
0.7	0.49	0.343	0.240	0.168	0.028	0.001
0.75	0.563	0.422	0.316	0.237	0.056	0.003
0.8	0.64	0.512	0.410	0.328	0.107	0.012
0.85	0.723	0.614	0.522	0.444	0.197	0.039
0.9	0.81	0.729	0.656	0.590	0.349	0.122
0.95	0.903	0.857	0.815	0.774	0.599	0.358
0.97	—	—	—	—	0.737	0.544
0.98	—	—	—	—	0.817	0.668
0.99	—	—	—	—	0.904	0.818

定理 5.4(Cauchy の判定法) 区間 I で定義された関数列 $\{f_n(x)\}$ が一様に収束するための必要かつ十分な条件は，任意の正の実数 ε に対応して一つの自然数 $n_0(\varepsilon)$ が定まって，すべての点 $x \in I$ において

(5.20) $\quad n > n_0(\varepsilon), \quad m > n_0(\varepsilon) \quad$ ならば $\quad |f_n(x) - f_m(x)| < \varepsilon$

となることである．

証明 例によって $\{f_n(x)\}$ が一様に収束すれば条件が成り立つことは明らかである．そこで，逆に条件が成り立っていると仮定する．そうすれば，数列に関する Cauchy の判定法により，各点 $x \in I$ において $\{f_n(x)\}$ は収束するから，極限 $f(x) = \lim_{m \to \infty} f_m(x)$ が存在する．$m \to \infty$ のときの (5.20) の極限をとれば，

$\quad n > n_0(\varepsilon) \quad$ のとき $\quad |f_n(x) - f(x)| \leqq \varepsilon$,

§5.3 一様収束

したがって，すべての点 $x \in I$ において

$$n > n_0(\varepsilon/2) \quad \text{ならば} \quad |f_n(x)-f(x)| < \varepsilon.$$

故に関数列 $\{f_n(x)\}$ は $f(x)$ に一様に収束する．∎

或る区間 I で定義された関数 $f_n(x)$ を項とする級数 $\sum_{n=1}^{\infty} f_n(x)$ に対してその部分和を

$$s_m(x) = \sum_{n=1}^{m} f_n(x)$$

としたとき，関数列 $\{s_m(x)\}$ が関数 $s(x)$ に収束するならば級数 $\sum_{n=1}^{\infty} f_n(x)$ は $s(x)$ に収束する，また級数 $\sum_{n=1}^{\infty} f_n(x)$ の和は $s(x)$ であるといい

$$s(x) = \sum_{n=1}^{\infty} f_n(x)$$

と書く．このとき $\{s_m(x)\}$ が $s(x)$ に一様収束するならば級数 $\sum_{n=1}^{\infty} f_n(x)$ は $s(x)$ に**一様に収束する**という．さらに，級数 $\sum_{n=1}^{\infty} |f_n(x)|$ が収束するとき $\sum_{n=1}^{\infty} f_n(x)$ は絶対収束するという．また，$\sum_{n=1}^{\infty} |f_n(x)|$ が一様に収束するとき，級数 $\sum_{n=1}^{\infty} f_n(x)$ は**一様に絶対収束**するという．

絶対収束する級数は収束する．これは明らかであろう．

$$s_{n,m}(x) = s_m(x) - s_n(x) = f_{n+1}(x) + f_{n+2}(x) + \cdots + f_m(x)$$

とおけば，定理5.4により，I で定義された級数 $\sum_{n=1}^{\infty} f_n(x)$ が一様に収束するための必要かつ十分な条件は，任意の正の実数 ε に対応して自然数 $n_0(\varepsilon)$ が定まって，すべての点 $x \in I$ において

(5.21) $\quad\quad m > n > n_0(\varepsilon) \quad \text{ならば} \quad |s_{n,m}(x)| < \varepsilon$

となることである．

(5.22) $\quad\quad \sigma_{n,m}(x) = |f_{n+1}(x)| + |f_{n+2}(x)| + \cdots + |f_m(x)|$

とおけば

$$|s_{n,m}(x)| \leqq \sigma_{n,m}(x)$$

であるから，$\sum_{n=1}^{\infty} f_n(x)$ が一様に絶対収束すればそれは一様に収束する．

たとえば，$(-\infty, +\infty)$ で定義された級数 $\sum_{n=1}^{\infty} x^n/n$ は $-1 \leqq x < 1$ のとき収束し，$x < -1$ あるいは $x \geqq 1$ のとき発散する．このとき区間 $I = [-1, 1)$ において $f_n(x) = x^n/n$ と定義すれば，$\sum_{n=1}^{\infty} f_n(x)$ は収束する級数である．§2.2で述べたように，

区間 I が関数 $f(x)$ の定義域に含まれているとき, $f(x)$ の I への制限, すなわち $f(x)$ の定義域を I に制限して得られる関数を $f_I(x)$ あるいは $(f|I)(x)$ で表わす. この記号を用いれば, すなわち, 級数 $\sum(x^n/n)|I$ は収束するということになる. しかし, この場合, 関数 x^n/n の自然な定義域は $(-\infty, +\infty)$ であるから, 級数 $\sum_{n=1}^{\infty}(x^n/n)|I$ は収束するというよりも, 級数 $\sum_{n=1}^{\infty} x^n/n$ は I で収束するという方が自然であろう.

一般に, 区間 I が $f_n(x)$, $n=1, 2, 3, \cdots$, の定義域のすべてに含まれているとき, 級数 $\sum_{n=1}^{\infty}(f_n|I)(x)$ が収束すれば級数 $\sum_{n=1}^{\infty} f_n(x)$ は I で収束するといい, $\sum_{n=1}^{\infty}(f_n|I)(x)$ が一様収束すれば $\sum_{n=1}^{\infty} f_n(x)$ は I で一様収束するという. また関数列 $\{(f_n|I)(x)\}$ が収束すれば関数列 $\{f_n(x)\}$ は I で収束するといい, $\{(f_n|I)(x)\}$ が一様収束すれば $\{f_n(x)\}$ は I で一様収束するという. さらに $\sum_{n=1}^{\infty}|(f_n|I)(x)|$ が収束すれば $\sum_{n=1}^{\infty} f_n(x)$ は I で絶対収束するといい, $\sum_{n=1}^{\infty}|(f_n|I)(x)|$ が一様収束すれば $\sum_{n=1}^{\infty} f_n(x)$ は I で一様に絶対収束するという.

一様収束の定義 5.1 から明らかなように, 関数列 $\{f_n(x)\}$ が関数 $f(x)$ に区間 I で一様に収束するということは, $n \to \infty$ のとき $|f_n(x)-f(x)|$ の I における上限が 0 に収束すること:

$$\lim_{n \to \infty} \sup_{x \in I} |f_n(x)-f(x)| = 0$$

に他ならない.

b) 一様収束と連続性

定理 5.5 関数 $f_n(x)$, $n=1, 2, 3, \cdots$, はすべて区間 I で連続であるとする. このとき

(1°) 関数列 $\{f_n(x)\}$ が I で一様に収束すれば, その極限 $f(x) = \lim_{n \to \infty} f_n(x)$ も I で連続である.

(2°) 級数 $\sum_{n=1}^{\infty} f_n(x)$ が I で一様に収束すれば, その和: $s(x) = \sum_{n=1}^{\infty} f_n(x)$ も I で連続である.

証明 (2°) は (1°) の系であるから (1°) を証明すればよい. このためには I に属する各点 a において $f(x)$ が連続であることをいえばよいから, 点 $a \in I$ を一つ定めて考える. 任意の正の実数 ε に対応して, 仮定により, 自然数 $n_0(\varepsilon)$ が定まって, すべての点 $x \in I$ において

§5.3 一様収束

$$n > n_0(\varepsilon) \quad \text{ならば} \quad |f_n(x)-f(x)| < \varepsilon$$

となる．また，$f_n(x)$ は a で連続であるから，正の実数 $\delta_n(\varepsilon)$ が定まって

$$|x-a| < \delta_n(\varepsilon) \quad \text{ならば} \quad |f_n(x)-f_n(a)| < \varepsilon$$

となる．そこで，まず $n>n_0(\varepsilon)$ なる自然数 n を一つ定め，つぎに $\delta(\varepsilon)=\delta_n(\varepsilon)$ とおく．

$$|f(x)-f(a)| \leqq |f(x)-f_n(x)|+|f_n(x)-f_n(a)|+|f_n(a)-f(a)|$$

であるから

$$|f(x)-f(a)| < 2\varepsilon + |f_n(x)-f_n(a)|.$$

故に

$$|x-a| < \delta(\varepsilon) \quad \text{ならば} \quad |f(x)-f(a)| < 3\varepsilon$$

となるが，ε は任意の正の実数であった．故に $f(x)$ は a で連続である．∎

各項 $f_n(x)$ が区間 I で連続な関数列 $\{f_n(x)\}$ が I で収束はするけれども一様に収束しない場合には，上記の例5.4が示すように，極限 $f(x)=\lim\limits_{n\to\infty}f_n(x)$ は必ずしも I で連続でない．

例 5.5 各自然数 n に対して区間 $[0,3]$ で連続な関数 $f_n(x)$ をつぎのように定義する：

$$\begin{cases} 0 \leqq x \leqq \dfrac{1}{n} & \text{のとき} \quad f_n(x) = nx, \\[4pt] \dfrac{1}{n} < x \leqq \dfrac{2}{n} & \text{のとき} \quad f_n(x) = 2-nx, \\[4pt] \dfrac{2}{n} < x \leqq 3 & \text{のとき} \quad f_n(x) = 0. \end{cases}$$

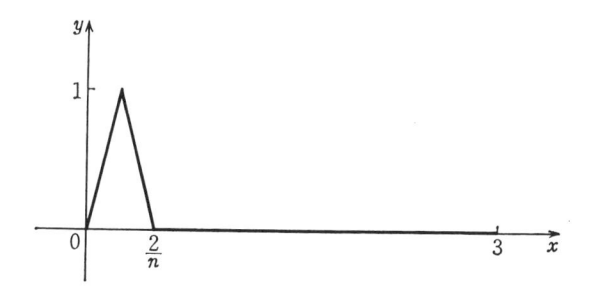

$f_n(0)=0$, また x, $0<x\leq 3$, を任意に与えたとき, $n>2/x$ ならば $f_n(x)=0$ であるから, $\lim_{n\to\infty}f_n(x)=0$. 故に区間 $[0,3]$ で関数列 $\{f_n(x)\}$ は収束し, 極限 $0=\lim_{n\to\infty}f_n(x)$ は連続である. しかし, $f_n(1/n)=1$ であるから, 収束は $[0,3]$ で一様でない.

定理 5.6 級数 $\sum_{n=1}^{\infty}f_n(x)$ を収束する正項級数 $\sum_{n=1}^{\infty}a_n$ と比較したとき, 区間 I でつねに $|f_n(x)|\leq a_n$ であったとする. このとき

(1°) 級数 $\sum_{n=1}^{\infty}f_n(x)$ は区間 I で一様に絶対収束する.

(2°) 各項 $f_n(x)$ が区間 I で連続ならば, 和 $s(x)=\sum_{n=1}^{\infty}f_n(x)$ も区間 I で連続である.

証明

$$\sigma_{n,m}(x) = |f_{n+1}(x)|+|f_{n+2}(x)|+\cdots+|f_m(x)|$$

とおけば, 区間 I でつねに

$$\sigma_{n,m}(x) \leq a_{n+1}+a_{n+2}+\cdots+a_m$$

であるから, Cauchy の判定法により, $\sum_{n=1}^{\infty}f_n(x)$ は I で一様に絶対収束する. したがって $\sum_{n=1}^{\infty}f_n(x)$ は I で一様に収束するから, 各項 $f_n(x)$ が I で連続ならば, 定理 5.5, (2°) により, $s(x)=\sum_{n=1}^{\infty}f_n(x)$ も区間 I で連続である. ∎

例 5.6 §3.3, 例 3.4 で関数

$$f(x) = \sum_{n=1}^{\infty}\frac{1}{2^n}|\sin(\pi n!\, x)|$$

が数直線 R 上で連続であることを第 5 章で証明すると約束したが, R 上でつねに

$$0 \leq \frac{1}{2^n}|\sin(\pi n!\, x)| \leq \frac{1}{2^n}$$

であることに留意すれば, 証明は上記の定理 5.6 によって明らかである.

例 5.7 §1.5, f) で述べたように, 有理数全体の集合 Q は可算であって, $Q=\{r_1,r_2,r_3,\cdots,r_m,\cdots\}$ と表わされる.

(5.23) $$f_n(x) = \sum_{m=1}^{\infty}\frac{1}{2^m(1+n^2(x-r_m)^2)}$$

とおく. 定理 5.6 により, (5.23) の右辺の級数は $(-\infty,+\infty)$ で一様に絶対収束し, $f_n(x)$ は $(-\infty,+\infty)$ で連続な x の関数である. n が増加するとき (5.23) の

§5.3 一様収束

右辺の級数の各項は，$r_m = x$ なる高々一つの項を除いて，単調に減少するから，各点 x において $\{f_n(x)\}$ は単調減少数列であって，明らかに $f_n(x) > 0$ である．故に極限：$f(x) = \lim_{n\to\infty} f_n(x)$ が定まる．関数 $f(x)$ はつぎの性質をもつ：無理点 x では $f(x) = 0$，有理点 r_m では $f(r_m) = 1/2^m$．［証明］(5.23)により，

$$\left| f_n(x) - \sum_{m=1}^{k} \frac{1}{2^m(1+n^2(x-r_m)^2)} \right| \leq \sum_{m=k+1}^{\infty} \frac{1}{2^m} = \frac{1}{2^k}.$$

$r_m \neq x$ ならば $\lim_{n\to\infty} 1/(1+n^2(x-r_m)^2) = 0$ であるから，この不等式の $n \to \infty$ のときの極限をとれば，x が無理数のときには

$$|f(x)| \leq \frac{1}{2^k},$$

$x = r_m$, $m \leq k$, のときには

$$\left| f(x) - \frac{1}{2^m} \right| \leq \frac{1}{2^k}$$

となる．ここで $k \to \infty$ とすれば，無理点 x では $f(x) = 0$，有理点 r_m では $f(r_m) = 1/2^m$ であることがわかる．∎

$f(x) = \lim_{n\to\infty} f_n(x)$ は，§2.2，例 2.4 の関数と同様に，各有理点 r_m で不連続，各無理点で連続な関数である．

$$g_n(x) = f_n(x - 1/\sqrt{n})$$

とおけば

$$\left| g_n(x) - \sum_{m=1}^{k} \frac{1}{2^m(1+n^2(x-r_m-1/\sqrt{n})^2)} \right| \leq \frac{1}{2^k}.$$

今度は $x = r_m$ なる場合も含めて各点 x において $\lim_{n\to\infty} 1/(1+n^2(x-r_m-1/\sqrt{n})^2) = 0$ であるから，k に対応して自然数 $n_0(k, x)$ が定まって

$$n > n_0(k, x) \quad \text{ならば} \quad |g_n(x)| \leq \frac{1}{2^{k-1}}$$

となる．故に $\lim_{n\to\infty} g_n(x) = 0$，すなわち，関数列 $\{g_n(x)\}$ は区間 $(-\infty, +\infty)$ で 0 に収束する．しかし，$\{g_n(x)\}$ の収束は如何なる区間 $(a, a+\varepsilon)$，$\varepsilon > 0$，においても一様でない．なぜなら，$(a, a+\varepsilon)$ に属する有理点の一つを r_m とすれば，

$$\lim_{n\to\infty} g_n(r_m + 1/\sqrt{n}) = \lim_{n\to\infty} f_n(r_m) = f(r_m) = 1/2^m,$$

したがって

$$\liminf_{n\to\infty} \left(\sup_{a < x < a+\varepsilon} g_n(x) \right) \geq 1/2^m > 0$$

となるからである．

$f_n(x)=g_n(x+1/\sqrt{n})$ であるから，関数 $y=f_n(x)$ のグラフ G_{f_n} は $y=g_n(x)$ のグラフ G_{g_n} を "x 軸に平行に $1/\sqrt{n}$ だけ左に移動" したものである．各項のグラフの単なる平行移動によって 0 に収束する関数列 $\{g_n(x)\}$ からすべての有理点で不連続な関数 $f(x)$ に収束する関数列 $\{f_n(x)\}$ が得られるのである．

単調な連続関数列の収束に関してはつぎの定理が成り立つ：

定理 5.7(Dini の定理) 閉区間 $[a,b]$ で連続な関数 $f_n(x)$ を項とする単調非増加な関数列，すなわち

$$f_1(x) \geqq f_2(x) \geqq f_3(x) \geqq \cdots \geqq f_n(x) \geqq \cdots, \quad a \leqq x \leqq b,$$

なる関数列 $\{f_n(x)\}$ が $[a,b]$ で連続な関数 $f(x)$ に収束するならば，$\{f_n(x)\}$ は $[a,b]$ で一様に $f(x)$ に収束する．

証明 $g_n(x)=f_n(x)-f(x)$ とおいて関数列 $\{g_n(x)\}$ が $[a,b]$ で一様に 0 に収束することを証明すればよい．仮定により，区間 $[a,b]$ で $g_n(x)$ は連続，関数列 $\{g_n(x)\}$ は単調非増加で 0 に収束する．この収束が $[a,b]$ で一様でなかったとすれば，或る正の実数 ε_0 に対しては，どんな自然数 n をとっても，$m>n$ のとき $[a,b]$ でつねに $g_m(x)<\varepsilon_0$ とはならない．すなわち，各自然数 n に対して $g_m(c_n)\geqq\varepsilon_0$ なる自然数 m, $m>n$, と点 c_n, $a\leqq c_n\leqq b$, が存在する．このとき，$g_n(c_n)\geqq g_m(c_n)$ であるから，

$$(5.24) \qquad g_n(c_n) \geqq \varepsilon_0.$$

この c_n のなす点列 $\{c_n\}$ は，§1.6, e)，定理 1.30 により，収束する部分列 $c_{n_1}, c_{n_2}, c_{n_3}, \cdots, c_{n_j}, \cdots$ をもつ．その極限を $c=\lim_{j\to\infty}c_{n_j}$ とすれば，$g_n(x)$ は x について連続であるから，

$$g_n(c) = \lim_{j\to\infty} g_n(c_{n_j})$$

であるが，$n_j>n$ ならば，(5.24) により，

$$g_n(c_{n_j}) \geqq g_{n_j}(c_{n_j}) \geqq \varepsilon_0,$$

したがって

$$g_n(c) \geqq \varepsilon_0 > 0.$$

これは関数列 $\{g_n(x)\}$ が 0 に収束することに矛盾する．故に $\{g_n(x)\}$ は $[a,b]$ で一様に 0 に収束する．∎

単調非減少な関数列についてもこの定理5.7と同様な定理が成り立つことはいうまでもない.

上記例5.7の$\{f_n(x)\}$は単調減少で収束はするが如何なる区間$[a,b]$, $a<b$,においても一様収束しない連続関数列の例を与える. $\{f_n(x)\}$が$[a,b]$で一様収束しないことは$f(x)=\lim_{n\to\infty}f_n(x)$がすべての有理点で不連続であることから定理5.5, (1°)によって明らかである.

§5.4 無限級数の微分積分
a) 一様収束する級数

定理 5.8 $f_n(x)$, $n=1,2,3,\cdots$, が区間$[a,b]$で連続な関数で関数列$\{f_n(x)\}$が$[a,b]$で一様に収束するならば, 極限$f(x)=\lim_{n\to\infty}f_n(x)$も$[a,b]$で連続で

$$(5.25) \quad \int_a^b f(x)dx = \lim_{n\to\infty}\int_a^b f_n(x)dx, \quad f(x)=\lim_{n\to\infty}f_n(x).$$

証明 $f(x)$が$[a,b]$で連続であることはすでに定理5.5, (1°)で証明した. 仮定により任意の正の実数εに対応して自然数$n_0(\varepsilon)$が定まって, $a\leqq x\leqq b$のとき

$$n>n_0(\varepsilon) \quad \text{ならば} \quad |f_n(x)-f(x)|<\varepsilon$$

となる. したがって, §4.1, 定理4.1により,

$$\left|\int_a^b f_n(x)dx - \int_a^b f(x)dx\right| \leqq \int_a^b |f_n(x)-f(x)|dx < \int_a^b \varepsilon dx = \varepsilon(b-a).$$

故に$\lim_{n\to\infty}\int_a^b f_n(x)dx = \int_a^b f(x)dx$. ∎

例 5.8 $f_n(x)$を例5.5で定義した区間$[0,3]$で連続な関数とし, $g_n(x)=nf_n(x)$とおけば, 各点x, $0\leqq x\leqq 3$, において$\lim_{n\to\infty}g_n(x)=0$となるが$\int_0^3 g_n(x)dx = n\int_0^3 f_n(x)dx = 1$, したがって$\lim_{n\to\infty}\int_0^3 g_n(x)dx=1$は$\int_0^3 \lim_{n\to\infty}g_n(x)dx=0$と等しくならない. このように, (5.25)は無条件では成立しない.

定理 5.9 関数$f_n(x)$はすべて区間Iで連続であるとする.

(1°) 級数$\sum_{n=1}^{\infty}f_n(x)$が$I$で一様に収束すれば, Iに属する任意の2点c,xに対して,

$$(5.26) \quad \int_c^x \sum_{n=1}^{\infty}f_n(x)dx = \sum_{n=1}^{\infty}\int_c^x f_n(x)dx.$$

(2°) 各関数$f_n(x)$がIで連続微分可能, $\sum_{n=1}^{\infty}f_n(x)$が$I$で収束し, さらに

$\sum_{n=1}^{\infty} f_n{}'(x)$ が I で一様に収束するならば，和 $\sum_{n=1}^{\infty} f_n(x)$ も I で連続微分可能で

(5.27) $$\frac{d}{dx}\sum_{n=1}^{\infty} f_n(x) = \sum_{n=1}^{\infty} f_n{}'(x).$$

証明 (1°) $s_m(x) = \sum_{n=1}^{m} f_n(x)$, $s(x) = \sum_{n=1}^{\infty} f_n(x)$ とおけば，定理 5.5, (2°) により，$s(x)$ は区間 I で連続であって，仮定により関数列 $\{s_m(x)\}$ は $s(x)$ に I で一様に収束するから，定理 5.8 により

$$\int_c^x s(x)dx = \lim_{m\to\infty}\int_c^x s_m(x)dx = \lim_{m\to\infty}\sum_{n=1}^{m}\int_c^x f_n(x)dx.$$

すなわち (5.26) が成り立つ．

(2°) $t(x) = \sum_{n=1}^{\infty} f_n{}'(x)$ とおけば，$t(x)$ は I で連続であって，(1°) により

$$\int_c^x t(x)dx = \sum_{n=1}^{\infty}\int_c^x f_n{}'(x)dx = \sum_{n=1}^{\infty}(f_n(x) - f_n(c)),$$

したがって

$$\sum_{n=1}^{\infty} f_n(x) = \int_c^x t(x)dx + C, \quad C = \sum_{n=1}^{\infty} f_n(c).$$

故に，$\sum_{n=1}^{\infty} f_n(x)$ は I で連続微分可能であって，$(d/dx)\sum_{n=1}^{\infty} f_n(x) = t(x)$, すなわち (5.27) が成り立つ．■

この定理 5.9 は，或る条件のもとでは，級数の和 $\sum_{n=1}^{\infty} f_n(x)$ を積分あるいは微分するには，その各項 $f_n(x)$ を別々に積分あるいは微分すればよいことを示す．級数の各項を別々に積分あるいは微分することを**項別**に積分するあるいは微分するという．

b) 一様に有界な関数列

定理 5.8 は関数列 $\{f_n(x)\}$ の収束の一様性の代りに $\{f_n(x)\}$ が**一様に有界**であることを仮定するだけで成り立つ．すなわち

定理 5.10 (Arzelà の定理) 閉区間 $[a,b]$ において関数 $f_n(x)$, $n=1,2,3,\cdots$, は連続で，一様に有界，すなわち n に無関係な定数 M が存在して $[a,b]$ でつねに $|f_n(x)| \leq M$ であるとする．このとき，関数列 $\{f_n(x)\}$ が収束してその極限 $f(x) = \lim_{n\to\infty} f_n(x)$ が $[a,b]$ で連続ならば

$$\int_a^b f(x)dx = \lim_{n\to\infty}\int_a^b f_n(x)dx, \quad f(x) = \lim_{n\to\infty} f_n(x).$$

§5.4 無限級数の微分積分

この定理は Lebesgue 積分論における Lebesgue の項別積分定理[1]の特別な場合であるが，"解析入門"においても応用上便利な定理であるから，本項でその Hausdorff による初等的証明[2]を述べる．

証明

$$\left|\int_a^b f_n(x)dx - \int_a^b f(x)dx\right| \leq \int_a^b |f_n(x)-f(x)|dx$$

であるから，$g_n(x) = |f_n(x)-f(x)|$ とおいて

$$\lim_{n\to\infty}\int_a^b g_n(x) = 0$$

となることを証明すればよいのであるが，$f_n(x), f(x)$ に関する仮定により，区間 $[a,b]$ で $g_n(x)$ は連続，つねに $0 \leq g_n(x) \leq 2M$ で $\lim_{n\to\infty} g_n(x) = 0$ である．故に，はじめから $[a,b]$ で $f_n(x)$ は連続でつねに $0 \leq f_n(x) \leq M$, $\lim_{n\to\infty} f_n(x) = 0$ と仮定して

(5.28) $$\lim_{n\to\infty}\int_a^b f_n(x)dx = 0$$

となることを証明すればよい．

各点 x, $a \leq x \leq b$, において数列 $f_n(x), f_{n+1}(x), f_{n+2}(x), \cdots, f_m(x), \cdots$ の上限を $s_n(x)$ とする：

$$s_n(x) = \sup_{m \geq n} f_m(x).$$

明らかに

(5.29) $$M \geq s_1(x) \geq s_2(x) \geq \cdots \geq s_n(x) \geq \cdots, \quad a \leq x \leq b,$$

であって，$\lim_{n\to\infty} f_n(x) = 0$ であるから

(5.30) $$\lim_{n\to\infty} s_n(x) = \limsup_{n\to\infty} f_n(x) = 0.$$

故に，関数 $s_n(x)$ がすべて区間 $[a,b]$ で連続である場合には，Dini の定理（定理5.7）により，関数列 $\{s_n(x)\}$ は $[a,b]$ で一様に 0 に収束し，したがって，定理5.8 により，

---

1) 岩波基礎数学選書，"現代解析入門"後篇"測度と積分"，§4.4 参照．
2) F. Hausdorff "Beweis eines Satzes von Arzelà", Math. Zeit. **26** (1927), pp. 135–137. 藤原松三郎 "微分積分学 I", pp. 365–370 参照．

$$\lim_{n\to\infty}\int_a^b s_n(x)dx = 0,$$

故に，$0 \leq f_n(x) \leq s_n(x)$ であるから，(5.28) を得る．しかしこの場合には関数列 $\{f_n(x)\}$ も $[a,b]$ で一様に 0 に収束するから，定理 5.10 は定理 5.8 に帰着する．

一般の場合には $s_n(x)$ は連続とは限らないから積分 $\int_a^b s_n(x)dx$ は必ずしも定義されない．そこで $\int_a^b s_n(x)dx$ に代るものとして S_n をつぎのように定義する：区間 $[a,b]$ で定義された連続関数 $g(x)$ でつねに $g(x) \leq s_n(x)$ なるものをすべて考え，その積分 $\int_a^b g(x)dx$ の上限を S_n とする：

(5.31) $$S_n = \sup_{g \leq s_n} \int_a^b g(x)dx.$$

ここで，$g \leq s_n$ はつねに $g(x) \leq s_n(x)$ であることを意味する．$g \leq s_n$ ならば，(5.29) によりつねに $g(x) \leq M$ であるから，$\int_a^b g(x)dx \leq M(b-a)$．また $g \leq s_n$ ならば $g \leq s_{n-1}$ であるから $S_n \leq S_{n-1}$．すなわち

$$M(b-a) \geq S_1 \geq S_2 \geq S_3 \geq \cdots \geq S_n \geq \cdots.$$

$0 \leq f_n(x) \leq s_n(x)$ であるから，(5.31) により

$$0 \leq \int_a^b f_n(x)dx \leq S_n.$$

故に $n \to \infty$ のとき $S_n \to 0$ となることを証明すればよい．このために正の実数 ε を任意に定めて $\varepsilon_n = \varepsilon/2^n$ とおけば，(5.31) により，$[a,b]$ で連続な関数 $g_n(x)$ で

(5.32) $$\int_a^b g_n(x)dx > S_n - \varepsilon_n, \quad g_n(x) \leq s_n(x), \quad a \leq x \leq b,$$

なるものが存在する．各点 $x, a \leq x \leq b$，において $g_1(x), g_2(x), \cdots, g_n(x)$ の最小値を $h_n(x)$ とする：

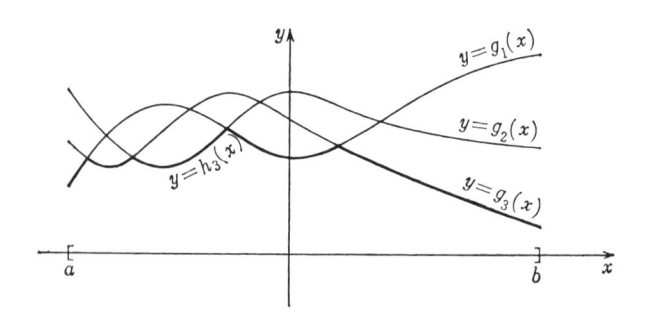

§5.4 無限級数の微分積分

$$h_n(x) = \min\{g_1(x), g_2(x), \cdots, g_n(x)\}.$$

$h_n(x)$ が $[a,b]$ で連続であることは上のグラフをみれば一目瞭然であるが，このことを計算によって確かめるにはつぎのようにすればよい．実数 ξ, η に対して，$\xi+\eta-|\xi-\eta|$ は $\xi\geqq\eta$ ならば 2η に等しく，$\xi\leqq\eta$ ならば 2ξ に等しい．すなわち

(5.33) $$\min\{\xi,\eta\} = \frac{1}{2}(\xi+\eta-|\xi-\eta|).$$

したがって，一般に，$\varphi(x), \psi(x)$ が区間 I で連続な x の関数ならば

$$\min\{\varphi(x),\psi(x)\} = \frac{1}{2}(\varphi(x)+\psi(x)-|\varphi(x)-\psi(x)|)$$

も I で連続な x の関数である．故に，$h_1(x)=g_1(x)$，$n\geqq 2$ のとき

$$h_n(x) = \min\{h_{n-1}(x), g_n(x)\}$$

であるから，n に関する帰納法により，$h_n(x)$ は区間 $[a,b]$ で連続である．明らかに

(5.34) $\quad h_1(x)\geqq h_2(x)\geqq \cdots \geqq h_n(x)\geqq \cdots, \quad h_n(x)\leqq g_n(x)\leqq s_n(x).$

この連続関数 $h_n(x)$ について不等式：

(5.35)$_n$ $$\int_a^b h_n(x)dx > S_n-\varepsilon_1-\varepsilon_2-\cdots-\varepsilon_n$$

が成り立つことを n に関する帰納法によって証明するために，$\mu_n(x)$ を $h_{n-1}(x)$, $g_n(x)$ の大きい方 (厳密にいえば小さくない方) とする：

$$\mu_n(x) = \max\{h_{n-1}(x), g_n(x)\}.$$

(5.33) と同様に

$$\max\{\xi,\eta\} = \frac{1}{2}(\xi+\eta+|\xi-\eta|)$$

であるから，

$$\mu_n(x) = \frac{1}{2}(h_{n-1}(x)+g_n(x)+|h_{n-1}(x)-g_n(x)|),$$

したがって $\mu_n(x)$ も区間 $[a,b]$ で連続であって，

$$\max\{\xi,\eta\}+\min\{\xi,\eta\} = \xi+\eta$$

であるから，

$$h_n(x)+\mu_n(x) = h_{n-1}(x)+g_n(x).$$

故に

$$\int_a^b h_n(x)dx = \int_a^b h_{n-1}(x)dx + \int_a^b g_n(x)dx - \int_a^b \mu_n(x)dx.$$

$h_{n-1}(x) \leq s_{n-1}(x)$, $g_n(x) \leq s_n(x) \leq s_{n-1}(x)$ であるから, $\mu_n(x) \leq s_{n-1}(x)$, したがって, (5.31) により, $\int_a^b \mu_n(x)dx \leq S_{n-1}$. 故に, (5.32) により,

$$\int_a^b h_n(x)dx > \int_a^b h_{n-1}(x)dx + S_n - \varepsilon_n - S_{n-1}.$$

したがって $(5.35)_{n-1}$ を仮定すれば $(5.35)_n$ が成り立つ. $(5.35)_1$ は $h_1(x) = g_1(x)$ であるから, (5.32) によって明らかである. 故に, n に関する帰納法により, すべての自然数 n について $(5.35)_n$ が成り立つ. $\sum_{n=1}^{\infty} \varepsilon_n = \varepsilon$ であるから, したがって

(5.36) $$\int_a^b h_n(x)dx > S_n - \varepsilon.$$

閉区間 $[a,b]$ で $h_n(x)$ は連続, (5.34) により, 関数列 $\{h_n(x)\}$ は単調非増加であって, $0 \leq h_n(x) \leq s_n(x)$, したがって (5.30) により $\lim_{n\to\infty} h_n(x) = 0$. 故に, Dini の定理 (定理 5.7) により, $\{h_n(x)\}$ は $[a,b]$ で一様に 0 に収束するから

$$\lim_{n\to\infty} \int_a^b h_n(x)dx = 0.$$

したがって, (5.36) により

$$\lim_{n\to\infty} S_n \leq \varepsilon$$

となるが, ε は任意の実数であった. 故に

$$\lim_{n\to\infty} S_n = 0. \qquad \blacksquare$$

上記の定理 5.10 は閉区間 $[a,b]$ を開区間 (a,b) で置き換えても成り立つ. すなわち

定理 5.11 開区間 (a,b) において関数 $f_n(x)$, $n=1,2,3,\cdots$, は連続で一様に有界であるとする. このとき関数列 $\{f_n(x)\}$ が収束してその極限 $f(x) = \lim_{n\to\infty} f_n(x)$ が (a,b) で連続ならば

$$\int_a^b f(x)dx = \lim_{n\to\infty} \int_a^b f_n(x)dx, \quad f(x) = \lim_{n\to\infty} f_n(x).$$

証明 $\lim_{n\to\infty} f_n(x) = 0$ のとき $\lim_{n\to\infty} \int_a^b f_n(x)dx = 0$ となることを証明すればよい. 仮定により (a,b) でつねに $|f_n(x)| \leq M$, M は n に無関係な定数, である. 任意に与えられた正の実数 ε に対して正の実数 δ を $4M\delta < \varepsilon$, $2\delta < b-a$, なるように

定めれば，
$$\int_a^b f_n(x)dx = \int_a^{a+\delta} f_n(x)dx + \int_{a+\delta}^{b-\delta} f_n(x)dx + \int_{b-\delta}^b f_n(x)dx$$
であって，
$$\left|\int_a^{a+\delta} f_n(x)dx\right| \leqq M\delta, \quad \left|\int_{b-\delta}^b f_n(x)dx\right| \leqq M\delta$$
であるから，
$$\left|\int_a^b f_n(x)dx\right| \leqq \left|\int_{a+\delta}^{b-\delta} f_n(x)dx\right| + 2M\delta.$$
閉区間 $[a+\delta, b-\delta]$ において $f_n(x)$ は連続で一様に有界，そして $\lim_{n\to\infty} f_n(x)=0$ であるから，定理 5.10 により
$$\lim_{n\to\infty}\int_{a+\delta}^{b-\delta} f_n(x)dx = 0,$$
したがって ε に対応して自然数 $n_0(\varepsilon)$ が定まって
$$n > n_0(\varepsilon) \quad \text{ならば} \quad \left|\int_{a+\delta}^{b-\delta} f_n(x)dx\right| < \frac{\varepsilon}{2}$$
となる．故に
$$n > n_0(\varepsilon) \quad \text{ならば} \quad \left|\int_a^b f_n(x)dx\right| < 2M\delta + \frac{\varepsilon}{2} < \varepsilon.$$
すなわち
$$\lim_{n\to\infty}\int_a^b f_n(x)dx = 0. \qquad \blacksquare$$

c) 優関数をもつ関数列

$f_n(x), n=1,2,3,\cdots,$ を或る区間 I で定義された連続関数とする．このとき I で定義された連続関数 $\sigma(x), \sigma(x)>0,$ が存在して，すべての n について，つねに $|f_n(x)| \leqq \sigma(x)$ となるならば，$\sigma(x)$ を関数列 $\{f_n(x)\}$ の**優関数** (majorant) という．関数列が一様に有界ではないが優関数をもつ場合，定理 5.11 はつぎのように拡張される：

定理 5.12 区間 $(a, +\infty)$ において関数 $\sigma(x), \sigma(x)>0,$ は連続で $\int_a^{+\infty} \sigma(x)dx < +\infty,$ 関数 $f_n(x), n=1,2,3,\cdots,$ は連続でつねに $|f_n(x)|\leqq\sigma(x)$ であるとする．このとき関数列 $\{f_n(x)\}$ が収束してその極限 $f(x)=\lim_{n\to\infty} f_n(x)$ が連続ならば

$$(5.37) \quad \int_a^{+\infty} f(x)dx = \lim_{n\to\infty} \int_a^{+\infty} f_n(x)dx, \quad f(x) = \lim_{n\to\infty} f_n(x).$$

証明 点 c, $a<c$, を定め

$$\psi(x) = \int_c^x \sigma(x)dx$$

とおいて，(5.37) の両辺の積分変数 x を $t=\psi(x)$ に変換する．$\psi'(x) = \sigma(x) > 0$ であるから，§3.3, 定理3.6により，$t=\psi(x)$ は区間 $(a, +\infty)$ で定義された x の連続微分可能な単調増加関数であって，$\int_a^{+\infty} \sigma(x)dx < +\infty$ と仮定しているから，極限：

$$\alpha = \lim_{x\to a+0} \psi(x) = -\int_a^c \sigma(x)dx, \quad \beta = \lim_{x\to +\infty} \psi(x) = \int_c^{+\infty} \sigma(x)dx$$

が存在して，$\psi(x)$ の値域は開区間 (α, β) である．したがって，$t=\psi(x)$ の逆関数を $x=\varphi(t)=\psi^{-1}(t)$ とすれば，§2.2, c), 定理2.7と§3.2, c), 定理3.4により，$\varphi(t)$ は区間 (α, β) で微分可能な単調増加関数で

$$\varphi'(t) = \frac{1}{\psi'(x)} = \frac{1}{\sigma(x)}, \quad x = \varphi(t),$$

したがって $\varphi'(t) = 1/\sigma(\varphi(t))$ も t について連続である．故に，置換積分の公式 (4.56) により，

$$\int_a^{+\infty} f_n(x)dx = \int_\alpha^\beta f_n(\varphi(t))\varphi'(t)dt = \int_\alpha^\beta \frac{f_n(\varphi(t))}{\sigma(\varphi(t))}dt,$$

同様に

$$\int_a^{+\infty} f(x)dx = \int_\alpha^\beta \frac{f(\varphi(t))}{\sigma(\varphi(t))}dt.$$

仮定により，$|f_n(x)| \leq \sigma(x)$, $f(x) = \lim_{n\to\infty} f_n(x)$ であるから

$$\left| \frac{f_n(\varphi(t))}{\sigma(\varphi(t))} \right| \leq 1, \quad \frac{f(\varphi(t))}{\sigma(\varphi(t))} = \lim_{n\to\infty} \frac{f_n(\varphi(t))}{\sigma(\varphi(t))}.$$

故に，定理5.11により，

$$\int_\alpha^\beta \frac{f(\varphi(t))}{\sigma(\varphi(t))}dt = \lim_{n\to\infty} \int_\alpha^\beta \frac{f_n(\varphi(t))}{\sigma(\varphi(t))}dt,$$

したがって

$$\int_a^{+\infty} f(x)dx = \lim_{n\to\infty} \int_a^{+\infty} f_n(x)dx.$$

この定理 5.12 は区間 $(a, +\infty)$ を任意の区間 I で置き換えても成り立つ.

無限級数の項別積分に関するつぎの定理はこの定理 5.12 の系である：

定理 5.13 関数 $\sigma(x)$, $\sigma(x) > 0$, は区間 $(a, +\infty)$ で連続で $\int_a^{+\infty} \sigma(x)dx < +\infty$ であるとする. 区間 $(a, +\infty)$ において関数 $f_n(x)$, $n=1,2,3,\cdots$, は連続, 級数 $\sum_{n=1}^{\infty} f_n(x)$ は収束してその和 $s(x) = \sum_{n=1}^{\infty} f_n(x)$ も連続で, 部分和 $s_m(x) = \sum_{n=1}^{m} f_n(x)$ がつねに不等式: $|s_m(x)| \leq \sigma(x)$ を満たすならば

$$\int_a^{+\infty} \sum_{n=1}^{\infty} f_n(x) dx = \sum_{n=1}^{\infty} \int_a^{+\infty} f_n(x) dx.$$

§5.5 巾 級 数

a) 収束半径

x の巾級数 $\sum_{n=0}^{\infty} a_n x^n$ の収束について考察する. x を $x-c$ で置き換えれば, 考察の結果がそのまま $x-c$ の巾級数 $\sum_{n=0}^{\infty} a_n(x-c)^n$ に適用されることはいうまでもない. 数直線 $\boldsymbol{R}$ 上の 1 点 x において $\sum_{n=0}^{\infty} a_n x^n$ が収束したとすれば, $n \to \infty$ のとき $a_n x^n \to 0$ となるから, すべての n について $|a_n x^n| \leq M$ なる正の定数 M が存在する. 故に

$$|x||a_n|^{1/n} \leq M^{1/n}.$$

一般に, すべての n について $b_n \leq c_n$ ならば $\limsup_{n \to \infty} b_n \leq \limsup_{n \to \infty} c_n$, また, (2.5) により, $\lim_{n \to \infty} M^{1/n} = 1$ であるから, したがって

(5.38) $$|x| \limsup_{n \to \infty} |a_n|^{1/n} \leq \limsup_{n \to \infty} M^{1/n} = 1.$$

故に, $0 < \limsup_{n \to \infty} |a_n|^{1/n} < +\infty$ である場合には,

$$r = \frac{1}{\limsup_{n \to \infty} |a_n|^{1/n}}$$

とおけば

(5.39) $$|x| \leq r.$$

$\limsup_{n \to \infty} |a_n|^{1/n} = +\infty$ となる場合には $r=0$ とおく. $|x| > 0$ とすれば (5.38) により $\limsup_{n \to \infty} |a_n|^{1/n} < +\infty$ となるから, この場合 $|x|=0$ である. すなわち (5.39) が成り立つ. $\limsup_{n \to \infty} |a_n|^{1/n} = 0$ なる場合には $r=+\infty$ とおく. この場合 (5.39) は自明である. このように定義された r についてつぎの定理が成り立つ:

定理 5.14 巾級数 $\sum_{n=0}^{\infty} a_n x^n$ は $|x|<r$ のとき絶対収束し，$|x|>r$ のとき発散する．

証明 まず，$|x|<r$ のとき，$|x|<\rho<r$ なる実数 ρ を一つ選べば，$1/\rho>1/r=\limsup_{n\to\infty}|a_n|^{1/n}$ となるから，§1.5, c) で述べた上極限の性質 (i) により，自然数 n_0 が定まって

$$n>n_0 \quad \text{ならば} \quad |a_n|^{1/n} < \frac{1}{\rho}, \quad \text{したがって} \quad |a_n| < \frac{1}{\rho^n}$$

となる．故に

$$n>n_0 \quad \text{ならば} \quad |a_n x^n| < \left(\frac{|x|}{\rho}\right)^n.$$

仮定により $|x|/\rho<1$ であるから正項等比級数 $\sum_{n=0}^{\infty}(|x|/\rho)^n$ は収束する．故に，§1.5, d)，定理 1.22 により，巾級数 $\sum_{n=0}^{\infty} a_n x^n$ は絶対収束する．

$|x|>r$ のとき，$\sum_{n=0}^{\infty} a_n x^n$ が収束したとすれば (5.39) により $|x|\leqq r$ となって矛盾を生じる．故に，このとき，$\sum_{n=0}^{\infty} a_n x^n$ は発散する．∎

この定理 5.14 の r を x の巾級数 $\sum_{n=0}^{\infty} a_n x^n$ の **収束半径** (radius of convergence) とよぶ．$1/+\infty$ は 0 を，$1/0$ は $+\infty$ を表わすものと約束すれば，巾級数 $\sum_{n=0}^{\infty} a_n x^n$ の収束半径 r は，$\limsup_{n\to\infty}|a_n|^{1/n}=+\infty$ および $=0$ なる場合も含めて，**Canchy-Hadamard の公式**：

$$(5.40) \qquad r = \frac{1}{\limsup_{n\to\infty}|a_n|^{1/n}}$$

によって与えられる．

$0<r<+\infty$ なる場合，$|x|=r$，すなわち $x=-r$ あるいは $x=r$ ならば巾級数 $\sum_{n=0}^{\infty} a_n x^n$ は収束することも発散することもある．したがって $\sum_{n=0}^{\infty} a_n x^n$ が収束する x の集合は区間 $(-r, r)$, $[-r, r]$, $[-r, r)$, $(-r, r]$ のいずれかである．

例 5.9 巾級数 $\sum_{n=1}^{\infty} x^n/n$ を考察する．§2.3, c)，例 2.9 により

$$\lim_{n\to\infty}\log n^{1/n} = \lim_{n\to\infty}\frac{\log n}{n} = 0,$$

したがって

$$(5.41) \qquad \lim_{n\to\infty} n^{1/n} = 1.$$

故に $\sum_{n=1}^{\infty} x^n/n$ の収束半径は $r=1$ である．$\sum_{n=1}^{\infty} x^n/n$ は $x=1$ のとき発散するが，x

$=-1$ のときには, §1.5, d), 定理 1.23 により, 収束する. $\sum_{n=1}^{\infty} x^n/n$ が収束する x の集合は区間 $[-1, 1)$ である.

巾級数の収束に関する定理 5.14 は複素数 c_n を係数とする複素数 z の巾級数 $\sum_{n=0}^{\infty} c_n z^n$ についてもそのまま成り立つ:

定理 5.15

$$r = \frac{1}{\limsup_{n \to \infty} |c_n|^{1/n}}$$

とおけば, 巾級数 $\sum_{n=0}^{\infty} c_n z^n$ は $|z|<r$ のとき絶対収束し, $|z|>r$ のとき発散する.

証明 絶対値 $|\ |$ の性質だけによる定理 5.14 の証明がそのまま通用する. ∎

この定理 5.15 の r を巾級数 $\sum_{n=0}^{\infty} c_n z^n$ の**収束半径**という. もちろん $0 \leqq r \leqq +\infty$ である.

$0<r<+\infty$ である場合, 複素平面 C 上の原点 0 を中心とする半径 r の円周 $C = \{z \mid |z|=r\}$ を巾級数 $\sum_{n=0}^{\infty} c_n z^n$ の**収束円** (circle of convergence) という. 定理 5.15 によれば, 巾級数 $\sum_{n=0}^{\infty} c_n z^n$ は点 z が収束円 C の内部にあれば絶対収束し, 外部にあれば発散する. z が収束円 C 上にあるときには $\sum_{n=0}^{\infty} c_n z^n$ は収束することも発散することもある. r を収束半径というのはそれが収束円の半径であるからである.

b) 巾級数の微分, 積分

巾級数 $\sum_{n=0}^{\infty} a_n x^n$ の収束半径を r とし, $0<r\leqq+\infty$ として, 開区間 $(-r, r)$ においてその和

$$f(x) = \sum_{n=0}^{\infty} a_n x^n$$

を考察する. 定理 5.14 により, $|x|<r$ のとき巾級数 $\sum_{n=0}^{\infty} a_n x^n$ は絶対収束するが, その収束は区間 $(-r, r)$ において必ずしも一様ではない. たとえば, $|x|<1$ のとき

$$\frac{1}{1-x} = \sum_{n=0}^{\infty} x^n$$

であるが, この右辺の等比級数の収束は $(-1, 1)$ において一様でない. なぜなら, 収束が一様であったとすれば, 任意の正の実数 ε に対して自然数 $m_0(\varepsilon)$ が定まっ

て，$m>m_0(\varepsilon)$ ならば $-1<x<1$ のときつねに
$$\left|\frac{1}{1-x}-\sum_{n=0}^{m}x^n\right|<\varepsilon$$
となる筈であるが，これは $\lim_{x\to 1-0}1/(1-x)=+\infty$ であることに矛盾する．しかし，つぎの定理が成り立つ：

定理 5.16 $0<\rho<r$ なる任意の実数 ρ に対して，巾級数 $\sum_{n=0}^{\infty}a_nx^n$ は閉区間 $[-\rho,\rho]$ で一様に絶対収束する．

証明 $\rho<\sigma<r$ なる実数 σ を一つ定めれば，$\sum_{n=0}^{\infty}a_n\sigma^n$ が収束するから，$|a_n\sigma^n|\leqq M$, すなわち

(5.42) $$|a_n|\leqq\frac{M}{\sigma^n}$$

なる定数 M が存在する．故に，$-\rho\leqq x\leqq\rho$ のとき
$$|a_nx^n|\leqq|a_n|\rho^n\leqq M\left(\frac{\rho}{\sigma}\right)^n$$
となるが，$\rho/\sigma<1$ であるから $\sum_{n=0}^{\infty}M(\rho/\sigma)^n<+\infty$．故に，§5.3, b), 定理 5.6, (1°) により，$\sum_{n=0}^{\infty}a_nx^n$ は区間 $[-\rho,\rho]$ で一様に絶対収束する．∎

故に，各項 a_nx^n はもちろん数直線 R 上で連続な x の関数であるから，定理 5.5, (2°) により，$f(x)=\sum_{n=0}^{\infty}a_nx^n$ は区間 $[-\rho,\rho]$ で連続な x の関数であるが，ρ は $0<\rho<r$ なる任意の実数であった．したがって $f(x)=\sum_{n=0}^{\infty}a_nx^n$ は開区間 $(-r,r)$ で連続な x の関数である．

つぎに，$f(x)$ が $(-r,r)$ で連続微分可能であることを証明するために，$\sum_{n=0}^{\infty}a_nx^n$ を項別に微分して得られる巾級数
$$\sum_{n=1}^{\infty}na_nx^{n-1}$$
を考察する．明らかに $\sum_{n=1}^{\infty}na_nx^{n-1}$ と巾級数 $\sum_{n=1}^{\infty}na_nx^n$ は同時に収束し同時に発散するから，$\sum_{n=1}^{\infty}na_nx^{n-1}$ の収束半径は $\sum_{n=1}^{\infty}na_nx^n$ の収束半径に等しい．(5.41) により $\lim_{n\to\infty}n^{1/n}=1$ であるから，任意の正の実数 ε に対応して自然数 $n_0(\varepsilon)$ が定まって，$n>n_0(\varepsilon)$ ならば
$$1<n^{1/n}<1+\varepsilon,$$
したがって

§5.5 巾級数

$$|a_n|^{1/n} \leq |na_n|^{1/n} \leq (1+\varepsilon)|a_n|^{1/n}$$

となる．故に

$$\limsup_{n\to\infty} |a_n|^{1/n} \leq \limsup_{n\to\infty} |na_n|^{1/n} \leq (1+\varepsilon)\limsup_{n\to\infty} |a_n|^{1/n},$$

したがって

$$\limsup_{n\to\infty} |na_n|^{1/n} = \limsup_{n\to\infty} |a_n|^{1/n} = \frac{1}{r}.$$

すなわち巾級数 $\sum_{n=1}^{\infty} na_n x^n$ の収束半径は r，したがって $\sum_{n=1}^{\infty} na_n x^{n-1}$ の収束半径も r である．

故に定理 5.16 により，$0<\rho<r$ なる任意の実数 ρ に対して巾級数 $\sum_{n=1}^{\infty} na_n x^{n-1}$ は区間 $[-\rho, \rho]$ で一様に絶対収束する．したがって，定理 5.9, (2°) により，$f(x) = \sum_{n=0}^{\infty} a_n x^n$ は区間 $[-\rho, \rho]$ で連続微分可能で

$$f'(x) = \sum_{n=1}^{\infty} na_n x^{n-1}$$

であるが，ρ は $0<\rho<r$ なる任意の実数であった．故に $f(x)$ は区間 $(-r, r)$ で連続微分可能で

$$f'(x) = \sum_{n=1}^{\infty} na_n x^{n-1}, \quad |x| < r.$$

同じ論法により，$f'(x)$ も区間 $(-r, r)$ で連続微分可能で

$$f''(x) = \sum_{n=2}^{\infty} n(n-1) a_n x^{n-2}$$

であることが証明される．以下同様に，$f(x)$ は区間 $(-r, r)$ で何回でも連続微分可能で，その m 次導関数は

(5.43) $$f^{(m)}(x) = \sum_{n=m}^{\infty} n(n-1)(n-2)\cdots(n-m+1) a_n x^{n-m}$$

で与えられる．

ここで $x=0$ とおけば $f^{(m)}(0) = m! a_m$，すなわち

$$a_m = \frac{f^{(m)}(0)}{m!}$$

を得る．故に巾級数 $\sum_{n=0}^{\infty} a_n x^n$ は，区間 $(-r, r)$ において，$f(x)$ の原点 0 を中心と

するTaylor級数：
$$\sum_{n=0}^{\infty}\frac{f^{(n)}(0)}{n!}x^n$$
と一致する．

区間$(-r, r)$内の任意の点cに対して$f(x)$はcの或る近傍でcを中心とするTaylor級数に展開される．[証明] Taylorの公式(3.39)により
$$f(x)=f(c)+\frac{f'(c)}{1!}(x-c)+\cdots+\frac{f^{(m-1)}(c)}{(m-1)!}(x-c)^{m-1}+R_m,$$
$$R_m=\frac{f^{(m)}(\xi)}{m!}(x-c)^m, \quad \xi=c+\theta(x-c), \quad 0<\theta<1.$$

cの或る近傍において$m\to\infty$のとき$R_m\to 0$となることを証明するために，$|c|<\sigma<r$なる実数σを一つ定めれば，(5.42)により，
$$|a_n|\leqq\frac{M}{\sigma^n},$$
したがって，(5.43)により，$|x|<\sigma$のとき
$$|f^{(m)}(x)|\leqq M\sum_{n=m}^{\infty}n(n-1)(n-2)\cdots(n-m+1)\frac{|x|^{n-m}}{\sigma^n}$$
となる．この右辺の巾級数の和はつぎのようにして容易に求められる：$|x|<\sigma$のとき
$$\sum_{n=0}^{\infty}\frac{x^n}{\sigma^n}=\frac{1}{1-x/\sigma}=\frac{\sigma}{\sigma-x}.$$
この両辺をxについてm回微分すれば，(5.43)により，
$$\sum_{n=m}^{\infty}n(n-1)(n-2)\cdots(n-m+1)\frac{x^{n-m}}{\sigma^n}=\frac{d^m}{dx^m}\left(\frac{\sigma}{\sigma-x}\right)$$
を得るが，たとえばmに関する帰納法によって容易に確かめられるように
$$\frac{d^m}{dx^m}\left(\frac{\sigma}{\sigma-x}\right)=\frac{m!\sigma}{(\sigma-x)^{m+1}}$$
である．故に，
$$\sum_{n=m}^{\infty}n(n-1)(n-2)\cdots(n-m+1)\frac{|x|^{n-m}}{\sigma^n}=\frac{m!\sigma}{(\sigma-|x|)^{m+1}},$$
したがって

§5.5 巾級数

(5.44) $$|f^{(m)}(x)| \leq \frac{Mm!\sigma}{(\sigma-|x|)^{m+1}}, \quad |x| < \sigma.$$

故に
$$|R_m| \leq \frac{M\sigma}{\sigma-|\xi|}\left(\frac{|x-c|}{\sigma-|\xi|}\right)^m, \quad |x| < \sigma.$$

したがって $|x-c|<\sigma-|\xi|$ ならば $m\to\infty$ のとき $R_m\to 0$ となる. そこで $\sigma-|c|$

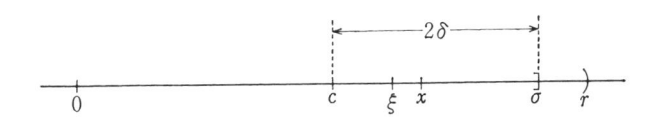

$=2\delta$ とおく. そうすれば, ξ は x と c の間にあるから, $|x-c|<\delta$ のとき
$$\sigma-|\xi| > \sigma-|c|-\delta = \delta,$$

したがって $|x-c|<\sigma-|\xi|$ となるから, $m\to\infty$ のとき $R_m\to 0$ となる. 故に, 開区間 $(c-\delta, c+\delta)$ で $f(x)$ は c を中心とする Taylor 級数

(5.45) $$f(x) = f(c) + \frac{f'(c)}{1!}(x-c) + \frac{f''(c)}{2!}(x-c)^2 + \cdots + \frac{f^{(n)}(c)}{n!}(x-c)^n + \cdots$$

に展開される. ∎

c は区間 $(-r, r)$ 内の任意の点であったから, §3.4, f) で述べた定義によれば, $f(x)$ は開区間 $(-r, r)$ において x の実解析関数である.

Taylor 展開 (5.45) の右辺の巾級数の収束半径を r_c とすれば, (5.44) により
$$\frac{1}{r_c} = \limsup_{n\to\infty}\left|\frac{f^{(n)}(c)}{n!}\right|^{1/n} \leq \limsup_{n\to\infty}\left(\frac{M\sigma}{\sigma-|c|}\right)^{1/n}\cdot\frac{1}{\sigma-|c|} = \frac{1}{\sigma-|c|},$$

すなわち
$$r_c \geq \sigma-|c|$$

であるが, σ は $|c|<\sigma<r$ なる任意の実数であった. 故に

(5.46) $$r_c \geq r-|c|.$$

したがって, (5.45) の右辺の巾級数の和を
$$f_c(x) = f(c) + \frac{f'(c)}{1!}(x-c) + \frac{f''(c)}{2!}(x-c)^2 + \cdots + \frac{f^{(n)}(c)}{n!}(x-c)^n + \cdots$$

とおけば, $f_c(x)$ は区間 $(c-r_c, c+r_c)$ で定義された実解析関数である. $I=(-r, r)\cap(c-r_c, c+r_c)$ とおけば, $f(x)$ も $f_c(x)$ も I において x の実解析関数であって,

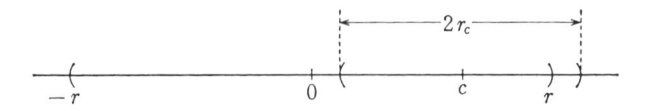

(5.45)により，点 $c \in I$ の近傍 $(c-\delta, c+\delta)$ で $f(x)$ と $f_c(x)$ は一致する．故に，§3.4, f), 定理3.20 により区間 I で $f(x)$ と $f_c(x)$ は一致する．$r_c \geqq r-|c|$ であるから，この結果は，$f(x)$ の Taylor 展開 (5.45) が $|x-c|<|r|-|c|$ のとき成立することを示す．以上の結果を要約すれば，つぎの定理を得る：

定理 5.17 巾級数 $\sum_{n=0}^{\infty} a_n x^n$ の収束半径を r とすれば，$0<r\leqq +\infty$ なるとき，その和

$$f(x) = \sum_{n=0}^{\infty} a_n x^n$$

は開区間 $(-r, r)$ で x の実解析関数である．$f(x)$ の m 次導関数は

$$f^{(m)}(x) = \sum_{n=m}^{\infty} n(n-1)(n-2)\cdots(n-m+1) a_n x^{n-m}$$

で与えられる．区間 $(-r, r)$ 内の任意の点 c に対して，$f(x)$ は区間 $(c-r+|c|, c+r-|c|)$ で Taylor 級数：

$$f(x) = f(c) + \frac{f'(c)}{1!}(x-c) + \frac{f''(c)}{2!}(x-c)^2 + \cdots + \frac{f^{(n)}(c)}{n!}(x-c)^n + \cdots$$

に展開される．

例 5.10 $\log x$ は，§3.4, c), 例 3.7 で示したように，任意の $c, c>0$, に対して，区間 $(0, 2c]$ で c を中心とする Taylor 級数に展開される：

(5.47) $$\log x = \log c + \sum_{n=1}^{\infty} \frac{(-1)^{n-1}}{n c^n} (x-c)^n.$$

$\lim_{n\to\infty} (nc^n)^{1/n} = c$ であるから，この右辺の巾級数の収束半径は c である．特に $c=1$ とおき x を $x+1$ で置き換えれば

(5.48) $$\log(1+x) = \sum_{n=1}^{\infty} \frac{(-1)^{n-1}}{n} x^n = x - \frac{x^2}{2} + \frac{x^3}{3} - \cdots, \quad -1 < x \leqq 1.$$

この右辺の巾級数の収束半径はもちろん 1 である．$0<c<1$ として (5.47) の x, c をそれぞれ $1+x, 1+c$ で置き換えれば

§5.5 巾級数

$$\log(1+x) = \log(1+c) + \sum_{n=1}^{\infty} \frac{(-1)^{n-1}}{n(1+c)^n}(x-c)^n.$$

この右辺の巾級数の収束半径は, $r_c = 1+c$ である. $\log(1+x)$ の Taylor 級数 (5.48) は, すなわち, (5.46) において不等式 $r_c > r - |c|$ が成り立つ例を与える.

例 5.11 μ を任意の実数としたとき

(5.49) $\quad (1+x)^\mu = 1 + \sum_{n=1}^{\infty} \frac{\mu(\mu-1)(\mu-2)\cdots(\mu-n+1)}{n!} x^n, \quad |x| < 1.$

μ が正整数である場合には (5.49) は 2 項定理:

$$(1+x)^\mu = 1 + \sum_{n=1}^{\mu} \binom{\mu}{n} x^n$$

に帰着する. (5.49) の右辺を **2 項級数**という. (5.49) を Taylor の公式 (3.39) を用いて証明しよう. [証明]

$$\frac{d^k}{dx^k}(1+x)^\mu = \mu(\mu-1)(\mu-2)\cdots(\mu-k+1)(1+x)^{\mu-k}$$

であるから,

$$(1+x)^\mu = 1 + \sum_{k=1}^{n-1} \frac{\mu(\mu-1)(\mu-2)\cdots(\mu-k+1)}{k!} x^k + R_n$$

であって, Cauchy の剰余項の公式 (3.43) により,

$$R_n = \frac{\mu(\mu-1)(\mu-2)\cdots(\mu-n+1)}{(n-1)!}(1+\theta x)^{\mu-n}(1-\theta)^{n-1}x^n,$$

$$0 < \theta < 1,$$

すなわち

$$R_n = \mu \prod_{k=1}^{n-1}\left(\frac{\mu-k}{k}\right) \cdot (1+\theta x)^{\mu-1}\left(\frac{1-\theta}{1+\theta x}\right)^{n-1} x^n.$$

μ が正整数あるいは 0 である場合には $n \geq \mu+1$ のとき $R_n = 0$ となるから, この場合を除いて考える. $|x| < 1$ と仮定しているから

$$1 + \theta x \geq 1 - |x|\theta \geq 1 - \theta,$$

したがって

$$\left|\frac{1-\theta}{1+\theta x}\right| \leq 1.$$

また, $0 < \theta < 1$ であるから, $1-|x| \leq 1+\theta x \leq 1+|x|$, したがって $\mu-1 > 0$ ならば $(1+\theta x)^{\mu-1} \leq (1+|x|)^{\mu-1}$, $\mu-1 < 0$ ならば $(1+\theta x)^{\mu-1} \leq (1-|x|)^{\mu-1}$.

とおけば，いずれにしても $(1+\theta x)^{\mu-1} < \alpha(x)$ である．故に

$$|R_n| \leq |\mu x|\alpha(x) \prod_{k=1}^{n-1}\left|\left(1+\frac{|\mu|}{k}\right)x\right|.$$

$|x|<1$ であるから，x に対応して $|(1+|\mu|/m)x|<1$ なる自然数 m が定まる．$\beta = |(1+|\mu|/m)x|$ とおけば

$$|R_n| \leq |\mu x|\alpha(x) \prod_{k=1}^{m-1}\left|\left(1+\frac{|\mu|}{k}\right)x\right| \cdot \beta^{n-m}, \quad 0 \leq \beta < 1.$$

故に $n\to\infty$ のとき $R_n\to 0$，したがって (5.49) が成り立つ．∎

定理 5.18 巾級数 $\sum_{n=0}^{\infty} a_n x^n$ の収束半径を r とし，$0<r<+\infty$ とする．このとき，$\sum_{n=0}^{\infty} a_n r^n$ が収束するならば x の関数 $f(x)=\sum_{n=0}^{\infty} a_n x^n$ は区間 $(-r,r]$ で連続である．$\sum_{n=0}^{\infty} a_n(-r)^n$ が収束するならば $f(x)=\sum_{n=0}^{\infty} a_n x^n$ は区間 $[-r,r)$ で連続である．

証明 $\sum_{n=0}^{\infty} a_n r^n$ が収束する場合を考察する．$f(x)=\sum_{n=0}^{\infty} a_n x^n$ は開区間 $(-r,r)$ では連続であるから，$f(x)$ が区間 $(0,r]$ で連続であることを証明すればよい．このためには，§5.3, 定理 5.5, (2°) により，巾級数 $\sum_{n=0}^{\infty} a_n x^n$ が区間 $(0,r]$ で一様に収束することを示せばよい．仮定により $\sum_{n=0}^{\infty} a_n r^n$ が収束しているから

$$s_{m,k} = \sum_{n=k}^{m} a_n r^n$$

とおけば，任意の正の実数 ε に対応して自然数 $m_0(\varepsilon)$ が定まって

$$m > k > m_0(\varepsilon) \quad \text{ならば} \quad |s_{m,k}| < \varepsilon$$

となる．区間 $(0,r]$ に属する任意の点 x をとって $x=rt$, $0<t\leq 1$, とおけば，

$$\sum_{n=k}^{m} a_n x^n = \sum_{n=k}^{m} a_n r^n t^n = s_{k,k}t^k + \sum_{n=k+1}^{m}(s_{n,k}-s_{n-1,k})t^n$$

であるから，§5.2, c) で述べた Abel の級数変形の公式 (5.18) により，

$$\sum_{n=k}^{m} a_n x^n = s_{m,k}t^m + \sum_{n=k}^{m-1} s_{n,k}(t^n - t^{n+1})$$

を得る．したがって，$|s_{n,k}|<\varepsilon$, $t^n - t^{n+1} > 0$, $t^m > 0$ であるから

$$\left|\sum_{n=k}^{m} a_n x^n\right| < \varepsilon t^m + \sum_{n=k}^{m-1} \varepsilon(t^n - t^{n+1}) = \varepsilon t^k \leq \varepsilon.$$

すなわち，区間 $(0,r]$ に属するすべての点 x において，

$$m > k > m_0(\varepsilon) \quad \text{ならば} \quad \left|\sum_{n=k}^{m} a_n x^n\right| < \varepsilon$$

となる.故に巾級数 $\sum_{n=0}^{\infty} a_n x^n$ は区間 $(0, r]$ で一様に収束する. ∎

巾級数の積分についてはつぎの定理が成り立つ:

定理 5.19 巾級数 $\sum_{n=0}^{\infty} a_n x^n$ の収束半径を r とすれば,$0 < r \leqq +\infty$ のとき

(5.50) $$\int_0^x \left(\sum_{n=0}^{\infty} a_n x^n\right) dx = \sum_{n=0}^{\infty} \frac{a_n}{n+1} x^{n+1}, \quad |x| < r.$$

証明 $0 < \rho < r$ なる実数 ρ に対して,巾級数 $\sum_{n=0}^{\infty} a_n x^n$ は,定理 5.16 により,区間 $[-\rho, \rho]$ で一様に絶対収束するから,§5.4,定理 5.9, (1°) により,$|x| \leqq \rho$ のとき

$$\int_0^x \left(\sum_{n=0}^{\infty} a_n x^n\right) dx = \sum_{n=0}^{\infty} \int_0^x a_n x^n dx = \sum_{n=0}^{\infty} a_n \frac{x^{n+1}}{n+1}$$

であるが,ρ は $0 < \rho < r$ なる限り任意に選んでよい.故に (5.50) を得る. ∎

例 5.12

$$\frac{1}{1+x} = 1 - x + x^2 - x^3 + x^4 - \cdots, \quad |x| < 1,$$

であるから

$$\log(1+x) = \int_0^x \frac{dx}{1+x} = x - \frac{x^2}{2} + \frac{x^3}{3} - \frac{x^4}{4} + \cdots, \quad -1 < x < 1.$$

この右辺の巾級数は,$x=1$ のときも収束するから,定理 5.18 により,区間 $(-1, 1]$ で連続,$\log(1+x)$ は $(-1, +\infty)$ で連続であるから,この等式は区間 $(-1, 1]$ で成り立つ.これで (5.48) の別証が得られた.

例 5.13

$$\frac{1}{1+x^2} = 1 - x^2 + x^4 - x^6 + \cdots, \quad |x| < 1,$$

から,§4.2, b), (4.20) により,

$$\text{Arctan } x = \int_0^x \frac{dx}{1+x^2} = x - \frac{x^3}{3} + \frac{x^5}{5} - \frac{x^7}{7} + \cdots, \quad -1 < x < 1.$$

この右辺の巾級数も $x=1$ のとき収束するから,定理 5.18 により,区間 $(-1, 1]$ で連続である.故に,$x=1$ とおけば,

$$\frac{\pi}{4} = \text{Arctan}\,1 = 1 - \frac{1}{3} + \frac{1}{5} - \frac{1}{7} + \cdots.$$

例 5.14 (4.18) により, $|x|<1$ のとき
$$\text{Arcsin}\,x = \int_0^x \frac{dx}{\sqrt{1-x^2}}.$$

これを x の巾級数に展開するために, (5.49) において $\mu=-1/2$ とおけば
$$\frac{1}{\sqrt{1+x}} = 1 + \sum_{n=1}^{\infty} \frac{(-1)^n \cdot 3 \cdot 5 \cdot 7 \cdots (2n-1)}{n!\,2^n} x^n, \quad |x|<1.$$

x を $-x^2$ で置き換えれば
$$\frac{1}{\sqrt{1-x^2}} = 1 + \sum_{n=1}^{\infty} \frac{3 \cdot 5 \cdot 7 \cdots (2n-1)}{n!\,2^n} x^{2n}, \quad |x|<1.$$

故に, $|x|<1$ のとき
$$\text{Arcsin}\,x = \int_0^x \frac{dx}{\sqrt{1-x^2}} = x + \sum_{n=1}^{\infty} \frac{3 \cdot 5 \cdot 7 \cdots (2n-1)}{n!\,2^n} \frac{x^{2n+1}}{2n+1}$$
$$= x + \frac{1}{2} \cdot \frac{x^3}{3} + \frac{1}{2} \cdot \frac{3}{4} \cdot \frac{x^5}{5} + \frac{1}{2} \cdot \frac{3}{4} \cdot \frac{5}{6} \cdot \frac{x^7}{7} + \cdots.$$

この巾級数を
$$x + \sum_{n=1}^{\infty} a_n x^{2n+1}, \quad a_n = \frac{1 \cdot 3 \cdot 5 \cdots (2n-1)}{2 \cdot 4 \cdot 6 \cdots 2n \cdot (2n+1)},$$

と書けば,
$$\frac{a_n}{a_{n+1}} = \frac{(2n+2)(2n+3)}{(2n+1)^2} = 1 + \frac{3}{2n} + O\left(\frac{1}{n^2}\right)$$

となるから, §5.2, b) で述べた Gauss の判定法により, 正項級数 $\sum_{n=1}^{\infty} a_n$ は収束する. 故に巾級数 $x + \sum_{n=1}^{\infty} a_n x^{2n+1}$ は $|x|=1$ のときにも収束し, したがって, 定理 5.18 により, その和は $-1 \leqq x \leqq 1$ で連続な x の関数となる. 故に上記の Arcsin x の巾級数展開は $-1 \leqq x \leqq 1$ のとき成立する. 特に $x=1$ とおけば
$$\frac{\pi}{2} = \text{Arcsin}\,1 = 1 + \frac{1}{2 \cdot 3} + \frac{1 \cdot 3}{2 \cdot 4 \cdot 5} + \frac{1 \cdot 3 \cdot 5}{2 \cdot 4 \cdot 6 \cdot 7} + \cdots.$$

c) 指数関数

$D \subset \mathbf{C}$ を複素平面上の点集合とする. D に属する各点 z にそれぞれ一つの複素数 w を対応させる対応 f を D で定義された関数といい, f によって z に対応する w を $f(z)$ で表わす. §2.1 で述べた $D \subset \mathbf{R}$ なる場合と同様に, z を D に属す

§5.5 巾級数

る点を代表する変数と考え，関数 f を $f(z)$ と書く．そして $f(z)$ を複素変数 z の関数という．また D を $f(z)$ の定義域, $f(D)=\{f(z)|z\in D\}$ を $f(z)$ の値域という．——

複素数 c_n を係数とする z の巾級数 $\sum_{n=0}^{\infty}c_n z^n$ が与えられたとし，その収束半径 r が $0<r\leqq+\infty$ であるとすれば，定理5.15により，$|z|<r$ のとき $\sum_{n=0}^{\infty}c_n z^n$ は絶対収束する．故に

$$f(z)=\sum_{n=0}^{\infty}c_n z^n$$

とおけば，$f(z)$ は $D=\{z\in C\,|\,|z|<r\}$ で定義された複素変数 z の関数となる．$r=+\infty$ である場合には $D=C,\ r<+\infty$ なる場合には D は巾級数 $\sum_{n=0}^{\infty}c_n z^n$ の収束円の内部である．

§2.3, (2.11) で 'e の z 乗' を

$$e^z=\lim_{n\to\infty}\left(1+\frac{z}{n}\right)^n=\sum_{n=0}^{\infty}\frac{z^n}{n!}$$

と定義したが，§1.6, f) で証明したように，この右辺の巾級数は複素平面上のすべての点 z において絶対収束する．故にその収束半径 r は $+\infty$ である．C 上で定義された複素変数 z の関数 $e^z=\sum_{n=0}^{\infty}z^n/n!$ を指数関数という．実変数の指数関数 e^x は e^z の定義域を実軸 R に制限したものである．

任意の複素数 z, w に対して等式:
(5.51) $$e^z e^w = e^{z+w}$$
が成り立つ．[証明] $e^z=\sum_{n=0}^{\infty}z^n/n!,\ e^w=\sum_{n=0}^{\infty}w^n/n!$ であるから，§5.1で証明した分配法則 (5.9) により

$$e^z e^w=\sum_{n=0}^{\infty}\left(\frac{z^n}{n!}+\frac{z^{n-1}w}{(n-1)!1!}+\cdots+\frac{z^{n-k}w^k}{(n-k)!k!}+\cdots+\frac{w^n}{n!}\right)$$
$$=\sum_{n=0}^{\infty}\frac{1}{n!}\left(z^n+\binom{n}{1}z^{n-1}w+\cdots+\binom{n}{k}z^{n-k}w^k+\cdots+w^n\right).$$

故に，2項定理により

$$e^z e^w=\sum_{n=0}^{\infty}\frac{1}{n!}(z+w)^n=e^{z+w}.\qquad\blacksquare$$

$e(\theta)=e^{i\theta}$ に関する等式 (2.15): $e(\theta)e(\varphi)=e(\theta+\varphi)$ はこの等式 (5.51) の特別な場合である．

任意の複素数 z は
(5.52) $\quad z=re^{i\theta}, \quad r=|z|, \quad e^{i\theta}=\cos\theta+i\sin\theta, \quad \theta$ は実数,

と表わされる．[証明] $z=0$ なる場合には (5.52) は明らかであるから，$z\neq 0$ として $r=|z|$ とおく．$|z/r|=1$ であるから，§2.4 により，$z/r=e(\theta)=e^{i\theta}$ なる実数 θ が存在する．故に $z=re^{i\theta}$. ∎

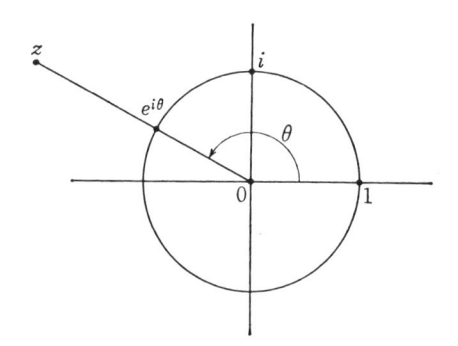

θ を複素数 $z=re^{i\theta}$, $z\neq 0$, の**偏角** (argument, amplitude) という．
$z=x+iy$, x, y は実数，とおけば，(5.51) により，
$$e^z = e^x e^{iy} = e^x(\cos y + i\sin y).$$
故に $|e^z|=e^x>0$, したがって $e^z\neq 0$. 逆に任意の複素数 w, $w\neq 0$, は $w=e^z$ と表わされる．なぜなら，(5.52) により $w=|w|e^{i\theta}$, θ は実数，したがって，$z=\log|w|+i\theta$ とおけば
$$e^z = e^{\log|w|}e^{i\theta} = |w|e^{i\theta} = w$$
となるからである．すなわち指数関数 e^z の値域は複素平面 $\boldsymbol{C}$ から原点 0 を除いたもの：$\boldsymbol{C}^* = \boldsymbol{C}-\{0\}$ である．

§5.6 無限乗積

数列 $\{a_n\}$, $a_n \neq 0$, が与えられたとき
$$a_1 a_2 a_3 a_4 \cdots a_n \cdots$$
の形の式を**無限乗積** (infinite product) といい，$\prod_{n=1}^{\infty} a_n$ で表わす．そして
$$p_m = a_1 a_2 a_3 \cdots a_m = \prod_{n=1}^{m} a_n$$

§5.6 無限乗積

をその**部分積**(partial product)という．部分積 p_m のなす数列 $\{p_m\}$ が収束してその極限 $p=\lim\limits_{m\to\infty}p_m$ が0でないとき，無限乗積 $\prod\limits_{n=1}^{\infty}a_n$ は p に**収束する**といい，

$$p = \prod_{n=1}^{\infty} a_n = a_1 a_2 a_3 \cdots a_n \cdots$$

と書く．$p=0$ なる場合を除外したのは，乗法に関して0は逆元をもたない特異な数であるからである．数列 $\{p_n\}$ が収束しないかまたは0に収束するとき，無限乗積 $\prod\limits_{n=1}^{\infty}a_n$ は**発散する**という．$\prod\limits_{n=1}^{\infty}a_n$ が p に収束するならば

$$\lim_{n\to\infty} a_n = \lim_{n\to\infty}\frac{p_n}{p_{n-1}} = \frac{\lim\limits_{n\to\infty}p_n}{\lim\limits_{n\to\infty}p_{n-1}} = \frac{p}{p} = 1$$

であるから，はじめから

$$a_n = 1+u_n, \quad u_n > -1, \quad u_n \longrightarrow 0 \quad (n\to\infty)$$

として無限乗積 $\prod\limits_{n=1}^{\infty}(1+u_n)$ を考察する．目標は $\prod\limits_{n=1}^{\infty}(1+u_n)$ が収束するための十分条件で u_n によって簡明に表わされるものを求めることにある．

このために

$$l_n = \log(1+u_n)$$

とおいて，無限乗積 $\prod\limits_{n=1}^{\infty}(1+u_n)$ を無限級数 $\sum\limits_{n=1}^{\infty}l_n$ に変換する．

$$\log p_m = \log\prod_{n=1}^{m}(1+u_n) = \sum_{n=1}^{m}l_n$$

であるから，$\lim\limits_{m\to\infty}p_m = p \neq 0$ が存在すれば，$\log x$ の連続性により，

$$\sum_{n=1}^{\infty}l_n = \lim_{m\to\infty}\sum_{n=1}^{m}l_n = \lim_{m\to\infty}\log p_m = \log p.$$

逆に，

$$p_m = e^{s_m}, \quad s_m = \sum_{n=1}^{m}l_n$$

であるから，$s=\lim\limits_{m\to\infty}s_m$ が存在すれば

$$\lim_{m\to\infty}p_m = e^s \neq 0.$$

すなわち，無限乗積 $\prod\limits_{n=1}^{\infty}(1+u_n)$ が収束するための必要かつ十分な条件は無限級数 $\sum\limits_{n=1}^{\infty}l_n$ が収束することであって，収束する場合には

246   第5章 無限級数

(5.53) $$\prod_{n=1}^{\infty}(1+u_n) = e^s, \quad s = \sum_{n=1}^{\infty} l_n.$$

$p = \lim_{m\to\infty} p_m = 0$ ならば $\sum_{n=1}^{\infty} l_n = -\infty$ となるから，$p=0$ なる場合を無限乗積の収束から除外しなければこの結果は成立しない．

定理 5.20 無限級数 $\sum_{n=1}^{\infty} u_n$ が絶対収束するならば無限乗積 $\prod_{n=1}^{\infty}(1+u_n)$ は収束する．

証明 $u_n \to 0 \ (n \to \infty)$ と仮定しているから，自然数 n_0 が定まって

$$n > n_0 \quad \text{ならば} \quad |u_n| < \frac{1}{2}$$

となる．$(d/du) \log(1+u) = 1/(1+u)$ であるから，平均値の定理(定理 3.5)により，

$$l_n = \log(1+u_n) = \frac{u_n}{1+\theta_n u_n}, \quad 0 < \theta_n < 1.$$

$|u_n| < 1/2$ ならば $1+\theta_n u_n \geqq 1-|u_n| > 1/2$ となるから，したがって，

$$n > n_0 \quad \text{ならば} \quad |l_n| \leqq 2|u_n|.$$

故に $\sum_{n=1}^{\infty} u_n$ が絶対収束すれば $\sum_{n=1}^{\infty} l_n$ も絶対収束し，したがって無限乗積 $\prod_{n=1}^{\infty}(1+u_n)$ は収束する．∎

級数 $\sum_{n=1}^{\infty} u_n$ が絶対収束するとき，無限乗積 $\prod_{n=1}^{\infty}(1+u_n)$ は絶対収束するという．このとき，$\sum_{n=1}^{\infty} l_n$ も絶対収束するから，§5.1, 定理 5.1, (1°) により，和 $s = \sum_{n=1}^{\infty} l_n$ は項 l_n の順序を変更しても変わらない．故に (5.53) により，無限乗積 $p = \prod_{n=1}^{\infty}(1+u_n)$ も項 $1+u_n$ の順序を変更しても変わらない．

$\prod_{n=1}^{\infty}(1+u_n)$ が収束はするけれども絶対収束しないとき，無限乗積 $\prod_{n=1}^{\infty}(1+u_n)$ は条件収束するという．平均値の定理により

$$u_n = e^{l_n} - 1 = e^{\theta l_n} l_n, \quad 0 < \theta < 1,$$

であるから，$|l_n| < 1$ のとき

$$|u_n| = |e^{\theta l_n}||l_n| \leqq e \cdot |l_n|.$$

したがって $\sum_{n=1}^{\infty} l_n$ が絶対収束すれば $\sum_{n=1}^{\infty} u_n$ も絶対収束する．故に無限乗積 $\prod_{n=1}^{\infty}(1+u_n)$ が条件収束するときには級数 $\sum_{n=1}^{\infty} l_n$ も条件収束する．したがって，このとき，定理 5.1, (2°) により，任意に与えられた実数 ξ に対して $\sum_{n=1}^{\infty} l_{\tau(n)} = \xi$ となるように級数 $\sum_{n=1}^{\infty} l_n$ の項の順序を変更することができる．故に，(5.53) により，任意の正

の実数 $\eta=e^\xi$ に対して

$$\prod_{n=1}^{\infty}(1+u_{\tau(n)})=\eta$$

となるように無限乗積 $\prod_{n=1}^{\infty}(1+u_n)$ の項の順序を変更することができる. $p=\prod_{n=1}^{\infty}(1+u_n)$ が項の順序を変更しても変わらないのは絶対収束の場合に限るのである.

例 5.15 $\sum_{n=1}^{\infty}1/n^2$ は §5.2, a) で述べた収束する標準的な正項級数の一つである. 故に, 無限乗積 $\prod_{n=1}^{\infty}(1-1/4n^2)$ は絶対収束する. その値は

(5.54) $$\prod_{n=1}^{\infty}\left(1-\frac{1}{4n^2}\right)=\frac{2}{\pi}$$

である. (5.54) を **Wallis の公式**という. [証明] $S_n=\int_0^{\pi/2}(\sin x)^n dx$ について §4.2,c), 例 4.4 で述べた結果によれば,

$$S_{2n}=\frac{\pi}{2}\cdot\frac{1}{2}\cdot\frac{3}{4}\cdot\frac{5}{6}\cdots\frac{2n-1}{2n},$$

$$S_{2n+1}=\frac{2}{3}\cdot\frac{4}{5}\cdot\frac{6}{7}\cdots\frac{2n}{2n+1}$$

であって, さらに, (4.27) により, $n\to\infty$ のとき $S_{2n}/S_{2n+1}\to 1$ である.

$$\frac{S_{2m}}{S_{2m+1}}=\frac{\pi}{2}\cdot\frac{1\cdot 3}{2^2}\cdot\frac{3\cdot 5}{4^2}\cdots\frac{(2m-1)(2m+1)}{(2m)^2}=\frac{\pi}{2}\prod_{n=1}^{m}\left(1-\frac{1}{(2n)^2}\right)$$

であるから,

$$\prod_{n=1}^{\infty}\left(1-\frac{1}{4n^2}\right)=\lim_{m\to\infty}\prod_{n=1}^{m}\left(1-\frac{1}{(2n)^2}\right)=\frac{2}{\pi}\lim_{m\to\infty}\frac{S_{2m}}{S_{2m+1}}=\frac{2}{\pi}.\qquad\blacksquare$$

例 5.16 (4.50) で定義したガンマ関数 $\Gamma(s)$ は

(5.55) $$\Gamma(s)=\lim_{m\to\infty}\frac{(m-1)!\,m^s}{s(s+1)(s+2)\cdots(s+m-1)},\qquad s>0,$$

と表わされる. [証明]

$$\frac{(m-1)!\,m^s}{(s+1)(s+2)\cdots(s+m-1)}=\prod_{n=1}^{m-1}\frac{n(n+1)^s}{(s+n)n^s}$$

であるから

$$\frac{n(n+1)^s}{(s+n)n^s}=\left(1+\frac{1}{n}\right)^s\Big/\left(1+\frac{s}{n}\right)=1+u_n$$

とおけば，(5.55) の右辺は

$$\frac{1}{s}\prod_{n=1}^{\infty}(1+u_n)$$

と書かれる．Taylor の公式により

$$(1+x)^s = 1+sx+\frac{1}{2}s(s-1)(1+\theta x)^{s-2}x^2, \quad 0<\theta<1,$$

であるから

$$\left(1+\frac{s}{n}\right)u_n = \left(1+\frac{1}{n}\right)^s-1-\frac{s}{n} = \frac{1}{2}s(s-1)\left(1+\frac{\theta}{n}\right)^{s-2}\frac{1}{n^2}, \quad 0<\theta<1,$$

となるが，明らかに $(1+\theta/n)^{s-2}<2^s$. 故に

$$u_n < 2^{s-1}s(s-1)\frac{1}{n^2},$$

したがって正項級数 $\sum_{n=1}^{\infty}u_n$ は収束する．故に定理 5.20 により無限乗積 $\prod_{n=1}^{\infty}(1+u_n)$ は収束する，すなわち，(5.55) の右辺の極限は存在する．

この極限が $\Gamma(s)$ に等しいことを証明するために，広義積分：

$$\int_0^1 t^{s-1}(1-t)^m dt$$

を考察する．$s>0$ としているから，この広義積分が収束することは §4.3, c)，定理 4.11 によって明らかである．部分積分の公式 (4.22) により

$$\int_0^1 t^{s-1}(1-t)^m dt = \left[\frac{t^s}{s}(1-t)^m\right]_0^1 + \frac{m}{s}\int_0^1 t^s(1-t)^{m-1} dt$$

であるが，$[(t^s/s)(1-t)^m]_0^1=0$ である．故に

$$\int_0^1 t^{s-1}(1-t)^m dt = \frac{m}{s}\int_0^1 t^s(1-t)^{m-1} dt = \cdots$$

$$= \frac{m}{s}\cdot\frac{m-1}{s+1}\cdot\frac{m-2}{s+2}\cdots\cdots\frac{1}{s+m-1}\int_0^1 t^{s+m-1} dt$$

$$= \frac{m!}{s(s+1)\cdots(s+m)}.$$

したがって，$t=x/m$ とおいて積分変数 t を x に変換すれば

$$\int_0^m x^{s-1}\left(1-\frac{x}{m}\right)^m dx = \frac{m!\,m^s}{s(s+1)(s+2)\cdots(s+m)}$$

§5.6 無限乗積

を得る．故に (5.55) を証明するには

$$\lim_{m\to\infty}\int_0^m x^{s-1}\left(1-\frac{x}{m}\right)^m dx = \int_0^{+\infty} x^{s-1}e^{-x}dx = \Gamma(s)$$

となることを示せばよい．このために

$$\begin{cases} 0 < x \leq m & \text{のとき} \quad f_m(x) = x^{s-1}\left(1-\frac{x}{m}\right)^m, \\ x > m & \text{のとき} \quad f_m(x) = 0 \end{cases}$$

とおいて §5.4, c) で述べた優関数をもつ関数列に関する定理 5.12 を援用する．$f_m(x)$ は区間 $(0, +\infty)$ で定義された x の連続関数であって，(2.7) により，$\lim_{m\to\infty}(1-x/m)^m = e^{-x}$ であるから，

$$\lim_{m\to\infty} f_m(x) = x^{s-1}e^{-x},$$

また

$$0 \leq f_m(x) \leq x^{s-1}e^{-x}$$

である．なぜなら

$$1-\frac{x}{m} \leq 1-\frac{x}{m}+\frac{x^2}{4m^2} = \left(1-\frac{x}{2m}\right)^2$$

であるから，$0 < x \leq m$ のとき

$$\left(1-\frac{x}{m}\right)^m \leq \left(1-\frac{x}{2m}\right)^{2m} \leq \left(1-\frac{x}{4m}\right)^{4m} \leq \cdots,$$

したがって

$$\left(1-\frac{x}{m}\right)^m \leq \lim_{k\to\infty}\left(1-\frac{x}{2^k m}\right)^{2^k m} = e^{-x}$$

となるからである．このように $x^{s-1}e^{-x}$ は関数列 $\{f_m(x)\}$ の優関数であって，(4.50) により

$$\int_0^{+\infty} x^{s-1}e^{-x}dx = \Gamma(s) < +\infty.$$

故に，定理 5.12 により

$$\lim_{m\to\infty}\int_0^m x^{s-1}\left(1-\frac{x}{m}\right)^m dx = \lim_{m\to\infty}\int_0^{+\infty} f_m(x)dx = \int_0^{+\infty} x^{s-1}e^{-x}dx = \Gamma(s)$$

となる．∎

必ずしも絶対収束しない無限乗積についてはつぎの収束の判定法がある．

定理 5.21 級数 $\sum_{n=1}^{\infty} u_n$ と $\sum_{n=1}^{\infty} u_n{}^2$ が共に収束すれば無限乗積 $\prod_{n=1}^{\infty}(1+u_n)$ は収束する.

証明 まず $|u_n|<1/4$ ならば

(5.56) $$u_n - u_n{}^2 \leq l_n = \log(1+u_n) \leq u_n$$

であることを示す. $u=u_n$ とおけば, Taylor の公式 (3.39) により

$$\log(1+u) = u - \frac{1}{2(1+\theta u)^2} u^2, \quad 0<\theta<1,$$

であるから, $\log(1+u) \leq u$ なることは明らかである. $|u|<1/4$ であるから $1+\theta u \geq 1-|u|>3/4$, したがって

$$\log(1+u) - u + u^2 = \left(1 - \frac{1}{2(1+\theta u)^2}\right)u^2 \geq u^2/9 \geq 0.$$

すなわち不等式 (5.56) が成り立つ. 故に k_0 を $n>k_0$ のとき $|u_n|<1/4$ となるように定めれば, $m>k>k_0$ のとき

(5.57) $$\sum_{n=k}^{m} u_n - \sum_{n=k}^{m} u_n{}^2 \leq \sum_{n=k}^{m} l_n \leq \sum_{n=k}^{m} u_n.$$

一般に級数 $\sum_{n=1}^{\infty} a_n$ が収束するための必要かつ十分な条件は, Cauchy の判定法によれば, 任意の正の実数 ε に対応して一つの自然数 $n_0(\varepsilon)$ が定まって, $m>k>n_0(\varepsilon)$ ならば $\left|\sum_{n=k}^{m} a_n\right| < \varepsilon$ となることである. 故に, (5.57) により, 級数 $\sum_{n=1}^{\infty} u_n$ と $\sum_{n=1}^{\infty} u_n{}^2$ が共に収束すれば $\sum_{n=1}^{\infty} l_n$ も収束し, したがって無限乗積 $\prod_{n=1}^{\infty}(1+u_n)$ は収束する. ∎

この定理により, たとえば, $\prod_{n=1}^{\infty}(1+(-1)^n/n)$ は条件収束する無限乗積であることがわかる.

問　題

38 級数 $\sum_{n=1}^{\infty} a_n$, $\sum_{n=1}^{\infty} b_n$ に対して $c_n = a_1 b_n + a_2 b_{n-1} + \cdots + a_n b_1$ とおく. $\sum_{n=1}^{\infty} a_n$ が絶対収束しているとき $\sum_{n=1}^{\infty} b_n$ が収束すれば $\sum_{n=1}^{\infty} c_n$ も収束して分配法則 $\sum_{n=1}^{\infty} c_n = \sum_{n=1}^{\infty} a_n \sum_{n=1}^{\infty} b_n$ が成り立つ (藤原松三郎 "微分積分学 I", p.72). このことを証明せよ.

39 級数 $1 + \left(\frac{1}{2}\right)^p + \left(\frac{1\cdot 3}{2\cdot 4}\right)^p + \left(\frac{1\cdot 3\cdot 5}{2\cdot 4\cdot 6}\right)^p + \cdots$ は $p>2$ のとき収束し $p\leq 2$ のとき発散する (藤原松三郎 "微分積分学 I", p.137, 問51). このことを証明せよ (Gauss の判定法 (212 ページ) を適用せよ).

40 正項級数 $\sum_{n=1}^{\infty} a_n$ は $\liminf_{n\to\infty} n\left(\dfrac{a_n}{a_{n+1}}-1\right) > 1$ なるとき収束し, $\limsup_{n\to\infty} n\left(\dfrac{a_n}{a_{n+1}}-1\right) < 1$ なるとき発散する (Raabe の判定法). このことを証明せよ.

41 級数 $1 + \dfrac{a}{b} + \dfrac{a(a+1)}{b(b+1)} + \dfrac{a(a+1)(a+2)}{b(b+1)(b+2)} + \cdots$ は $b-1 > a > 0$ なるとき収束することを証明せよ.

42 区間 $[0, +\infty)$ において一様に 0 に収束する連続関数列 $\{f_n(x)\}$ で $\displaystyle\int_0^{+\infty} f_n(x)\,dx = 1$ なるものの例を挙げよ.

43 巾級数 $1 + \sum_{n=1}^{\infty} \dfrac{(n!)^2}{(2n)!} x^n$ の収束半径を求めよ.

44 $f_n(x)$, $n=1,2,3,\cdots$, は区間 I で連続な x の関数で $f_n(x) > -1$ であるとする. 級数 $\sum_{n=1}^{\infty} f_n(x)$ が区間 I において一様に絶対収束するならば無限積 $\prod_{n=1}^{\infty}(1 + f_n(x))$ は I において連続な x の関数である. このことを証明せよ.

［軽装版］解析入門 I

2003 年 4 月 22 日　第 1 刷発行
2025 年 4 月 24 日　第 17 刷発行

著　者　小平邦彦
　　　　（こだいらくにひこ）

発行者　坂本政謙

発行所　株式会社 岩波書店
　　　　〒101-8002 東京都千代田区一ツ橋 2-5-5
　　　　電話案内　03-5210-4000
　　　　https://www.iwanami.co.jp/

印刷・精興社　製本・中永製本

Ⓒ 岡睦雄 2003
ISBN 978-4-00-005192-7　　Printed in Japan

松坂和夫 数学入門シリーズ　A5版

書名	頁数	定価
集合・位相入門	340 頁	定価 2860 円
線型代数入門	458 頁	定価 3850 円
代数系入門	386 頁	定価 3740 円
解析入門　上	416 頁	定価 3850 円
解析入門　中	402 頁	定価 3850 円
解析入門　下	446 頁	定価 3850 円

解析入門（原書第3版）　　　　　A5判・550 頁　定価 5170 円
S. ラング，松坂和夫・片山孝次 訳

確率・統計入門　　　　　　　　A5判・318 頁　定価 3740 円
小針晛宏

トポロジー入門 新装版　　　　　A5判・316 頁　定価 6600 円
松本幸夫

定本 解析概論　　　　　　　　B5変型判・540 頁　定価 3520 円
高木貞治

───────── 岩波書店刊 ─────────

定価は消費税 10% 込です
2025 年 4 月現在